Biostatistik

Biostatistik

Felix Bärlocher

2., unveränderte Auflage

54 Abbildungen
20 Tabellen

Ergänzungen zu diesem Buch auf der Homepage des Autors:
http://homepage.mac.com/fbaerlocher/noger/

2008
Georg Thieme Verlag Stuttgart · New York

Professor Dr. Felix Bärlocher
Mount Allison University
Department of Biology
Sackville, N.B., E4L1G7
CANADA

Bibliografische Information der Deutschen Nationalbibliothek

Die Deutsche Nationalbibliothek verzeichnet diese Publikation in der Deutschen Nationalbibliografie; detaillierte bibliografische Daten sind im Internet über http://dnb.d-nb.de abrufbar.

Umschlaggestaltung:
Thieme-Verlagsgruppe

Umschlaggrafik:
Martina Berge, Erbach

1. Auflage 1999

Rüdigerstraße 14
D-70469 Stuttgart
http://www.thieme.de

Printed in Germany

Concept & Druck: bitsch medien GmbH, Birkenau

ISBN 978-3-13-116272-4 1 2 3 4 5 6

Vorwort zur 2. Auflage

Die 1. Auflage der Biostatistik wurde schneller als erwartet vergriffen. Die vielen E-Mails und andere Korrespondenz, die ich zur 1. Auflage erhalten habe und für die ich mich bei dieser Gelegenheit herzlich bedanken möchte, weisen darauf hin, dass Umfang des Buches und die Auswahl der Themen für eine Einführung angemessen sind. Eine umfassende Neubearbeitung scheint daher zum jetzigen Zeitpunkt nicht notwendig zu sein.

Die Intention dieses Büchleins ist, wie schon im letzten Vorwort beschrieben, eine gut lesbare Einführung in die Ziele und Grenzen der statistischen Auswertung zu geben. Für komplexe Probleme ist ein vertieftes Studium von weitergehenden Büchern und die Konsultation von erfahrenen Fachleuten und Kollegen unerlässlich.

Ich nutze diese Gelegenheit, auf meine Website hinzuweisen, wo ich Ergänzungen und Korrekturen zusammengefasst habe. Viele gehen auf Anregungen meiner Leser zurück, und ich möchte Sie auch weiterhin dazu ermuntern, mir solche zuzuschicken.

http://homepage.mac.com/fbaerlocher/noger/Biostatistik%20 Nav.htm

In meiner *Biometrics*-Vorlesung finde ich das Programm Resampling Stats ausgesprochen hilfreich, das heute aber nur noch als Add-on für Excel erhältlich ist. John Grosberg hat ein plattformunabhängiges Programm mit denselben Möglichkeiten entwickelt, das kostenlos übers Internet bezogen werden kann (http://www.statistics101.net/), und mit dem sich die im Buch beschriebenen Berechnungen nachvollziehen lassen.

Sackville, im Juni 2008

Felix Bärlocher
fbaerlocher@mta.ca

Vorwort zur 1. Auflage

Die Psychologie drohe in einem Ozean von bedeutungslosen Daten zu ertrinken, warnte kürzlich ein Ausschuß der American Psychological Association (APA, Meeting of Task Force on Statistical Inference, Newark Airport 14. – 15. Dezember, 1996). Zum Teil sei das darauf zurückzuführen, daß viele Forscher zu wenig vertraut sind mit der Vielfalt der statistischen Ansätze und deren Voraussetzungen und Grundlagen. Oft beschränken sich Planung und Auswertung eines Experimentes auf das Testen einer Nullhypothese, und der Erfolg wird mit dem Finden eines signifikanten p-Wertes gleichgesetzt. Gigerenzer et al. (1989) bezeichneten diesen in Lehrbüchern dominierenden Ansatz als „Hybridtheorie", beruhend auf einer wenig überzeugenden Vermischung der Ideen von Fisher und Pearson/Neyman. Der oben erwähnte Ausschuß empfahl, mehrere statistische Philosophien in Betracht zu ziehen (die ursprünglichen Ansätze von Fisher, Pearson-Neyman-Wolf, Bayes), und mehr Toleranz gegenüber weniger strukturierten und weiter gefaßten Studien (exploratory studies) zu zeigen. Wichtiger als die Annahme oder Verwerfung einer spezifischen Hypothese seien häufig genaue Dokumentation und Analyse der erarbeiteten Daten. Das umfaßt aussagekräftige graphische Darstellungen, Berechnung der Durchschnitte mit Standardabweichungen und Konfidenzintervallen, Festhalten der Probengröße und Beurteilung der praktischen Bedeutung der Effektgröße. Besondere Aufmerksamkeit verdienten Ausreißer und kleine Probengröße, die zu Artefakten führen können. Kritik an der statistischen Kompetenz des durchschnittlichen Forschers (und das schließt natürlich auch Biologen und Mediziner ein) ist nicht neu. R.A. Fisher (1956) betonte immer wieder, daß Fachkenntnisse und konstruktives Vorstellungsvermögen eine Grundbedingung seien, um statistische Methoden sinnvoll anzuwenden, und Tukey (1977) warnte davor, sich durch mathematische Manipulationen von den Daten ablenken zu lassen, welche natürlich die Basis für alle unsere Schlußfolgerungen bleiben müssen. Die weite Verbreitung von sehr leistungsfähigen Mikrocomputern und Statistikprogrammen hat jedoch in den letzten paar Jahren dazu geführt, daß komplexe Methoden ohne weiteres auch vom Anfänger ausgeführt werden können. Konzeptuelle und rechnerische Fehler sind dabei schwierig zu entdecken, und die Bedeutung der Resultate ist nicht immer auf den ersten Blick erkennbar. Der Ausschuß der APA empfahl deshalb zusätzlich eine Rückkehr zu einfacheren Methoden und, wenn immer möglich, eine Überprüfung der errechneten Resultate durch einen zweiten Ansatz.

Diese Einführung soll dazu beitragen, die Erfüllung der genannten Forderungen zu erleichtern. Dabei liegt die Betonung weniger auf der Mathematik als auf den grundsätzlichen Gemeinsamkeiten und Unterschieden der verschiedenen statistischen Schulen. Im Gegensatz zu den meisten Lehrbüchern habe ich ein relativ umfangreiches Verzeichnis von Originalarbeiten zusammengestellt. Meiner Meinung nach profitiert auch der Anfänger davon, wenn er sich durch Zugang zu den Urquellen ein selbständiges Bild über Entwicklungen und Kontroversen eines Gebietes machen kann.

Ganz allgemein ist es das Ziel der Statistik, Signale vom Hintergrundlärm zu unterscheiden. Einerseits gilt es, konsistente Zusammenhänge und Tendenzen zu isolieren, die sonst wegen individueller Variation oder zufälligen Schwankungen versteckt bleiben (Ignoranz); andererseits will man davor geschützt sein, hinter zufälligen Anhäufungen oder Verknüpfungen von Ereignissen Gesetzmäßigkeiten zu vermuten (Aberglauben). Für den Anfänger ist es besonders wichtig zu wissen, inwiefern er solche Entscheidungen selber treffen kann, und wann er Experten zu Rate ziehen muß. Diese Fähigkeit ist nicht nur bei der Darstellung und Analyse der eigenen Daten wichtig, sondern auch bei der Beurteilung von Fachartikeln oder Berichten in der Tagespresse.

In den letzten paar Jahren haben computerintensive Methoden (Permutationstest, Bootstrap, Monte-Carlo-Methoden) stark an Bedeutung gewonnen. Für praktisch jede konventionelle parametrische oder nichtparametrische Methode gibt es heute eine computerintensive Alternative (das Gegenteil ist nicht immer der Fall). Solche Methoden eignen sich ausgezeichnet dafür, die Resultate von Standardtests zu überprüfen. Außerdem zwingen sie den Studenten oder Forscher dazu, sich die Auswahl und Berechnung einer Teststatistik genau zu überlegen. Ein besonders flexibles und leicht lernbares Programm, das solche Simulationen erlaubt, ist Resampling Stats, und in mehreren Beispielen habe ich die Daten konventionell und mit Resampling Stats ausgewertet. Dasselbe Programm eignet sich auch hervorragend dazu, Wahrscheinlichkeitsberechnungen zu überprüfen, ein Gebiet, das auch für Experten nicht ohne Tücken ist.

Die kritischen Werte der verschiedenen konventionellen Methoden sind heute in vielen Computerprogrammen eingebaut und außerdem an vielen Websites frei verfügbar. Ich habe deshalb solche Tabellen auf ein Minimum reduziert.

Um die Kosten des Buches möglichst tief zu halten, habe ich den Text, die Abbildungen und das Layout selber auf einem Macintosh-Computer erstellt. Für zahlreiche Ratschläge und Hilfestellungen bin ich Mr. Stewart Walker (Mount Allison University), sowie Frau Margrit Hauff-Tischendorf und Herrn Manfred Datz (Thieme Verlag) zu großem Dank verpflichtet.

Sackville, Sommer 1998 Felix Bärlocher

Inhaltsverzeichnis

1. Einführung

1.1. Was ist Statistik?

Ein Fußballspieler hat seit Beginn der Saison durchschnittlich ein Tor pro Spiel erzielt. In den letzten drei Spielen war er erfolglos. Ist das Zufall? Oder hat sich sein Ziel verschlechtert und sollte ihn der Coach durch einen anderen Spieler ersetzen?

Im Kanton Solothurn erkranken jährlich 9,3 von 100.000 Kindern an akuter Leukämie. Das ist fast doppelt so hoch wie der schweizerische Durchschnitt von 5,37. Besteht Grund zur Annahme, daß ein spezieller Faktor (wie industrielle Verschmutzung) dafür verantwortlich ist?

In 100 schwangeren Frauen war die Konzentration eines Hormons 93 ± 1,5 Einheiten (Durchschnitt ± Standardfehler); in 100 nichtschwangeren Frauen war sie 110 ± 2,3. Falls sich dieses Hormon einfach und billig messen läßt, könnte man daraus einen zuverlässigen Schwangerschaftstest entwickeln?

Das sind drei typische Fragen, für deren Beantwortung statistische Methoden gebraucht werden (Lösungen S. 188, 189, 194). Statistik befaßt sich mit der Gewinnung, Darstellung und Analyse von Daten. Sie beinhaltet auch die Planung von Experimenten oder Meinungsumfragen, das Ziehen von gültigen Schlüssen, das vernünftige Treffen von Entscheidungen und das Erstellen von Prognosen. Im engeren Sinn steht Statistik für Daten selber oder für davon abgeleitete Zahlen. Man spricht deshalb von Beschäftigungs- oder Unfallstatistiken.

Jede wissenschaftliche Untersuchung beginnt in der Regel mit dem Sammeln und Ordnen von Daten. Zusammenfassung und Darstellung der gewonnenen Daten fallen ins Gebiet der **beschreibenden** oder **deskriptiven** Statistik (engl.: descriptive statistics). Darauf basierende Schlußfolgerungen, Entscheide oder Prognosen werden mit den Methoden der **statistischen** oder **induktiven Inferenz** erarbeitet (engl.: inferential statistics). Diese Unterscheidung ist allerdings etwas künstlich: Bereits bei der Zusammenfassung der Daten sollten wir uns überlegen, wozu wir die Resultate benützen wollen.

Inferenzen sind nie absolut sicher, deshalb werden sie als Wahrscheinlichkeiten ausgedrückt. Es muß betont werden, daß die statistische Analyse nicht falsch gesammelte, unvollständige oder unzuverlässige Daten kompensieren kann. Dazu ein aktuelles Beispiel: der Absturz des Spaceshuttles Challenger 1986 wurde durch das Versagen von O-Ringen wegen tiefer Lufttemperatur während des Startes verursacht. Hätte man das voraussagen können? Auf die Frage nach früherem Versagen der Ringe wurde die Beziehung in Abb. 1.1 vorgezeigt. Es scheint kein Zusammenhang zwischen Ausfall der Ringe und Lufttemperatur während des Startes zu bestehen. Die Information in Abb. 1.1 ist jedoch unvollständig. Was fehlt? Die Antwort ist in Abb. 1.2 zu finden.

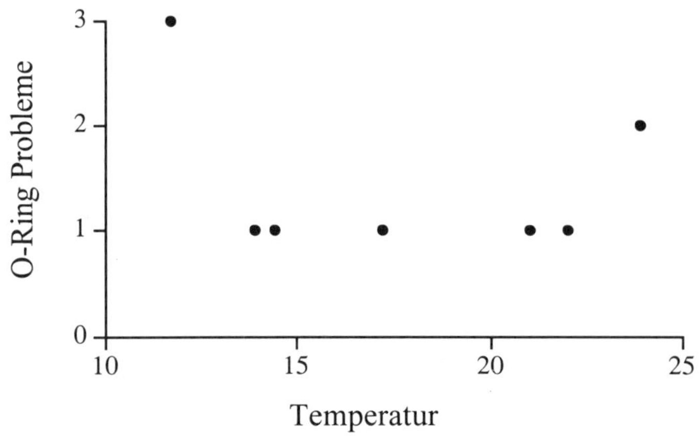

Abb. 1.1. Anzahl Ausfälle von O-Ringen beim Space Shuttle Programm in Abhängigkeit der Lufttemperatur während Start

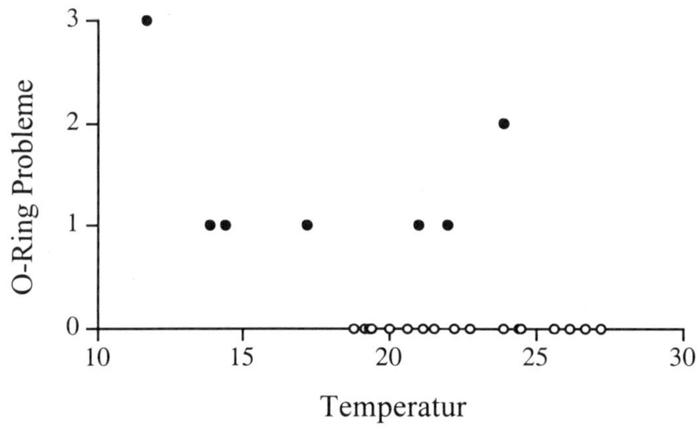

Abb. 1.2. Anzahl Aufälle von 0-Ringen beim Space Shuttle Programm in Abhängigkeit der Lufttemperatur während Start. Im Gegensatz zu Abb. 1.1 wurden auch Flüge ohne Probleme berücksichtigt (o). Die Proportion von Flügen mit Problemen nimmt bei tieferen Temperaturen stark zu. Für das Startdatum wurde eine Temperatur zwischen –1 und –4° vorausgesagt.

Auch wenn die Daten vollständig sind, lassen sie sich durch geschickte Manipulierung für ganz verschiedene Zwecke gebrauchen. Tabelle 1.1 zeigt Lohnkosten und Profit einer Firma während der letzten fünf Jahre.

Tabelle 1.1. Löhne und Profit einer Firma während 5 Jahren

Jahr	Löhne	Profit
1	100	5
2	104	5
3	106	7
4	108	5
5	110	15

Während Lohnverhandlungen würde die Firmenleitung vermutlich betonen, daß sowohl Kosten wie Profit in gleichem Unfang zugenommen haben. Für die Gewerkschaft wäre es vorteilhafter, die Zahlen in Prozente umzuwandeln. Der Unterschied zwischen den beiden Darstellungen (Abb. 1.3) ist dramatisch, obwohl es sich um die gleichen Zahlen handelt. Diese Flexibilität hat Benjamin Disraeli dazu veranlaßt, von „Lügen, verdammten Lügen, und Statistiken" zu sprechen.

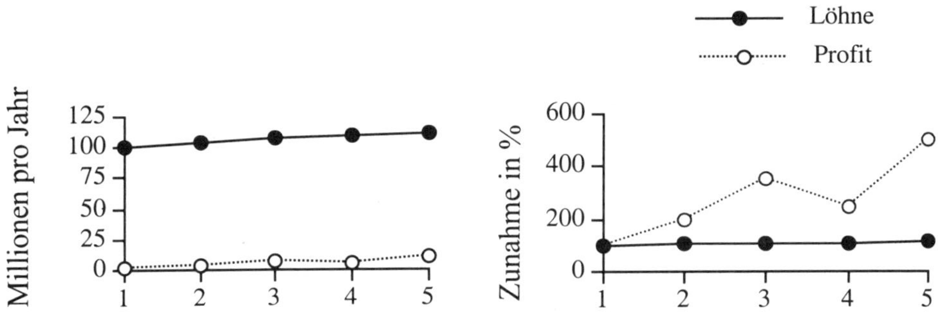

Abb. 1.3. Zwei verschiedene Darstellungsweisen der Daten in Tabelle 1.1.

Die beiden Beispiele sollten uns lehren, veröffentlichte Daten und darauf beruhende Folgerungen kritisch anzusehen. Häufig lohnt es sich zu fragen, wer die Statistiken veröffentlicht hat oder die Studie, auf denen sie beruhen, finanziert hat. Lassen sich die Resultate anders ausdrücken? Auf wievielen Stichproben beruhen die Schlußfolgerungen, und wie wurden die Proben ausgewählt? Es genügt nicht, die Buchstaben zu kennen, um ein Buch zu verstehen. Genausowenig reicht es, das kleine Einmaleins zu verstehen, um Zahlen zu interpretieren. In unserem Alltag wenden wir zwar ohne Unterbrechen „statistische" Urteile an: wir wissen, daß ein Ägypter in der Regel eine dunklere Hautfarbe als ein Skandinavier hat, oder daß ein Japaner kleiner als ein Amerikaner ist. Dieses Wissen beruht auf Erfahrung, und es ist im allgemeinen zuverlässig, wenn es um große Unterschiede geht. Wir brauchen keine wissenschaftliche Statistik, um uns davon zu überzeugen, daß ein Sturz aus dem vierten Stock zu schweren Verletzungen oder zum Tode führen kann. Auch in einigen Wissenschaftsgebieten sind experimentelle Resultate häufig so eindeutig, daß eine statistische Auswertung überflüssig ist. Das ist besonders dort der Fall, wo wir die Randbedingungen präzise kontrollieren können, also etwa in der klassischen Physik und Chemie. Es überrascht deshalb nicht, daß Lord Rutherford gesagt hat: „Wenn Dein Experiment Statistik braucht, hättest Du ein besseres Experiment machen sollen."

In Biologie und Medizin ist die natürliche Variabilität jedoch häufig so groß, daß sie die Auswirkungen der zu untersuchenden Faktoren maskieren kann. Hier ist eine statistische

Auswertung unentbehrlich, da uns unsere Intuition häufig in die Irre leiten kann. Es besteht heute kein Zweifel mehr daran, daß Rauchen das Risiko von Lungenkrebs und Herzkrankheiten erhöht und die Lebenserwartung senkt. Trotzdem hört man im Alltag häufig das Gegenargument, daß ein Bekannter/Verwandter ein Leben lang geraucht habe, und trotzdem 90 Jahre alt geworden sei. Wir neigen auch dazu, unbegründete Verknüpfungen zwischen Zufallsfaktoren und besonders eindrücklichen Erlebnissen zu machen. Ein Sportler hatte vielleicht ein erfolgreiches Turnier, während er einen bestimmten Pullover trug. Der Pullover hat ihm Glück gebracht. Oder wir sehen eine schwarze Katze und haben wenig später einen Unfall. Diese Neigung, einander folgende Ereignisse in eine ursächliche Verknüpfung zu setzen, kann ebenso leicht zu Aberglauben und Vorurteilen wie zu neuen Erkenntnissen führen. Die Statistik kann uns helfen, eine begründete Entscheidung zu treffen. Sie erhebt nicht den Anspruch, daß sie uns die Wahrheit enthüllen kann. Sie hat das bescheidenere Ziel, zu verhindern, daß wir uns eine Unwahrheit aufhalsen lassen.

1.2. Kurze Geschichte der Statistik

Das Wort Statistik wurde von G. Achenwall (Göttingen,1719–1747) geprägt. Er leitete es von „statista" (italienisch für Staatsmann) ab und bezeichnete damit das Wissen, das ein Staatsmann besitzen sollte. Frühe Beispiele statistischer Tätigkeit sind Volkszählungen, die erstmals für Ägypten (3050 v. Chr.) dokumentiert sind. Sie waren recht häufig in der römischen Kaiserzeit und bei den Inkas vor der spanischen Kolonisierung. Systematische Beschreibungen des Staates (Bevölkerung, Ernten, Handel, Steuern, etc.) der Neuzeit wurden zuerst in Italien, dann in Holland und Deutschland durchgeführt (16.–18. Jh.). Als „Praktische Staatskunde" wurde dieses Gebiet erstmals an den Universitäten in Helmstedt (1660) und später in Göttingen (1748) gelehrt. Zu Beginn des 19. Jh. zerfiel es in verschiedene Untergebiete wie Geographie und Volkswirtschaftslehre. Nationale statistische Ämter machten die Datensammlung durch Universitätsinstitute weitgehend überflüssig. Am Anfang des 19. Jh. wurden statistische Gesellschaften in Deutschland, Frankreich, Großbritannien und den Vereinigten Staaten gegründet. Ihr Ziel war das unparteiische Sammeln von Fakten. Die Interpretation wurde bewußt andern überlassen (die Statistical Society of London wählte als ihr Motto „Aliis exterendum": andere sollen das Ausdreschen besorgen).

Statistik überlebte als Universitätsdisziplin durch ihre Verbindung mit der „Politischen Arithmetik", die in der Mitte des 17. Jh. in England entstand. Das Ziel der politischen Arithmetik war die Suche nach Regelmäßigkeiten in Wirtschaft und Gesellschaft. Einer der Pioniere war John Graunt (1661–1662), der zum erstenmal dokumentierte, daß mehr Knaben als Mädchen geboren werden, daß sich die beiden Zahlen wegen erhöhter Sterblichkeit der Knaben aber bald angleichen. Eine andere wichtige Figur ist Adolphe Quetelet (1796–1874), ein belgischer Astronom und Mathematiker. Er führte das Konzept des Durchschnittsmenschen ein, dessen Gedanken und Taten mit dem Verhalten der Gesellschaft übereinstimmen und erkannte die Bedeutung der Konstanz großer Zahlen. In zunehmendem Maße gewannen neben dem bloßen Sammeln von Daten ihre Interpretation und das Ziehen von Schlußfolgerungen an Bedeutung. Gegen Ende des letzten Jahrhunderts wurde Statistik bewußt mit der Wahrscheinlichkeitslehre verknüpft.

Den Anstoß zur Wahrscheinlichkeitsrechnung gaben Glücksspiele. Um 1615 brachten italienische Spieler das folgende Problem zu Galileo Galilei: wie groß sind die Wahrscheinlichkeiten, mit drei Würfeln eine Summe von 9 oder 10 zu erhalten? Die damaligen Theoretiker behaupteten, daß beide Summen gleich wahrscheinlich seien; aus ihrer Erfahrung wußten die Spieler, daß 10 häufiger als 9 auftrat. Galilei löste das Problem empirisch: er nahm einen weißen, einen grauen und einen schwarzen Würfel. Er warf die drei Würfel und schrieb das Ergebnis auf. Nach einer langen Versuchsserie berechnete er die relativen Häufigkeiten der Summen 9 und 10. Er fand, daß 9 in etwa 11,6 % aller Fälle auftrat, während 10 eine Häufigkeit von 12,5 % hatte. Der Denkfehler der Theoretiker beruhte darauf, daß sie sich überlegten, wieviele Kombinationen von drei Würfelzahlen eine Summe von 9 oder 10 ergeben. In beiden Fälle sind es 6 (z.B. 135 oder 333 für 9). Sie vernachlässigten die Möglichkeit, daß im ersten Fall (135) die drei Zahlen von verschiedenen Würfeln herrühren können (z.B. die 1 vom weißen, grauen oder schwarzen Würfel). Im zweiten Fall (333) müssen alle drei Würfel eine 3 zeigen (S. 23).

Auf Anregung des Chevaliers de Méré studierte Blaise Pascal im Jahre 1954 unter anderem das folgende Problem: zwei Spieler werden in der Mitte eines Spieles unterbrochen. Ihre erzielten Punkte sind unausgeglichen. Wie sollen ihre Wetteinsätze verteilt werden? Pascal beschrieb das Problem in einem Brief an Pierre de Fermat, und die daraus folgende Korrespondenz wird als der Beginn der Wahrscheinlichkeitsrechnung betrachtet (Lösungsansatz dieses Problems, S. 189). Pascal dehnte später diese Betrachtungsweise auf philosophische Fragen aus. In einer berühmten Passage seiner Pensées schreibt er, daß unser irdisches Leben ein Einsatz in einer Wette ist. Setzen wir auf die Existenz Gottes, ist unser möglicher Gewinn unendlich (eine Ewigkeit im Paradies). Deshalb sei bei aller Ungewißheit des Gewinnes die rationale Wahl ein christliches Leben.

Die moderne Grundlage der Wahrscheinlichkeitsrechnung wurde von Jakob Bernoulli (1654–1705) in Ars Conjectandi dargestellt. Abraham de Moivre (1667–1754) verknüpfte statistische Erhebungen mit Wahrscheinlichkeitstheorie, um den Wert von jährlichen Renten zu berechnen. Wichtige Anstöße kamen aus der Astronomie durch Pierre Simon Laplace (1749–1827) und Karl Friedrich Gauß (1777–1855). Der erste bekannte Asteroid, Ceres, konnte für 41 Tage beobachtet werden, bevor er wegen der Helligkeit der Sonne unsichtbar wurde. Gauß entwickelte die Theorie der Beobachtungsfehler basierend auf der Methode der kleinsten Quadrate. Mit deren Hilfe bestimmte er die wahrscheinlichste Bahn des Asteroids, der dann auch tatsächlich wieder gefunden wurde. Im gleichen Zusammenhang veröffentlichte Gauß grundlegende Arbeiten über eine der bekanntesten Verteilungen von Zufallsgrößen: die Normalverteilung. Eine andere wichtige Entwicklung war die Unterscheidung zwischen A-priori und A-posteriori Wahrscheinlichkeiten, welche in der Bayesschen Formel festgehalten wird (nach Thomas Bayes, 1702–1763). Deren Anwendbarkeit in der Statistik ist stark umstritten (Kapitel 3, 5, 6).

Francis Galton (1822–1911), ein Vetter von Charles Darwin, gilt als Begründer von Eugenik und Biometrie. Unter Biometrie (andere Schreibweise: Biometrik) versteht man die Anwendung von Mathematik auf Lebewesen oder Lebensvorgänge. Ursprünglich ging es vorwiegend um das Studium von Evolution und natürlicher Auslese. Heute meint man damit die Anwendung von statistischen Methoden auf biologische Probleme, und Biometrie ist weitgehend identisch mit Biostatistik.

Galton versuchte das Problem der Vererbung zu lösen. Seine Hoffnung blieb weitgehend unerfüllt, da er schwieriges Material untersuchte. Trotzdem machte er wertvolle methodische Beiträge, er entwickelte die Grundlagen der Regression und Korrelation (Kapitel 9). Von großer Bedeutung ist auch die χ^2-Verteilung (χ^2 = Chi-Quadrat), die von Karl Pearson (1857–1936) ausgearbeitet wurde (Kapitel 9). Der dominierende Theoretiker der Statistik im 20. Jahrhundert war Sir Ronald A. Fisher (1890–1962), dessen grundlegende Arbeiten über Varianzanalyse, die Planung von Experimenten, Zufallsanordnungen, und

Signifikanztests auch heute noch die Praxis der Statistik dominieren. Seine Methodik wurde durch Jerzy Neyman (1894–1981) und Egon S. Pearson (1895–1980) modifiziert und weiter ausgearbeitet.

In Lehrbüchern wird Statistik häufig als ein solides Gebäude, beruhend auf unveränderlichen mathematischen Axiomen, dargestellt. Die Wirklichkeit sieht anders aus. Auch heute noch bestehen tiefgehende philosophische Differenzen zwischen verschiedenen Ansätzen in der Statistik, und eine allgemein gültige Theorie der Datenbeurteilung ist nicht in Sicht (Gigerenzer et al. 1989, Bakan 1966, Meehl 1978). Was als „die" statistische Methode dargestellt wird, ist in der Regel eine Hybridtheorie zwischen den oft widersprüchlichen Ansichten von Fisher und Neyman/Pearson. Sie unterscheidet sich grundlegend vom Bayesschen Ansatz, der vor allem in Ökonomie viele Anhänger hat. Eine andere Strömung beschränkt sich im wesentlichen auf die graphische Auswertung der ursprünglichen Daten (exploratory data analysis, Tukey 1977). Schließlich hat die rasante Entwicklung des Computers es ermöglicht, gesammelte Daten zu manipulieren, daraus neue Daten zu gewinnen und aus deren Verteilung Schlußfolgerungen auf die zugrundeliegende Verteilung zu ziehen (Resampling Statistics, Monte Carlo, Bootstrap; Simon 1992, Efron und Tibshirani 1993). Wie diese kurze Aufzählung klar macht, sollte statistische Auswertung nicht kochbuchmäßig durchgeführt werden (eine Gefahr, die heute mit den vielen käuflichen Computerprogrammen besonders groß ist). Der Forscher sollte mit den Hintergründen und den Voraussetzungen der verschiedenen Methoden vertraut sein. Dabei ist Kenntnis der mathematischen Formeln weniger wichtig als Verständnis für den zugrundeliegenden philosophischen Ansatz.

2. Beschreibende Statistik

2.1. Das Sammeln von Daten

2.1.1. Population und Stichprobe

Messungen in Physik oder Chemie haben oft eine einzige richtige Antwort. So ist das Atomgewicht von Natrium 22,9898 g. Daten in Biologie sind selten so eindeutig. Es gibt keine allgemein gültige Antwort auf die Frage, wieviel eine Maus wiegt. Trotzdem kann diese Information wichtig sein: Sie gibt uns einen Hinweis darauf, wieviele Mäuse einen strengen Winter überleben werden, und ob wir im folgenden Sommer eine Mäuseplage zu erwarten haben. Natürlich wissen wir, daß es große Unterschiede zwischen einzelnen Tieren gibt; es genügt deshalb nicht, eine einzige Maus zu wiegen. Auch wenn wir uns auf ein relativ kleines Feld beschränken, ist es in der Regel nicht möglich, alle Mäuse zu fangen und zu wiegen. Wir sind deshalb darauf angewiesen, eine **Stichprobe** zu nehmen. Von dieser Stichprobe schließen wir auf die **Population** (Gesamtheit aller Individuen). Dabei ist es wichtig, daß alle Individuen innerhalb einer Population die gleiche Chance haben, gemessen zu werden. Der Probeentnehmer darf keinerlei Kontrolle darüber ausüben, welche Individuen in einer Probe auftreten, und nicht etwa „typische" Fälle aussuchen. Im Idealfall würden alle Mäuse in der Population mit einer Nummer versehen. Mit einem Zufallszahlengenerator würden dann bestimmte Nummern gezogen und die entsprechenden Individuen gemessen. Das ist ein sehr wichtiger Punkt: ohne zufällige Auswahl sind die Wahrscheinlichkeitsberechnungen und damit die statistischen Schlußfolgerungen ungültig. Im konkreten Fall bedeutet dies, daß sich der Forscher sehr genau überlegen muß, wie er die Proben aussucht. Das setzt natürlich gute Kenntnisse des entsprechenden Faches voraus, sei es nun Biologie, Medizin oder Soziologie. Einige Statistiker sind der Meinung, daß strikt genommen zufällige Probenentnahmen unmöglich ist, und daß deshalb die gesamte klassische Statistik ungültig ist (Edginton 1987).

2.1.2. Monovariable und multivariable Daten

Als **Variable** definieren wir ein Merkmal, das von Individuum zu Individuum variiert. Wird ein einziges Merkmal gemessen (z.B. Gewicht), sprechen wir von **monovariablen Daten**. Messen wir zwei Merkmale (z.B. Gewicht und Körperlänge), handelt es sich um **bivariable Daten** und bei mehr als zwei Merkmalen um **multivariable Daten**.

2.1.3. Skalen

Variable können in verschiedenen Skalen gemessen werden. Der Skalentyp bestimmt häufig, welche statistische Methoden angewendet werden können.

Bei der **Verhältnisskala** haben wir konstante Intervalle zwischen den Einheiten, und der Nullwert ist eindeutig festgelegt. Das ist der Fall bei Gewicht und Länge; es ist deshalb sinnvoll zu sagen, daß ein 2 kg schweres Tier doppelt so viel wiegt wie ein 4 kg schweres Tier.

Mit der **Intervallskala** messen wir Daten mit konstanten Intervallen zwischen Einheiten, aber der Nullpunkt ist willkürlich festgelegt. Ein Beispiel wäre die Temperatur in Celsius Einheiten. Eine Temperatur von 20° C ist nicht doppelt so warm wie 10° C.

Mit der **Ordinalskala** vergleichen wir Daten, die in einer eindeutigen Rangfolge gegliedert sind, wie z.B. Gold-, Silber- und Bronzemedaillen.

Qualitative Daten mit zumindest zwei Kategorien werden mit einer **Nominalskala** festgehalten.

2.1.4. Wie „genau" sind unsere Messungen?

Im 18. Jh. wurde in Frankreich eine Volkszählung durchgeführt. Mit Hilfe des Steuerregisters bestimmte die Regierung die Anzahl Feuerstellen, was mehr oder weniger der Anzahl Haushalte entsprach. Sie nahm ferner an, daß die Anzahl Personen pro Haushalt einigermaßen konstant war. Darauf basierend wurde berechnet, daß die Bevölkerung genau 20.905.413 Einwohner betrage. Eine derart präzise Antwort erscheint uns heute absurd. Um zu verstehen weshalb, müssen wir uns überlegen, was Genauigkeit bedeutet.

Nehmen wir an, wir haben die Körpergröße eines Mannes gemessen und drücken das Resultat als 181 cm aus. Diese Zahl hat drei **geltende Ziffern** (engl.: significant digits). Das bedeutet, daß der wahre Wert zwischen 180,5 und 181,4999.. liegt. Geben wir das Resultat als 181,3 cm, drücken wir damit aus, daß die Körperlänge zwischen 181,25 und 181,34999.. beträgt (WICHTIG: In der englischen Fachliteratur und in den meisten Computerprogrammen wird ein Punkt als Dezimalzeichen verwendet, also 180.5 anstatt 180,5). Diese kleinere Spannweite suggeriert, daß wir genauere Information haben. Hier müssen wir jedoch zwei Aspekte der Genauigkeit einführen. Unter **Präzision** (engl.: precision) versteht man die Reproduzierbarkeit einer Messung (Abb. 2.1). **Treffgenauigkeit** oder **Wirklichkeitstreue** (engl.: accuracy) gibt an, wie nahe die Messung beim wahren Wert liegt. Wiederholte Messungen können sehr präzise, aber trotzdem irreführend sein.

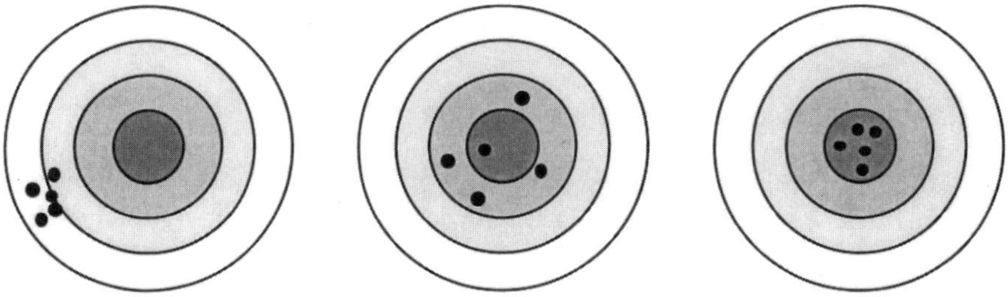

Abb. 2.1. Präzision und Treffgenauigkeit, von links nach rechts: hohe Präzision und geringe Treffgenauigkeit; geringe Präzision und hohe Treffgenauigkeit; hohe Präzision und Treffgenauigkeit

Sowohl Präzision wie auch Treffgenauigkeit sind natürlich beschränkt, und zu viele geltende Ziffern im Resultat sind deshalb irreführend. Die Körpergröße eines Erwachsenen kann sich während 24 Stunden um bis zu 3 cm verändern. Auch wenn wir einen Unterschied von einem mm noch messen könnten, wäre es sinnlos, dies im Resultat aufzuführen. Allerdings kommen hier psychologische Vorurteile ins Spiel: Samuel Johnson sagte, daß runde Zahlen immer falsch sind. Unter Steuerberatern in den USA ist es eine bekannte Tatsache, daß die Gefahr einer staatlichen Überprüfung deutlich ansteigt, wenn geschätzte Kosten etwa als 100, 250 , 400 $ anstatt 171, 313, 496 $ angegeben werden.

2.2. Auswertung der Daten

Nehmen wir an, wir haben 14 Mäuse gefangen und wiegen sie. Wir erhalten die folgenden Zahlen (in Gramm, nach Größe geordnet):

16,0 16,2 17,3 19,7 19,7 20,6 21,0 21,2 21,8 22,4 22,5 23,6 25,1 26,7

Es wäre mühsam, immer alle Daten aufzuführen. Wir sind deshalb an Zahlenwerten interessiert, welche unser Ergebnis sinnvoll zusammenfassen. Solche Zahlen nennt man **Kennwerte** (oder auch Maßzahlen). Sie halten vor allem zwei Eigenschaften fest: den Mittelwert der Verteilung (**Lageparameter**) und die Variabilität oder Streuung der Werte um diesen mittleren Wert (**Streuungsparameter**). Welche Parameter nützlich sind, hängt von unserer Fragestellung ab.

Kennwerte lassen sich sowohl für eine Stichprobe wie auch für die gesamte Population definieren. Traditionell werden sie für Stichproben mit lateinischen und für Populationen mit griechischen Buchstaben gekennzeichnet (Kapitel 3).

2.2.1. Lageparameter

Der geläufigste Mittelwert ist das **arithmetische Mittel**, definiert als die Summe aller Messungen geteilt durch die Anzahl Messungen:

$$\overline{X} = \frac{1}{n} \cdot \sum Xi$$

In unserem Beispiel wäre das

$$\overline{X} = \frac{293,8}{14} = 20,99$$

Das arithmetische Mittel der Gesamtpopulation wird mit μ symbolisiert.

Für spezialisierte statistische Methoden werden gelegentlich das **geometrische Mittel** (n-te Wurzel aus dem Produkt aller Messwerte) oder das **harmonische Mittel** (reziproker Wert der Summe aller reziproken Messwerte) verwendet.

Zur Bestimmung des **Medians** Z (Zentralwert) werden die Zeiten der Größe nach geordnet. Der Wert in der Mitte dieser Reihe entspricht dem Median. In unserem Beispiel haben wir eine gerade Anzahl Daten. In diesem Fall wird der Durchschnitt der beiden Zahlen im Zentrum genommen. Wir erhalten (21,0 + 21,2)/2 = 21,1.

Schließlich ist der **Modus** oder **Modalwert** D jener Wert, der in einer Datensammlung am häufigsten vorkommt. Im Beispiel beträgt er 19,7. Falls alle Daten gleich häufig sind, können wir keinen Modus bestimmen. Häufig wird die Definition erweitert und beinhaltet alle Werte, die gehäuft vorkommen. In einer bimodalen Verteilung spricht man dann von einem Hauptmodus und einem Nebenmodus.

Im allgemeinen ist das arithmetische Mittel nur sinnvoll, wenn die Daten eine symmetrische Verteilung haben. Das trifft z.B. bei der Normalverteilung zu (S. 33). In diesem Fall sind arithmetisches Mittel, Median und Modus identisch.

Der Median wird häufig vorgezogen, wenn ein paar wenige Daten, sogenannte **Ausreißer** (outliers, S. 14) sehr viel höher oder tiefer als die Mehrzahl der Werte sind. Das kann bei Hauspreisen oder Lohnverteilung in einer Firma vorkommen. In Biologie interessieren wir uns möglicherweise für die „durchschnittliche" Zeit, bevor ein Tier eine gewisse Aktion vollzieht. Bei einigen unserer Versuchstiere kann das sehr lange dauern; das arithmetische Mittel wäre dann wenig sinnvoll oder gar nicht errechenbar.

Schließlich ist der Modus sinnvoll, wenn unsere Daten in diskreten Einheiten vorkommen. Ein Bauunternehmer wird sich vermutlich danach ausrichten, welche Familiengröße am häufigsten ist, und die Wohnungen entsprechend planen.

Wie gesagt, wird der Median als der Wert in der Mitte der Gesamtmenge definiert (gleich viele kleinere und höhere Werte). Diese beiden Teilmengen lassen sich ebenfalls halbieren, und wir erhalten die sogenannten **Quartile**: Q_1 (bei 25 % aller Daten), Q_2 (bei 50 %, entspricht Median) und Q_3 (bei 75 %). Der Q_1-Wert der Familieneinkommen kann wichtig sein für unsere Sozialpolitik .

Eine weitere Möglichkeit besteht darin, die Daten in zehn (**Dezile**) oder 100 (**Zentile**) gleiche Gruppen zu teilen. In Nordamerika werden Zentile (engl.: percentiles) häufig in der Benotung an Universitäten verwendet: um eine Prüfung zu bestehen, muß ein Student im allgemeinen zumindest das 50. Zentil erreichen; die Höchstnote, ein A^+, setzt eine Note von mindestens 90 % voraus (90. Zentil).

2.2.2. Streuungsparameter

Um unsere Daten zu charakterisieren, brauchen wir ein Maß für ihre Variabilität oder Streuung. Wir werden die verschiedenen Schritte am Beispiel mit den Gewichten von 15 Mäusen durchführen (Tabelle 2.1).

Tabelle 2.1. Berechnung der Streuung

	Messungen	Abweichung vom Durchschnitt	Quadrierte Abweichung
	16,0	–4,99	24,90
	16,2	–4,79	22,94
	17,3	–3,69	13,62
	19,7	–1,29	1,66
	19,7	–1,29	1,66
	20,6	–0,39	0,15
	21,0	0	0,16
	21,2	+0,21	0,04
	21,8	+0,81	0,66
	22,4	+1,41	1,99
	22,5	+1,51	2,28
	23,6	+2,61	6,81
	25,1	+4,11	16,89
	26,7	+5,71	32,60
Summe	**293,8**	**–0,004**	**126,20**

Zuerst werden die Abweichungen vom Durchschnitt errechnet. Die Summe ist natürlich im Prinzip 0 (Abweichungen sind auf Rundungsfehler zurückzuführen) und deshalb ungeeignet, um die Streuung zwischen den einzelnen Daten festzuhalten. Es wäre möglich, die Summe der absoluten Abstände dafür zu verwenden. Das würde bedeuten, daß die Sequenz 4, 4, 5, 6, 6 die gleiche Variabilität hätte wie 3, 5, 5, 5, 7 (in beiden Fällen ist die Summe der absoluten Abweichungen 4). Intuitiv erscheint uns jedoch die zweite Reihe weniger homogen. Diesen Unterschied können wir dadurch ausdrücken, daß wir die Abweichungen quadrieren. Die Summe beträgt dann 4 im ersten Fall und 8 im zweiten Fall. Neben dieser vereinfachten Erklärung gibt es relative komplexe mathematische Gründe, weshalb quadrierte Abweichungen vorzuziehen sind. Der technische Ausdruck für die Summe der Abweichungen der beobachteten Werte von einem fixen Wert (z.B. arithmetisches Mittel) ist das **Moment**. Das erste Moment wäre die Summe der Abweichungen (deshalb 0), das zweite Moment die **Summe der quadrierten Abweichungen** (engl.: sum of squares, häufig zu SS oder SQ abgekürzt) usw. Das dritte Moment kann zur Bestimmung der **Schiefe** (skewness) einer Verteilung benützt werden (S. 15).

Mit der Anzahl Messungen erhöht sich natürlich die Summe der quadrierten Abweichungen. Um ein standardisiertes Maß für die Streuung zu erhalten, berücksichtigen wir die Anzahl Daten. Wir tun dies, indem wir die Summe durch die Anzahl **Freiheitsgrade** teilen. Freiheitsgrade sind definiert als n–1 (n entspricht der Anzahl Messungen). In unserem Beispiel haben wir 13 Freiheitsgrade (14–1). Der neue Wert 9,71 (126,20/13) wird als **Varianz**, symbolisiert durch $\mathbf{S^2}$, definiert. Die Varianz einer Population bezeichnen wir als σ^2 (sigma^2). Sie entspricht der Summe der quadrierten Abweichungen, geteilt durch die Anzahl Daten in der Population.

Weshalb teilen wir bei Stichproben durch die Freiheitsgrade und nicht durch die Anzahl der Messungen? Ein Grund besteht darin, daß wir für die Berechnung der Varianz den Durchschnitt und Abweichungen vom Durchschnitt benützen. Bei gegebenem Durchschnitt könnten wir 13 der gemessenen Werte variieren. Der 14. Wert wäre dann eindeutig bestimmt. Eine mathematisch überzeugendere Begründung besteht darin, daß die Varianz frei von systematischen Fehlern (unbiased) ist, wenn wir Freiheitsgrade verwenden. Das bedeutet, daß bei wiederholten Stichproben die geschätzte Varianz weder gehäuft über noch unter der wahren Varianz der Population liegt.

Um die Varianz zu berechnen, können die beiden folgenden Formeln verwendet werden ($\overline{X}$ steht für das arithmetische Mittel, X_i für die einzelnen Meßwerte):

$$S^2 = \frac{1}{n-1}\sum(X_i - \overline{X})^2$$

$$S^2 = \frac{1}{\text{n - 1}}\left(\sum X_i^2 - \frac{(\sum X_i)^2}{n}\right)$$

Mathematisch gesehen sind die Formeln identisch; die zweite Formel hat den Vorteil, daß weniger rechnerische Schritte durchgeführt werden müssen und ist besonders für Taschenrechner geeignet.

Um die Varianz zu berechnen, haben wir die ursprünglichen Einheiten quadriert (im Beispiel wären das Gewichtseinheiten). Natürlich ist es sinnvoller, die Streuung in der selben Einheit wie die Originaldaten auszudrücken. Wir ziehen deshalb die Quadratwurzel und erhalten so die **Standardabweichung** (engl.: standard deviation). Sie beträgt 3,12 in unserem Beispiel. In Stichproben symbolisieren wir die Standardabweichung durch S; in Populationen verwenden wir σ (sigma):

$$S = \sqrt{S^2}$$

Die Standardabweichung gibt uns einen Hinweis auf die Variabilität zwischen einzelnen Meßdaten. Falls wir mehrmals Stichproben von derselben Population nehmen, z.B. mehrere Proben von je 14 Mäusen, erhalten wir jedesmal einen etwas anderen Durchschnitt. Um die Variabilität dieser Probendurchschnitte zu charakterisieren, könnten wir ihre Standardabweichung vom Gesamtdurchschnitt bestimmen. In der Regel haben wir jedoch nur einen Probendurchschnitt, und schätzen seine Variabilität durch eine Formel ab; wir teilen die Standardabweichung durch die Quadratwurzel der Anzahl Meßdaten (diese Formel beruht auf einer Eigenschaft der Normalverteilung, S. 33). Wir erhalten den **Standardfehler** (oder mittleren Fehler des Mittelwertes, engl. standard error oder standard error of the mean):

$$S_{\overline{X}} = \frac{S}{\sqrt{n}}$$

Im Beispiel wäre das 0,83. Je mehr Meßdaten wir haben, desto kleiner wird natürlich der Standardfehler. Das bedeutet, daß wir mehr Vertrauen in die Genauigkeit des geschätzten Durchschnittes haben. Natürlich ist es sinnlos, einen mittleren Fehler eines Populationsdurchschnittes zu bestimmen: wenn wir alle Individuen messen, wissen wir den Durchschnitt genau (mindestens innerhalb unserer Meßgenauigkeit).

Die verschiedenen Kennziffern gelten für normal verteilte Daten (S. 33). Manchmal interessieren wir uns jedoch für Proportionen. Wir finden z.B., daß sich 5 von 25 Patienten nach einer bestimmten Behandlung erholten (Proportion von 0,2), oder 49 von 100 befragten Wählern gaben an, Kandidaten A vorzuziehen (Proportion von 0,49). Der Standardfehler der Probenproportion ist definiert als:

$$S = \frac{\sqrt{p(1-p)}}{\sqrt{n}}$$

Dabei steht p für Proportion und n für Probengröße.

Die Bedeutung von Standardabweichung und Standardfehler wird in Abschnitt 4.4 erklärt. Wichtig ist festzuhalten, daß wir mit der Standardabweichung die Variabilität der einzelnen Meßdaten charakterisieren; mit dem Standardfehler beschreiben wir die Variabilität der Durchschnittswerte von Stichproben.

2.3. Graphische Darstellung

Eine Graphik kann uns auf einen Blick wichtige Eigenschaften einer Datensammlung klarmachen. Dabei müssen wir uns immer zuerst überlegen, welchem Zweck unsere Darstellung dienen soll. Entsprechend werden wir einen größeren oder kleineren Betrag der ursprünglichen Information beibehalten.

2.3.1. Stem-and-Leaf

Die vollständigste Darstellung ist die Stem-and-Leaf-Graphik (Stamm-und-Blatt). Sie wurde neben vielen anderen Methoden, insgesamt als **Exploratory Data Analysis** zusammengefaßt, durch Tukey (1977) entwickelt. Man geht dabei folgendermaßen vor: die Daten werden der Größe nach angeordnet. Jede Zahl wird in Stamm und Blatt unterteilt (die Unterteilung ist frei wählbar, muß aber für alle Daten gleich sein). Links haben wir den Stamm, rechts die Blätter. Jede Beobachtung entspricht einem Blatt. Ein solches Diagramm für die Daten von 2.2. ist unten dargestellt (Abb. 2.2). Es wurde automatisch von einem statistischen Programm (SYSTAT) erzeugt.

```
16  02
17  3
18
19H 77
20  6
21M 028
22H 45
23  6
24
25  1
26  7
```

Abb. 2.2. Stem-and-Leaf Diagramm der Daten von Tabelle 2.1

Der erste Wert enthält den Stammteil 16 und den Blattteil 0 und entspricht deshalb 16,0. Der zweite Wert ist 16,2, gefolgt von 17,3. Der Stammteil 18 enthält kein Blatt, d.h., wir haben keine Werte zwischen 18,0 und 18,9. SYSTAT markiert zusätzlich den M-Wert (Median) und zwei H-Werte (Hinge; dt.: Scharnier oder Gelenk; entspricht Q_1 und Q_2).

Die Datenmenge in diesem Beispiel ist zu gering, um zuverläßige Schlußfolgerungen zu ziehen. Deshalb wollen wir zwei weitere Beispiele untersuchen. Das erste ist eine Zusammenstellung von 40 Hauspreisen in Sackville, New Brunswick; das zweite die Körpergrößen von 40 16jährigen Schülern in einer Klasse in Sackville (Abb. 2.3).

```
 4      022
 4      58
 5      23
 5    H 6779
 6      0122244
 6    M 777889
 7      01334
 7    H 559
 8      4
 8      579
 9      1
 9      5
      ***OUTSIDE VALUES***
12      2
25      0
```

```
15   45
15   67
15   8
16   0111
16   H 2223333
16   M 4444555
16     667777
16   H 88899
17     01
17     233
17     4
```

Abb. 2.3. Stem-and-Leaf Diagramm von Hauspreisen (links) und Körpergrößen (rechts)

Bei den Hauspreisen steht eine Einheit für \$ 10.000. Der tiefste Hauspreis beträgt also 40.000 und der zweittiefste Preis 42.000. Bei den Körpergrößen steht eine Blatteinheit für 1 cm. Die tiefste Körpergröße ist 154 cm, gefolgt von 155 cm.

Außer den bereits bekannten Symbolen M (Median) und H (Hinge) finden wir den Ausdruck ***OUTSIDE VALUES***, und bei den Stammwerten fehlen 10 und 11, sowie alle Werte zwischen 13 und 24. Das bedeutet, daß keine Häuser in diesen Preisbereichen auftreten, und daß die beiden darauf folgenden Werte (122.000 und 250.000) Ausreißer (outlier) sind. In der Stem-and-Leaf-Darstellung sind das Werte, welche mindestens 1,5mal den Unterschied zwischen dem 1. und 3. Quartil (Q_1 und Q_3) von Q_1 oder Q_3 entfernt sind. Das Auftreten von Ausreißern ist ein Hinweis darauf, daß die Verteilung vermutlich nicht symmetrisch und deshalb nicht normal ist (S. 33).

Ersetzen wir die Ziffern der Blätter durch Symbole, erhalten wir eine Art Histogramm. Um Platz zu sparen, wurde der höchste Hauspreis weggelassen (Abb. 2.4).

Hauspreise	4	***	Körpergrößen	15	**
	4	**		15	**
	5	**		15	*
	5	****		16	****
	6	*******		16	*******
	6	******		16	*******
	7	***		16	******
	7	***		16	*****
	8	*		17	**
	8	***		17	***
	9	*		17	*
	9	*			
	10				
	10				
	11				
	11				
	12	*			

Abb. 2.4. Vereinfachtes Stem-and-Leaf Diagramm. Blattziffern sind durch das Symbol * ersetzt worden.

2.3.2. Histogramm und Polygondiagramm

Für ein konventionelles Histogramm ersetzen wir die Symbole durch eine senkrechte Säule. Dabei fassen wir in der Regel benachbarte Werte zu einer Klasse zusammen. Als repräsentativen Wert einer Klasse nimmt man das arithmetische Mittel der Klassengrenzen. Im Beispiel mit den Hauspreisen wählen wir \$10.000 als Klassenbreite (Differenz zwischen kleinstem und größtem Wert innerhalb einer Klasse) und 25.000 als erste Klassenmitte (enthält alle Werte zwischen 21.000 und 30.000); bei den Körpergrößen sind die entsprechenden Werte 2 und 152,5 cm. Die Zahl der Proben entspricht der Gesamtfläche der Säulen (Abb. 2.5).

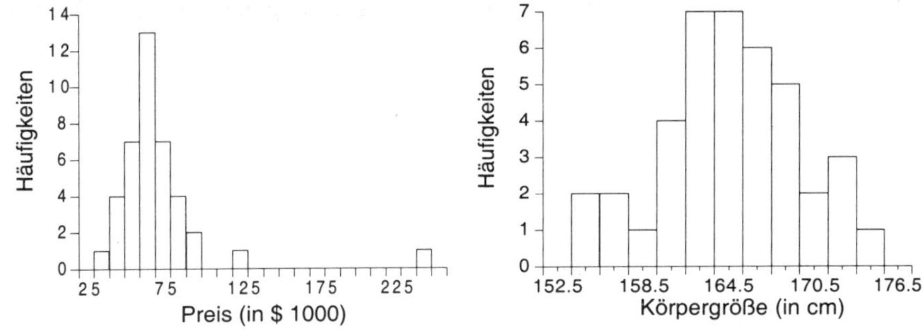

Abb. 2.5. Histogramm der Hauspreise und Körpergrößen von Abb. 2.3.

Durch Verbinden der Mittelpunkte der Säulen erhalten wir ein Polygondiagramm (Abb. 2.5.). Um die Probenzahl (entspricht der Fläche unter dem Polygon) zu erhalten, müssen auch Klassen mit der Häufigkeit 0 berücksichtigt werden, sofern sie an Klassen mit Häufigkeit > 0 angrenzen.

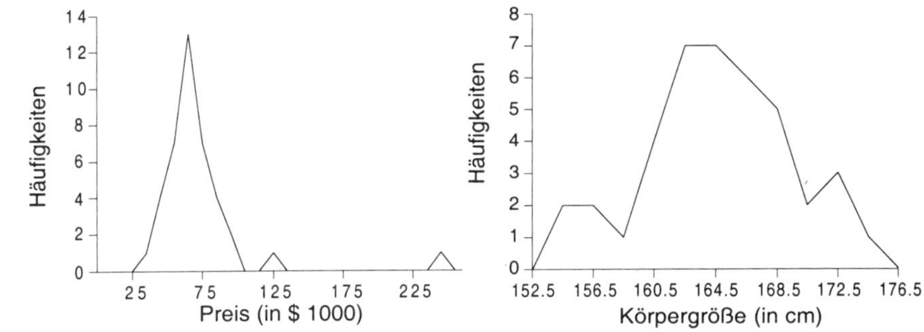

Abb. 2.6. Polygondiagramm der Hauspreise und Körpergrößen von Abb. 2.3.

Aus beiden Abbildungen geht klar heraus, daß die Verteilung der Körpergrößen einigermaßen symmetrisch ist, während wir bei den Hauspreisen einen langen „Schwanz" sehen, der in die hohen Werte hineinreicht. Wir bezeichnen eine solche Verteilung als **linksgipflig**. Bei einer Übervertretung von sehr kleinen Werten sprechen wir von einer **rechtsgipfligen** Verteilung. In beiden Fällen haben wir eine **schiefe** und deshalb nicht normale Verteilung.

2.3.4. Summenkurven

Unter Umständen interessieren wir uns dafür, welche Proportion oder welcher Prozentsatz einer Gesamtmenge unter- oder überhalb eines bestimmten Wertes liegen. In Worten können wir dies durch Quartile, Dezile und Zentile ausdrücken (siehe 2.2.1). Graphisch läßt sich das durch eine Summenkurve oder kumuliertes Häufigkeitspolygon darstellen. Dazu zwei Beispiele: die Meeresschildkröte *Caretta caretta* ist eine bedrohte Art. Um sie wirksam zu schützen, muß zuerst festgestellt werden, welche Altersstadien besonders gefährdet sind. Die Sterberate, basierend auf Daten von Crouse et al. (1987), ist in Abb. 2.7 dargestellt. Häufig wird diesselbe Information in einer Überlebenskurve zusammengefaßt (Abb. 2.7).

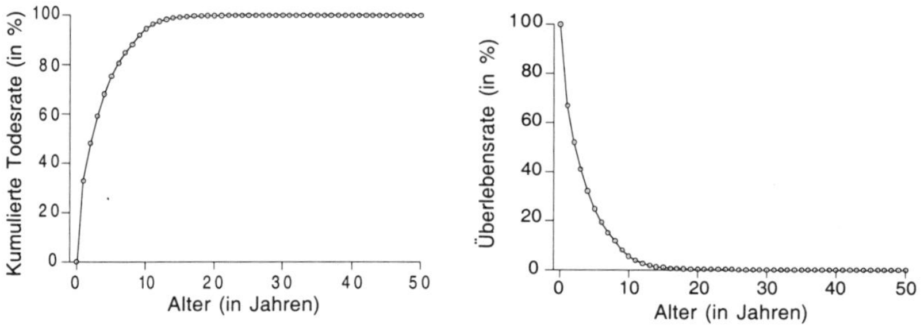

Abb. 2.7. Kumulierte Todesrate und Überlebenskurve der Meeresschildkröte *Caretta caretta* (Daten von Crouse et al. 1987).

Daraus können wir z.B. entnehmen, daß in den ersten zwei Lebensjahren rund 50 % der Schildkröten sterben. Nur etwa 0,0002 % einer Kohorte überleben für 50 Jahre oder länger Aus der Graphik läßt sich der zweite Wert allerdings nicht mehr ablesen; bei derart hohen Unterschieden zwischen den Werten einer Variablen, wie hier bei der Sterberate, zieht man deshalb im allgemeinen ihren Logarithmus vor. Dadurch wird die Distanz zwischen 10 und 100 % gleich groß wie jene zwischen 0,1 und 1 %, oder 0,01 und 0,1 %.

Es gibt eine andere Möglichkeit, die 50 % Mortalität nach zwei Jahren auszudrücken: wir können sagen, daß die Wahrscheinlichkeit, daß eine neugeborene Schildkröte mindestens bis zum 2. Lebensjahr überlebt, 50 % beträgt. Summenkurven werden deshalb auch Wahrscheinlichkeitsverteilungen oder Wahrscheinlichkeitskurven genannt (Kapitel 4).

Können wir, basierend auf Abb. 2.7, entscheiden, welches Stadium wir schützen sollten, um die Überleben der Schildkröte zu ermöglichen? Noch nicht, dazu brauchen wir zusätzlich die Reproduktionswerte (d.h., wieviele Nachkommen können wir von Individuen in den verschiedenen Altersklassen erwarten?). Werden diese Daten berücksichtigt (und mittels linearer Algebra ausgewertet), ist das etwas überraschende Resultat, daß Schutz von etwa 8- bis 15jährigen Schildkröten (und nicht etwa das erhöhte Angebot an Stränden, wo Eier abgelegt werden können) die beste Hoffnung für das Überleben der Schildkröten bietet. Eine naive Auswertung der Todesstatistik würde z.B. darin bestehen, das Stadium mit der höchsten Mortalität zu identifizieren.

Für klinische Untersuchungen neuer Medikamente oder Behandlungen wird in der Regel eine andere Art Überlebenskurve verwendet (Kapitel 12).

Das zweite Beispiel einer Summenkurve stammt aus der Industrie. Aus verschiedenen Gründen kann ein Produkt Defekte aufweisen und muß deshalb verworfen werden. Es kann aufschlußreich sein, die verschiedenen Defekte zu klassifizieren und ihre kumulierte Häufigkeiten zu bestimmen. Wir erhalten eine sogenannte Paretodarstellung (Abb. 2.8). Vilfredo Pareto, 1848–1923, war ein italienischer Ökonome. Er entwickelte seine Darstellung für die Einkommensverteilung.

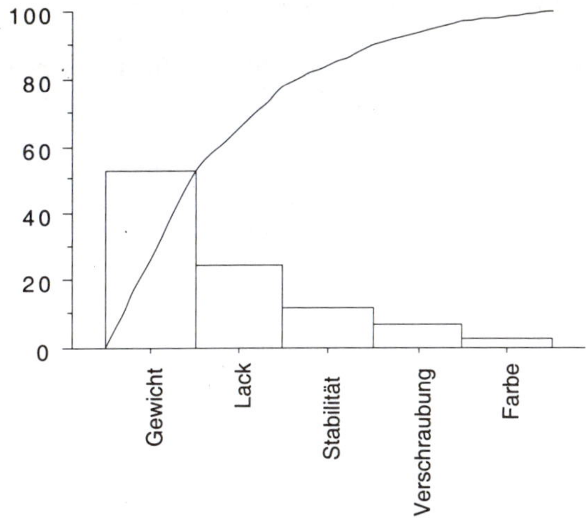

Abb. 2.8. Paretodarstellung der Defekttypen bei der Produktion von Holzfiguren. Die Säulen geben die prozentuellen Beiträge der verschiedenen Defekte an; die Kurve summiert die Prozentzahlen der Defekte.

Auch hier ist die Erfassung und Darstellung der Daten nur ein erster Schritt. Als nächstes fragen wir uns, wieviel es kosten würde, um die Häufigkeiten der verschiedenen Defekte zu verringern. Es ist keinesfalls selbstverständlich, daß eine bessere Gewichtskontrolle ökonomisch am sinnvollsten wäre. Statistische Methoden können uns Sachkenntnisse nicht ersetzen.

2.3.5. Box-and-Whiskers

Tukey (1977) entwickelte die sogenannten Box-and-Whiskers Plots (auch Boxplots genannt), die in sehr konzentrierter Form wichtige Kennzahlen in einer Graphik zusammenfaßt (Abb. 2.9). Als Beispiele nehmen wir wieder die Daten von 2.2. Die „Box" entspricht einem Rechteck, das durch den Median zweigeteilt wird. Die beiden äußeren Kanten entsprechen dem ersten (Q_1) und dritten (Q_3) Quartil. Die waagrechten Linien (Whiskers oder Schnurhaare) reichen bis zu den Extremwerten (höchster und tiefster Wert). Das stimmt allerdings nur, wenn keine Ausreißer vorhanden sind. In der Regel werden als Ausreißer Werte definiert, die mehr als das 1,5fache des Abstandes zwischen Q_1 und Q_3 von der näheren Boxkante entfernt sind. Für extreme Ausreißer steigt dieser Wert auf das 3fache.

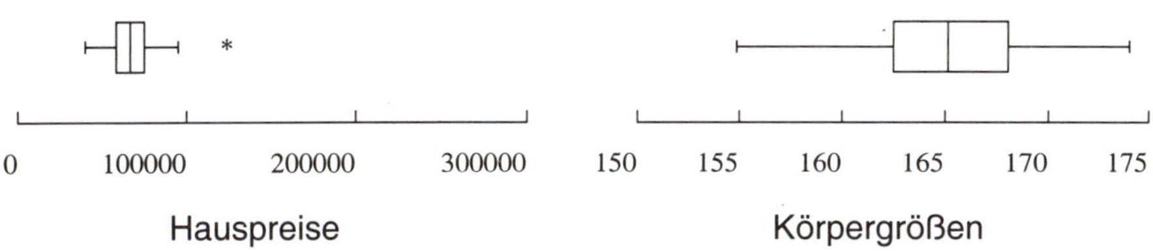

Abb. 2.9. Boxplots der Hauspreise (in $) und Körpergrößen (in cm). Daten von Abb. 2.2. Bei den Hauspreisen haben wir einen Ausreißer (*) und einen extremen Ausreißer (·).

2.3.6. Durchschnitt mit Standardabweichung oder Standardfehler

Eine sehr reduzierte Darstellung (vielleicht die häufigste) besteht aus dem arithmetischen Durchschnitt mit zwei Balken, welche entweder Standardabweichung oder Standardfehler angeben. Abb. 2.10 zeigt ein paar Variationen. Wichtig ist, daß stets angegeben wird, ob Standardabweichung oder Standardfehler verwendet werden. Die Standardabweichung charakterisiert Variabilität der gemessenen Daten, und der Standardfehler erlaubt eine Aussage über die vermutliche Lage des Populationsdurchschnittes in bezug auf den Stichprobendurchschnitt (Abschnitt 4.4).

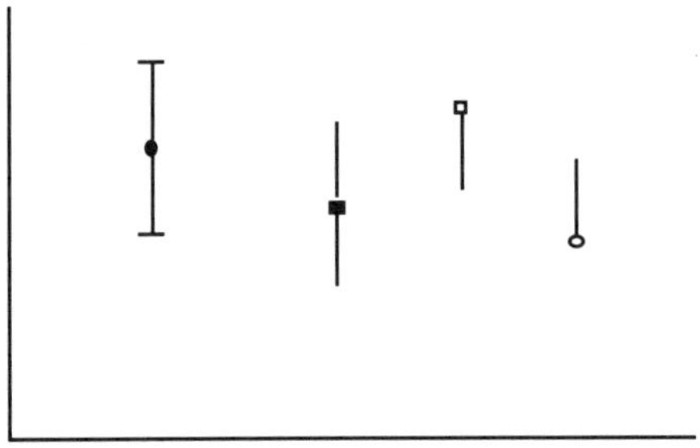

Abb. 2.10. Durchschnitt und Standardabweichung oder -fehler (muß in Legende definiert werden). Die Balken gehen stets in beide Richtungen, werden aber manchmal aus ästhetischen Gründen nur in einer Richtung eingetragen.

2.4. Weitere Beispiele

1. Will Rogers (amerikanischer Humorist): „When the Okies left California and went to Oklahoma, they raised the average intelligence in both states.“ (Als die Okies [Einwanderer von Oklahoma] Kalifornien verließen und nach Oklahoma zurückkehrten, erhöhte sich die durchschnittliche Intelligenz in beiden Staaten). Ist das möglich?

2. Zwei Spitäler geben ihre Erfolgsstatistiken bekannt. Im Spital A war die Überlebensrate nach Operationen insgesamt 70 %; im Spital B betrug sie 75 %. Wenn die Fälle in „einfache“ und „komplexe“ Operationen unterteilt wurden, waren die Erfolgsraten für Spital A 90 resp. 50 %; für Spital B waren es 80 resp. 30 %. Obwohl für beide Kategorien der Erfolg für Spital A höher war, hatte es insgesamt eine tiefere Erfolgsrate. Welches Spital würden Sie wählen?

3. Stellen Sie sich vor, daß Sie 200mal eine faire Münze werfen (fair bedeutet, daß Kopf und Zahl gleich wahrscheinlich sind). Schreiben Sie eine Serie von 200 Zahlen nieder, die Ihrer Meinung nach in einem solchem Zufallsexperiment auftreten könnte.

3. Wahrscheinlichkeit

3.1. Beginn der Wahrscheinlichkeitsrechnung

Die drei ersten Probleme unter 3.8 stammen aus einem Büchlein von Mosteller (1985). Wenn Sie versuchen, sie zu lösen, stimmen Sie vermutlich Martin Gardner (1961) zu: „In no other branch of mathematics is it so easy for experts to blunder as in probability theory“. Dabei spielt natürlich das Abschätzen von Wahrscheinlichkeiten eine enorme Rolle in der Medizin, in der Wirtschaft, in der Meteorologie und in unserem Alltag. Das formale Studium beschränkte sich anfangs auf Glücksspiele. Die Faszination damit geht mindestens bis zu den Ägyptern zurück: sie spielten mit vierseitigen Astragali (aus tierischen Fersenknochen hergestellt). Der römische Kaiser Claudius (10 bis 54 AD), schrieb die erste Abhandlung darüber, wie man beim Würfeln gewinnen kann. Sie ging leider verloren.

In der Einleitung habe ich das Würfelproblem, das Galileo Galilei experimentell gelöst hat, kurz beschrieben. Antoine Gombauld, der Chevalier de Méré stellte an Blaise Pascal ein ähnliches Problem: was ist wahrscheinlicher, in vier Würfen eines einzelnen Würfels mindestens eine 6, oder in 24 Würfen eines Würfelpaars mindestens eine Doppelsechs zu erzielen? De Méré überlegte sich, daß die Wahrscheinlichkeit für die beiden Ereignisse gleich groß sein sollte. Er stellte richtig fest, daß die Wahrscheinlichkeit einer 6 in einem Wurf 1/6 ist. Die durchschnittliche Anzahl Sechser in vier Würfen wäre also 4*(1/6) = 2/3. Die Wahrscheinlichkeit einer Doppelsechs mit zwei Würfeln ist 1/36. Die durchschnittliche Anzahl Doppelsechser in 24 Würfen wäre also 24*(1/36) = 2/3. Trotzdem verlor de Méré, wenn er wettete, daß der zweite Fall ebenso häufig ist. Weshalb?

Bevor wir weitergehen, brauchen wir ein paar Definitionen. Beim Würfeln und auch bei wissenschaftlichen Experimenten lassen sich die Resultate wegen unvollkommener Charakterisierung der Anfangsbedingungen, Meßfehlern, biologischer Variabilität, usw. nie genau voraussagen. Die Resultate und Messungen bezeichnen wir deshalb als **Zufallsereignisse.** Beim Würfel wissen wir jedoch, daß nur Zahlen zwischen 1 und 6 vorkommen können. Jedes dieser sechs möglichen Resultate ist ein **Elementarereignis**, Die Gesamtheit aller Elementarereignisse definieren wir als **Ereignisraum Ω** mit der Wahrscheinlichkeit 1 (entspricht 100 %). Beim Würfel ist $\Omega = \{1,2,3,4,5,6\}$. Ein sicheres Ereignis (z.B., daß wir eine Zahl zwischen 1 und 6 würfeln werden) hat eine Wahrscheinlichkeit von 1; für ein unmögliches Ereignis beträgt sie 0.

Der Ereignisraum für den ersten Wurf ist also {1,2,3,4,5,6}. Wenn wir zwei Würfe haben, ergeben sich insgesamt 6 * 6 = 36 Elementarereignisse (Abb. 3.1). Für drei Würfel wären es 6*6*6 = 216 Elementarereignisse, und für n Würfe 6^n.

Falls die Würfel fair sind, passiert jedes dieser Elementarereignisse mit derselben Wahrscheinlichkeit, in unserem Beispiel mit 1/36. Komplikationen entstehen, wenn wir das Experiment wiederholen. Um diesen Prozeß zu verstehen, brauchen wir ein paar einfache Begriffe und Regeln der Wahrscheinlichkeitsrechnung. Weitergehende Einführung in die Wahrscheinlichkeitsrechnung findet man z.B. bei Beyer et al. (1995) oder Bach (1989).

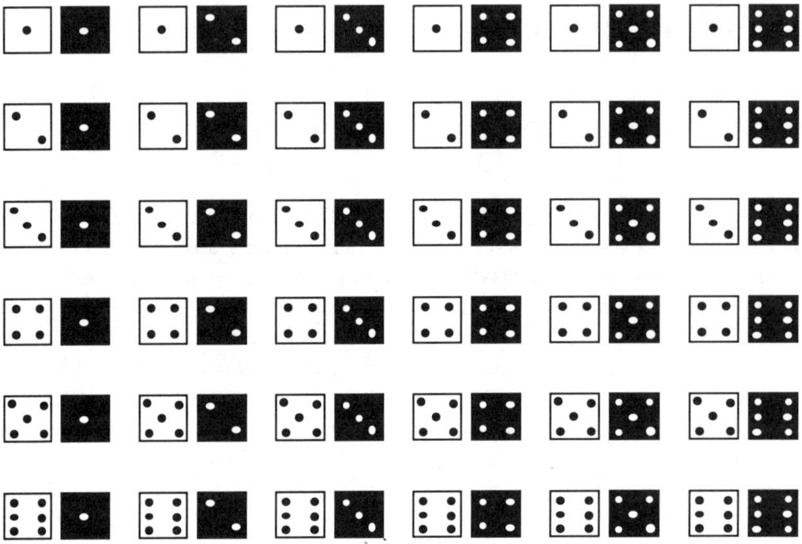

Abb. 3.1. Darstellung aller Elementarereignisse, wenn wir gleichzeitig zwei Würfel werfen. Der erste Würfel sei weiß, der zweite schwarz. Wir erhalten insgesamt 36 verschiedene Fälle.

3.2. Das Venn-Diagramm

Die Wahrscheinlichkeit, daß entweder A oder B auftritt, nennt man P(A oder B); in der Mengenlehre heißt der Begriff „Vereinigung“ und wird mit einem U-förmigen Symbol gekennzeichnet (siehe unten). Graphisch wird diese Beziehung in einem Venn-Diagramm dargestellt (Abb. 3.2). Im Beispiel mit einem Würfel sei A {1,2,3} und B {2,3,4}. Das heißt, A umfaßt die Elementarereignisse, bei denen der Würfel 1, 2 oder 3 zeigt und B jene mit 2, 3 oder 4. Die Vereinigung dieser beiden Teilmengen ist {1,2,3,4}, und P(A oder B) = 4/6.

Der zweite wichtige Begriff ist der „Durchschnitt“. Er wird mit einem bogenförmigen Symbol ausgedrückt und charakterisiert die Wahrscheinlichkeit, daß A und B gleichzeitig auftreten. In unserem Beispiel umfaßt P(A und B) jene Ereignisse, die sowohl in A {1,**2**,**3**}wie in B {**2**,**3**,4} vorkommen, also 2/6.

$$P(A \text{ oder } B) = P(A \cup B)$$

$$P(A \text{ und } B) = P(A \cap B)$$

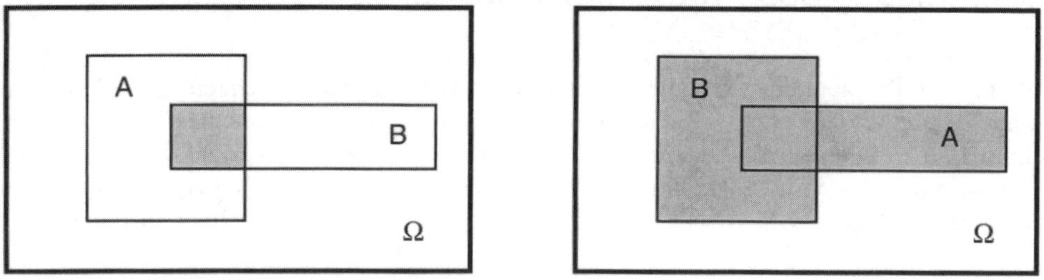

Abb. 3.2. Venn-Diagramme zur Wahrscheinlichkeit. Ω ist die Gesamtmenge (entspricht der Fläche des Rechteckes). A (Quadrat) und B (kleines Rechteck) seien zwei Elementarereignisse. Die gepunktete Fläche entspricht der Wahrscheinlichkeit, daß sowohl A wie auch B eintreten [P(A und B), links] oder daß A oder B eintreten [P(A oder B), rechts].

3.3. Ein paar Regeln

Regel 1: Die Wahrscheinlichkeitssummen aller sich gegenseitig ausschließender Ereignisse müßen zu 1 addieren, oder anders ausgedrückt $P_{(\Omega)} = 1$. Dieser Wert entspricht der Gesamtfläche des Rechtecks in Abb. 3.3. Auf einen Würfel übertragen, bedeutet das:

$$P(1) + P(2) + P(3) + P(3) + P(4) + P(5) + P(6) = 1$$

Regel 2: Für beliebige Ereignisse A und B gilt die allgemeine Additionsregel. P(A und B) muß subtrahiert werden, da es sonst doppelt gezählt wird.

$$P(A \text{ oder } B) = P(A) + P(B) - P(A \text{ und } B)$$

Regel 3: Für sich ausschließende Ereignisse A und B können wir die spezielle Additionsregel verwenden.

$$P(A \text{ oder } B) = P(A) + P(B)$$

Regel 4: Anstatt P(A) zu bestimmen, ist es häufig einfacher, die komplementäre Wahrscheinlichkeit P (nicht A) zu bestimmen. Dann gilt die Subtraktionsregel. Beispiel: die Wahrscheinlichkeit, daß wir die Zahl 1 werfen ist 1/6. Das entspricht $P(1) = 1 - P(2) - P(3) - P(4) - P(5) - P(6)$.

$$P(A) = 1 - P(\text{nicht } A)$$

Regel 5: Sind zwei Ereignisse A und B voneinander unabhängig, gilt die spezielle Multiplikationsregel. A und B sind unabhängig, wenn das Vorkommen von A keinen Einfluß auf die Wahrscheinlichkeit hat, daß B eintreffen wird.

$$P(A \text{ und } B) = P(A) * P(B)$$

3.4. Lösung des Problems von le Méré

Zurück zum Problem des Chevaliers: Wie groß ist die Wahrscheinlichkeit, in vier Würfen mindestens eine 6 zu erzielen? Hier ist es einfacher, die Gegenwahrscheinlichkeit zu bestimmen, d.h., wie wahrscheinlich ist es, daß wir viermal keine 6 werfen? In einem Wurf ist P(nicht 6) = 1 – P(6) = 1 – 1/6 = 5/6. Wir wiederholen den Versuch viermal und können annehmen, daß die Würfe voneinander unabhängig sind. Gemäß Multiplikationsregel gilt:

P(viermal nicht 6) = (5/6)*(5/6)*(5/6)*(5/6) = 0,482
P(mindestens eine 6) = 1 – 0,482 = 0,518

Diesen Wert wollen wir mit der Wahrscheinlichkeit vergleichen, daß wir in 24 Versuchen mindestens eine Doppelsechs werfen. Auch hier ist die Gegenwahrscheinlichkeit einfacher zu bestimmen. Aus Abb. 3.2. entnehmen wir, daß die Wahrscheinlichkeit einer Doppelsechs 1/36 ist. Deshalb gilt P(keine Doppelsechs) = 35/36. Für 24 unabhängige Versuche gilt

P(keine Doppelsechs in 24 Würfen) = $(35/36)^{24}$= 0,509
P(mindestens eine Doppelsechs) = 1 – 0,509 = 0,491

Wie de Méré empirisch feststellte, ist der zweite Fall weniger wahrscheinlich. Wie Sie vermutlich bei der selbständigen Lösung von ähnlichen Probleme feststellen, ist Wahrscheinlichkeitsrechnung kompliziert, und auch Experten können leicht Fehler machen. Eine empirische Überprüfung des errechneten Resultates ist deshalb wertvoll. Man könnte das „von Hand“ tun, indem man ein paar tausendmal würfelt und die Resultate aufschreibt. Zum Glück haben wir heute Computerprogramme, die diesen Vorgang simulieren. So sieht z.B. der Vorgang mit Resampling Stats aus (Simon 1993; eine kurze Beschreibung des Programms finden Sie in Kapitel 13):

```
REPEAT 10000
SAMPLE 4 1,6 Wurf
COUNT Wurf=6 Sechser
COUNT Sechser>=1 Erfolg
SCORE Erfolg Erfolge
END
SUM Erfolge Resultat
PRINT Resultat
```

Mit jedem Wurf bestimmt ein Zufallszahlengenerator vier Zahlen zwischen 1 und 6. Alle Sechser werden gezählt, und wir bezeichnen jeden Versuch mit mindestens einem Sechser als Erfolg. Das Experiment wird z.B. 10.000mal wiederholt, und wir können die Erfolgsrate bestimmen. In fünf Versuchen (je 10.000 Würfe) war diese Rate 0,5143, 0,5205, 0,5207, 0,5186. Das ergibt einen Durchschnitt von 0,5181 (theoretischer Wert – 0,518). Mit demselben Programm habe ich die Rate für mindestens eine Doppelsechs in 24 Würfen geschätzt und erhielt einen Wert von 0,4878 (exakter Wert 0,491). Zwei Punkte sind hier wichtig: die Resultate stimmen nur annähernd; man kann sich dem theoretischen Wert durch Erhöhung der Versuchszahl (z.B. Millionen von simulierten Würfen) jedoch beliebig annähern.

3.5. Das Problem von Galilei

Auf Seite 5 habe ich ein anderes Würfelproblem dargestellt: wie wahrscheinlich ist es, mit drei Würfeln entweder eine Summe von 9 oder 10 zu erzielen? Sie sollten in der Lage sein, die Gesamtzahl der Elementarereignisse zu bestimmen (216), und entweder durch Abzählen oder Rechnen die Anzahl Elementarereignisse mit Summe 9 (25) oder 10 (27) zu identifizieren. Deshalb gilt

P(Summe 9) = 25/216 = 0,1157
P(Summe 10) = 27/216 = 0,1250

Auch hier läßt sich das Resultat durch ein einfaches Programm überprüfen:

```
REPEAT 10000
SAMPLE 3 1,6 Wurf
SUM Wurf Summe
COUNT Summe=9 N
COUNT Summe=10 Z
SCORE N Neun
SCORE Z Zehn
END
SUM Neun Neuner
SUM Zehn Zehner
PRINT Neuner
PRINT Zehner
```

In insgesamt 50.000 Versuchen waren die geschätzten Wahrscheinlichkeiten 0,1147 (theoretischer Wert 0,1157) für eine Summe von 9 und 0,1233 (theoretischer Wert 0,125) für eine Summe von 10.

3.6. Bedingte Wahrscheinlichkeit und die Bayessche Formel

Wie groß ist die Wahrscheinlichkeit, daß A eintreten wird, vorausgesetzt, daß B bereits eingetreten ist? Dargestellt wird sie durch P(A|B). Ein Beispiel: wir haben einen Sechser geworfen. Wie wahrscheinlich ist es, daß der zweite Wurf ebenfalls 6 sein wird? Aus Abb. 3.2., unterste Zeile, sehen wir, daß wir sechs Elementarereignisse berücksichtigen müßen. Wir interessieren uns für die letzte Kombination der Zeile, deshalb gilt P(6|6) = 1/6. Wir können die Formel verallgemeinern (siehe auch Venn-Diagramm, Abb. 3.5):

$$P(A \mid B) = \frac{P(A \text{ und } B)}{P(B)}$$

oder

$$P(A \mid B) = \frac{P(A) \cdot P(B \mid A)}{P(A) \cdot P(B \mid A) + P(\text{nichtA}) \cdot P(B \mid \text{nichtA})}$$

Mathematisch sind die beiden Formeln identisch. Sie wurden durch den englischen Theologen Thomas Bayes (1702–1763) entwickelt. P(A) bezeichnet man als a-priori-Wahrscheinlichkeit, und P(A|B) als a-posteriori-Wahrscheinlichkeit. Im wesentlichen hilft uns dieser Ansatz bei der Frage, wie wir unsere Annahmen, Überzeugungen oder Theorien im Licht von neuen Ergebnissen ändern sollen.

Durch Umstellen der Gleichung erhalten wir die allgemeine Multiplikationsregel:

$$P(A \text{ und } B) = P(A|B)*P(B)$$

Falls A und B voneinander unabhängig sind, erhalten wir wieder die spezielle Multiplikationsregel P(A und B) = P(A)*P(B) (Regel 5, S. 21), da in diesem Fall P(A|B) = P(A). Das trifft in unserem Beispiel zu: die Wahrscheinlichkeit, in einem Wurf einen Sechser zu erzielen, wird nicht vom vorherigen Wurf beeinflußt.

Schauen wir uns ein typisches Beispiel an. Eine Krankheit hat 0,1 % einer Bevölkerung befallen (das traf z.B. früher bei AIDS zu; heute ist die Rate oft beträchtlich höher). Wir haben einen diagnostischen Test, der 99 % aller infizierten Personen korrekt identifiziert (bei 1% der Befallenen fällt er negativ aus). Allerdings werden von 100 gesunden Leuten zwei fälschlicherweise als infiziert diagnostiziert. Wir wenden diesen Test auf einen zufällig gewählten Einwohner an und erhalten ein positives Resultat. Wie groß ist die Wahrscheinlichkeit, daß er in der Tat infiziert ist? Das Problem ist in Abb. 3.3. graphisch dargestellt; allerdings stimmen die Proportionen nicht.

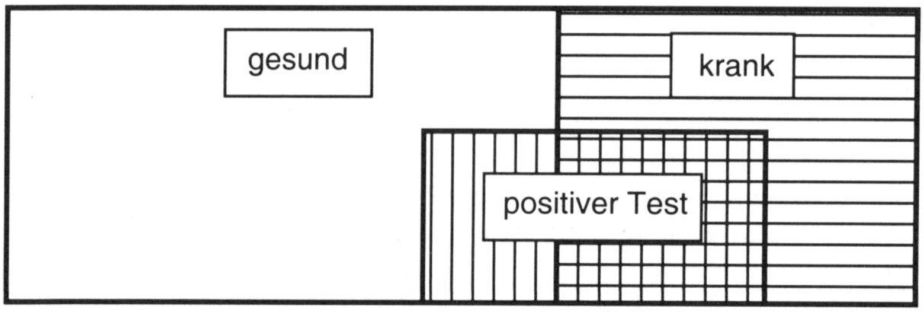

Abb. 3.3. Venn-Diagramm der Diagnose. Die Gesamtpopulation ist in Gesunde und Kranke unterteilt. In beiden Gruppen kann ein Test positiv oder negativ ausfallen. Wir können deshalb insgesamt vier Gruppen unterscheiden: Gesunde mit negativem oder positivem Test und Kranke mit positivem oder negativem Test.

Wir setzen A für Infektion, B für positiven Test und suchen P(A|B). Die folgenden Wahrscheinlichkeiten sind gegeben:

P(A) = 0,001; Wahrscheinlichkeit, daß ein beliebiger Einwohner die Infektion hat
P(B|A) = 0,99 Wahrscheinlichkeit eines positiven Tests, falls Einwohner infiziert ist
P(B|nicht A) = 0,02; Wahrscheinlichkeit eines positiven Tests ohne Infektion

Daraus leiten wir ab:

P(Krank und Positiv) = 0,001*0,99 = 0,00099
P(Gesund und Positiv) = 0,999*0,02 = 0,01998
P(Positiv) = 0,00099 + 0,01998 = 0,02097

Wir setzen diese Werte in die Bayessche Formel ein und erhalten:

$$P(A \mid B) = \frac{P(\text{Krank und Positiv})}{P(\text{Krank und Positiv}) + P(\text{Gesund und Positiv})} = \frac{0,00099}{0,02097} = 0,0472$$

Das scheinbar paradoxe Resultat zeigt, daß auch bei einem positiven Resultat dieses sehr empfindlichen und spezifischen Tests die Wahrscheinlichkeit einer Infektion nur etwa 5 % beträgt. Im wesentlichen wird die Zahl echter Positiver durch falsche Positive überwältigt.

Ein anderes aktuelles Beispiel ist die Voraussage von Erdbeben. Um dies zu ermöglichen, wurden in Japan seit 1978 jährlich über $ 100 Mio aufgewendet. Sobald ein Komitee von sechs „weisen Männern“ (Experten in Seismologie) schließt, daß ein Erdbeben unmittelbar bevorsteht, würden sie es dem Premierminister mitteilen, der daraufhin den öffentlichen Verkehr stoppen und Schulen schließen würde. Bis heute ist jedoch kein einziger Fall bekannt, wo ein Erdbeben mit auch nur annähernder Zuverläßigkeit vorausgesagt wurde. So gab es keine Warnung für das Erdbeben von Kobe (Januar 1995), in dem über 6000 Leute umkamen. Das Problem besteht darin, daß katastrophale Erdbeben sehr selten sind (etwa ein Beben alle 10 bis 50 Jahre). Um nützlich zu sein, müßte ein Indikator, der uns davor warnen könnte, eine sehr hohe Sensitivität und Spezifität haben. Das gibt es für Erdbeben nicht.

Zurück zur medizinischen Diagnostik: wir können die Wahrscheinlichkeit eines wahren positiven Tests auch bestimmen, indem wir uns überlegen, wieviele Personen der verschiedenen Kategorien in einer Population von z.B. einer Million vorkommen (Tabelle 3.1).

Tabelle 3.1. Verteilung der verschiedenen Kategorien in einer Population von 1 Mio. Von insgesamt 20.970 positiven Tests sind nur 990 krank (entspricht 0,0472 %).

	Krank	Gesund	Summe
Insgesamt	1000	999.000	1.000.000
Davon mit positivem Test	**990**	19.980	**20.970**
mit negativem Test	10	979.020	979.030

Die Richtigkeit der Bayesschen Formel ist unbestritten, und dieser Ansatz ist offensichtlich wichtig für die Beurteilung von positiven und negativen Tests. Allerdings werden ihn die wenigsten Ärzte bewußt anwenden. In der Regel stützen sie sich auf Erfahrung oder Intuition. Außerdem werden diagnostische Tests selten blind durchgeführt. Der Arzt vermutet aufgrund von typischen Symptomen bereits eine Krankheit, und sucht eine Bestätigung. Bei AIDS wären Gewichtsverlust, Nachtschwitzen, Kaposi-Sarkoma, etc. Hinweise, welche die a-priori-Wahrscheinlichkeit stark erhöhen und dadurch ein positives Resultat stärken.

3.7. Weitere Anwendungen der bedingten Wahrscheinlichkeit

Bedingte Wahrscheinlichkeit wird häufig falsch angewendet oder ganz unterschlagen. Ein aktuelles Beispiel wurde während des O.J.-Simpson-Prozeßes intensiv diskutiert. Der Anwalt und Harvard-Professor Alan Dershowitz behauptete, es sei irrelevant, daß Simpson seine frühere Frau mißhandelt habe, da dies nur in etwa 1 von 1000 Fällen zu Mord oder Totschlag führe. Mehrere Statistiker haben darauf hingewiesen, daß wir davon ausgehen sollten, daß Nicole Simpson mißhandelt und später ermordet wurde. Die relevante Frage wäre die folgende: wie groß ist die Wahrscheinlichkeit, daß eine ermordete Frau, die früher von ihrem Gatten oder „Freund" geschlagen wurde, vom selben Mann getötet wurde? Diese Wahrscheinlichkeit wurde auf 30–50 % geschätzt (Good 1995). Ein Fernsehreporter verglich die Logik von Dershowitz mit dem folgenden Beispiel: der Geschlechtsakt führt nur bei einem sehr geringen Prozentsatz zu Schwangerschaft. Folglich hat sexuelle Aktivität einer Frau nichts mit ihrer Schwangerschaft zu tun.

Bedingte Wahrscheinlichkeiten sind sehr wichtig bei genetischer Beratung (genetic counseling). Dazu ein einfaches Beispiel: eine Mutter möchte wissen, ob ihr junger Sohn unter einer Krankheit leidet, die über das Y-Chromosom vererbt wird, und deren Symptome erst bei Erwachsenen auftreten. Der Vater hat die Krankheit, d.h., der Sohn hat das defekte Gen mit einer Wahrscheinlichkeit von 50 % erhalten. Ein Test, der 80 % der positiven Fälle richtig identifiziert, und bei 5 % der negativen Fälle eine falsche Diagnose liefert, ist negativ ausgefallen. Wie groß ist die Wahrscheinlichkeit, daß der Sohn die Krankheit geerbt hat? Die Lösung ist P(krank)/P(negativer Test) = 0.1/0.575 = 0,174 = 17,4 %.

Der Bayessche Ansatz kann auch auf das Erstellen und Überprüfen von Hypothesen angewendet werden. Dieses Thema wird in Kapitel 5 ausführlicher behandelt; kurz gesagt, geht es darum, daß wir eine subjektive Wahrscheinlichkeit in unsere Berechnungen einbeziehen. Wir fragen uns, wie wir neue Ergebnisse oder Beobachtungen im Lichte von unseren Überzeugungen, unserer Erfahrung oder Intuition bewerten sollen. Das bedeutet, daß wir einen subjektiven Wert in unsere statistischen Berechnungen einbeziehen. Im Alltag machen wir das natürlich routinemäßig. Nehmen wir an, der Fußballklub von Liverpool spiele gegen eine Amateurmannschaft aus dem Schwarzwald. Liverpool ist favorisiert, aber wie würden Sie die Wahrscheinlichkeit eines Gewinnes in einer Zahl ausdrücken? Ein interessantes Gedankenexperiment wurde von Berry (1996) beschrieben. Sie haben eine Urne mit roten und schwarzen Kugeln. Sie können 100 DM gewinnen, wenn Liverpool gewinnt, oder wenn Sie statt dessen blind eine Kugel ziehen und die Kugel schwarz ist. Sie müßen sich jedoch vor dem Spiel entschließen, ob Sie die Urne benützen wollen oder auf das Resultat des Spieles setzen. Sie wissen die Anzahl roter und schwarzer Kugeln. Wenn die Urne eine schwarze und eine rote Kugel enthält, sind Ihre Gewinnchancen 50 %, und Sie würden eher darauf wetten, daß Liverpool gewinnt. Wenn in der Urne 9 schwarze und eine rote Kugel sind, haben Sie eine Gewinnchance von 90 %. Bei 99 schwarzen und einer roten Kugel, wären es 99 %, usw. Sie erhöhen die Zahl der schwarzen Kugeln, bis ein Punkt erreicht wird, wo Ihrer Meinung nach die Wahrscheinlichkeit, eine schwarze Kugel zu ziehen oder ein Gewinn von Liverpool gleich sind. Das wäre Ihre subjektive Wahrscheinlichkeit, daß Liverpool gewinnt.

3.8. Wie wird Wahrscheinlichkeit definiert?

Wir haben den Begriff Wahrscheinlichkeit in verschiedenen Zusammenhängen gebraucht, und es ist Zeit, daß wir ihn definieren. Im wesentlichen gibt es drei Ansätze (für vertiefte Diskussion, siehe Beyer et al. 1995).

Der **klassische Ansatz** wurde von Glücksspielen her entwickelt. Ein einzelner Versuch hat endlich viele, gleich wahrscheinliche Ausgänge. Mit einem idealen Würfel z.B. sind alle Werte von 1 bis 6 gleich wahrscheinlich.

Empirische Wahrscheinlichkeiten beruhen auf der gemessenen Häufigkeit (Frequenz) eines bestimmten Ereignisses. Die Wahrscheinlichkeit des Ereignisses entspricht dabei der Proportion seines Auftreten. Zum Beispiel sind 48 % aller Geburten Mädchen; die Wahrscheinlichkeit, daß ein neugeborenes Kind ein Mädchen ist, beträgt deshalb 0,48. Nach der klassischen Definition sollte sie 50 % sein. Übrigens gilt auch für Würfel, daß sie selten absolut fair sind und alle Werte genau gleich häufig sind. Statistiker, die mit empirisch festgelegten Wahrscheinlichkeiten arbeiten, werden häufig als **Frequentisten** bezeichnet.

Schließlich sprechen wir von der **subjektiven Wahrscheinlichkeit**, die wir aufgrund unserer Erziehung und Erfahrung festlegen. Für den Alltag ist sie offensichtlich von großer Bedeutung; die Rolle, die sie in der Statistik spielen sollte, ist umstritten (Kapitel 6).

Unabhängig davon, wie wir eine Wahrscheinlichkeit ableiten, bezeichnen wir damit die Proportion, mit der ein bestimmtes Ereignis in einer Anzahl Versuche vorkommen wird. Bei Vergleichen von zwei Gruppen, die verschiedenen Behandlungen ausgesetzt wurden, können wir daraus leicht ein sogenanntes **relatives Risiko** bestimmen (Kapitel 12). Es ist definiert als das Verhältnis der Wahrscheinlichkeit eines Ereignis A in der experimentellen Gruppe, die z.B. einem Risikofaktor ausgesetzt ist, und der Wahrscheinlichkeit B in der Kontrollgruppe ohne diesen Faktor.

Anstatt von Wahrscheinlichkeit können wir auch von den **Odds** reden (häufig in Wetten oder in Medizin, Kapitel 12). Definiert sind die Odds als die Wahrscheinlichkeit, daß Ereignis A geschehen wird, geteilt durch die Wahrscheinlichkeit, daß es nicht geschehen wird:

$$\text{Odds} = \frac{p(A)}{p(1-A)}$$

Die Odds, mit einem Wurf einen Sechser zu erzielen, ist also (1/6)/(5/6) = 1/5. Den Odds-Quotienten verwendet man in Medizin, um relatives Risiko auszudrücken. Er ist definiert als das Verhältnis der Odds in exponierten Patienten zu den Odds in Kontrollpatienten; der Vorteil des Odds-Quotienten besteht darin, daß er auch in sogenannten Fall-Kontrollstudien eine Abschätzung des relativen Risikos ermöglicht (Kapitel 12).

3.9. Der Erwartungswert

Der Erwartungswert ist die Summe jedes möglichen Ereignisses gewichtet mit der Wahrscheinlichkeit, daß es eintreten wird.

$$E = \sum X_i \cdot p_i$$

Dazu ein paar Beispiele: ein Auto mit einem Wert von 20.000 DM wird verlost. Es werden insgesamt 100 Lose verkauft. Der Erwartungswert für jedes Los ist 20.000*0,01 = 200.

Ein Basketballspieler erzielt mit 50 % seiner Schüsse einen Korb. Für vier Schüsse ist deshalb sein Erwartungswert 4*0,5 = 2 Treffer.

Der Erwartungswert spielt eine große Rolle in der Wirtschaft. Ein Manager überlegt sich, ob er ein neues Produkt einführen soll. Falls es erfolgreich ist, hat er Mehreinkommen von 500.000 DM. Ist es nicht erfolgreich, verliert er 250.000. Ohne das neue Produkt hat er weder zusätzlichen Gewinn noch Verlust. Von Testresultaten schätzt er, daß Erfolg oder Mißerfolg gleich wahrscheinlich sind. Soll er das Produkt einführen? Der Erwartungswert in diesem Fall ist E = 500.000*0,5 – 250.000*0,5 = + 250.000. Die rationale Entscheidung wäre, das Produkt einzuführen.

Ein Krimineller überlegt sich, ob er einen Einbruch wagen soll. Für dieses Verbrechen ist die Strafe 1000 Tage Haft. Er macht die folgenden Annahmen:

p(Verhaftung) = 0,1
p(Anklage, falls verhaftet) = 0,5
p(schuldig befunden, falls angeklagt) = 0,5
p(unbedingte Strafe, falls schuldig) = 0,5

Daraus schließt er, daß der Erwartungswert 0,1*0,5*0,5*0,5*1000 = 12,5 Tage Haft beträgt. Dieses Risiko muß er gegen den möglichen Gewinn abwägen.

In Lotterien und Casinos ist der Erwartungswert natürlich immer kleiner als der Einsatz; im Durchschnitt verliert der Spieler immer. Ist Spielen deshalb irrational? Nicht unbedingt. Daniel Bernoulli, ein Schweizer Mathematiker an der Kaiserlichen Akademie der Wissenschaften in St. Petersburg, erkannte, daß der positive Wert eines Gewinns oder der negative Wert eines Verlustes nicht nur eine Funktion des absoluten Betrages (z.B. 1000 DM) ist, sondern davon abhängt, wie nützlich oder schädlich der Spieler diesen zusätzlichen Betrag einschätzt (**utility**, auf deutsch **Nützlichkeit**). Der Wert hängt von den besondern Umständen des Spielers ab. Als allgemeine Regel nahm Bernoulli an, daß die Nützlichkeit indirekt proportional ist zu der Menge, die der Spieler bereits besitzt. Für einen reichen Spieler ist ein Gewinn von 1000 DM weniger wertvoll als für einen armen Spieler (das ist natürlich eine Vereinfachung; eine vertiefte, leicht zugängliche Diskussion darüber findet man in Bernstein 1996).

Nehmen Sie an, Sie haben mehrere Millionen unterschlagen, und wissen, daß morgen Ihre Bücher überprüft werden. Wenn Sie den Betrag ersetzen können, sind Sie gerettet, sonst gehen Sie ins Gefängnis. Sie haben 100.000 Bargeld. Unter diesen Umständen kann es sinnvoll sein, das Glück im Kasino zu versuchen. Sie haben nichts zu verlieren, aber sehr viel zu gewinnen. Oder denken Sie an einen Arbeitslosen, am Rande des Existenzminimums, ohne Aussicht auf eine Stelle in der nahen Zukunft. Solche Leute gehören zu den besten Kunden der Lotterien. Und weshalb nicht? Sie riskieren ein paar Mark, und gewinnen dadurch eine (verschwindend kleine) Möglichkeit, ihr Leben grundlegend zu verbessern.

Das Argument kann umgestülpt werden für das Vermeiden von Risiken. Ich habe Blaise Pascals Argument für ein christliches Leben erwähnt: der Gewinn wäre das Paradies, der Verlust ewige Verdammung in der Hölle (S. 5). Moderne Leute lassen sich durch andere Kalamitäten beunruhigen: bei Kernkraft und Gentechnologien sind katastrophale Unfälle sehr unwahrscheinlich; die möglichen Konsequenzen eines Unfalls erscheinen jedoch vielen so drastisch, daß sie beide Technologien ablehnen. Für viele Entscheidungen ist offenbar eine subjektive Wertung wesentlich. Wieweit diese für statistische Bearbeitung von Daten berücksichtigt werden kann oder soll, wird in Kapitel 6 weiter behandelt.

3.10. Weitere Beispiele

1. Monty Hall, ein bekannter amerikanischer Showmaster, stellte häufig das folgende Problem: der Gast hat eine Wahl von drei verschlossenen Schachteln. In einer dieser Schachteln steckt ein Preis, die beiden anderen sind leer. Der Spieler wählt eine Schachtel. Monty Hall öffnet eine der beiden nichtgewählten Schachteln, und zwar immer eine, die leer ist. Der Gast hat nun eine zweite Chance: er kann bei der ursprünglichen Wahl bleiben, oder die Schachtel wählen, die Monty Hall nicht geöffnet hat. Was soll er tun?

2. Von drei Häftlingen A, B und C sollen zwei frühzeitig entlassen werden. Die Entscheidung wird durch einen fairen Würfel gemacht. Die beiden Namen werden morgen verkündet, sind aber dem Wärter bereits bekannt. Häftling A scheut sich zu fragen, ob er freigesetzt werden wird. Er würde nicht zögern, zu fragen, welcher seiner Zellgenossen entlassen werden wird. Trotzdem tut er das nicht, aus dem folgenden Grund: wenn er nicht weiß, welche zwei die Freiheit erhalten werden, hat er eine Chance von 2/3 (66,7 %). Wenn ihm der Wärter sagt, daß Kollege B einer der freigesetzten sein wird, dann ist der zweite entweder er selber (A) oder der dritte Gefangene, und seine Chance ist nur noch 1/2 (50 %). Stimmt diese Überlegung?

3. Sie haben 50 rote und 50 schwarze Kugeln, die Sie nach Belieben in zwei Urnen verteilen können. Danach wird zufällig eine Urne gewählt, und zufällig eine Kugel daraus gezogen. Wenn die erste Kugel rot ist, gewinnen Sie einen Preis, sonst gehen Sie leer aus. Wie wäre die günstigste Verteilung der Kugeln?

4. Um zu entscheiden, wer für ein Mittagessen zahlen soll, wirft Ihr Freund eine Münze. Sie vermuten, daß die Münze gefälscht ist. Ihr Freund schlägt den folgenden Kompromiss vor: die Münze wird zweimal geworfen. Falls zweimal Kopf oder Zahl geworfen wird, wiederholen Sie beide Würfe. Wenn das Resultat Kopf/Zahl ist, gewinnen Sie, wenn es Zahl/Kopf ist, gewinnt Ihr Freund. Ist das ein fairer Vorschlag?

5. Sie haben die Wahl, mit Sicherheit eine Million DM zu erhalten, oder mit einer Wahrscheinlichkeit von 50 % 2 Millionen und mit einer Wahrscheinlichkeit von 50 % 50.000 DM. Wie würden Sie sich entscheiden?

6. Sie fliegen über das Meer in einem Flugzeug mit einem oder zwei Motoren. Alle Motoren haben dieselbe Wahrscheinlichkeit, während des Fluges auszusetzen. Für beide Flugzeuge müssen alle vorhandenen Motoren funktionieren, um sicheres Fliegen zu gewährleisten. Welches Flugzeug würden Sie wählen?

7. Sie werfen eine Münze, bis entweder sechsmal Kopf oder sechsmal Zahl erschienen sind. Sie setzen auf Kopf, Ihr Freund auf Zahl. Der Gewinner erhalte 500 DM. Aus Zeitmangel müssen Sie Ihr Spiel nach acht Würfen abbrechen. Der Kopf ist fünfmal und die Zahl dreimal erschienen. Wie sollen die 500 DM verteilt werden?

4. Wahrscheinlichkeitsverteilungen

4.1. Die Binomialverteilung

4.1.1. Empirische Ableitung und der Wahrscheinlichkeitsbaum

Die Verteilung zufälliger Daten läßt sich häufig durch eine theoretische Funktion beschreiben. Das erlaubt uns, die Wahrscheinlichkeiten der möglichen Ereignisse zu bestimmen. Bei einer Binomialverteilung gibt es zwei Resultate. Als typisches Beispiel können wir das Werfen einer Münze verwenden. Das Resultat ist entweder Kopf oder Zahl; mit einer fairen Münze sind beide Ereignisse gleich wahrscheinlich ($p = 0,5$). Wiederholen wir ein derartiges Experiment viele Male, sprechen wir von einem Bernoulli-Versuch (nach Jakob Bernoulli, Entdecker des Gesetzes der großen Zahlen). Die folgenden Voraussetzungen müssen gelten:

1. Das Resultat jedes Versuches ist entweder ein Erfolg oder Mißerfolg (wobei es egal ist, ob wir den Kopf oder die Zahl als Erfolg bezeichnen).

2. Die Wahrscheinlichkeit eines Erfolges ist in jedem Versuch dieselbe, d.h., die einzelnen Versuche sind voneinander unabhängig.

Beispiel: Wir werfen viermal eine Münze. Wie wahrscheinlich ist es, daß wir dreimal eine Zahl erhalten? Der einfachste Ansatz wäre, die Antwort experimentell zu bestimmen. Wir werfen eine Münze viermal und notieren das Resultat. Das entspricht einem einzelnen Experiment. Wir wiederholen es mehrere tausendmal und bestimmen die Proportion der Experimente, die drei Zahlen lieferten. Anstatt eine reelle Münze zu nehmen, können wir den Versuch wieder im Computer simulieren. Mit Resampling Stats sähe das so aus:

```
REPEAT 10000
SAMPLE 4 1,2 A
COUNT A=1 S
COUNT S=3 Drei
SCORE Drei Dreier
END
SUM Dreier Resultat
PRINT Resultat
```

Die Ergebnisse von fünf Versuchsreihen (je 10.000 Würfe) waren 2460, 2444, 2504, 2495, 2502, mit einem Durchschnitt von 2481. Das heißt, in 24,81 % aller Würfe erhielten wir das Ergebnis Zahl. Wie früher betont, ist dieser Wert nur annähernd genau; durch Verlängerung der Versuchsreihe können wir uns jedoch dem wirklichen Wert (25 %) beliebig annähern.

Wir können die Wahrscheinlichkeit auch mit einem Baumdiagramm bestimmen (Abb. 4.1). Bei jedem Wurf ist die Wahrscheinlichkeit für Kopf oder Zahl je 0,5. In vier Würfen erhalten wir ingesamt 16 Kopf/Zahl Kombinationen. Vier davon enthalten drei Zahlen. Die Wahrscheinlichkeit beträgt also 4/16 = 25 %. Wir können diese Darstellung leicht für andere Wahrscheinlichkeiten modifizieren. Ist z.B. die Wahrscheinlichkeit für das uns interessierende Ereignis 20 %, dann ist die Wahrscheinlichkeit, daß es in einer Serie von 4 dreimal vorkommt p = 0,2*0,2*0,2*0,2 = 0,0016 = 0,16 %.

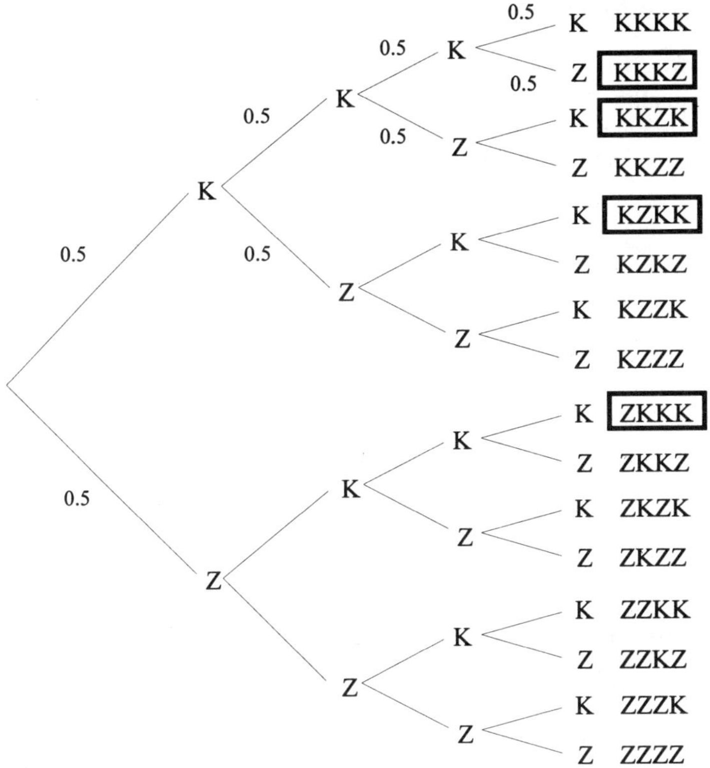

Abb. 4.1. Baumdiagramm zur Bestimmung von Wahrscheinlichkeiten. Wir werfen viermal eine Münze. Kopf (K) und Zahl (Z) sollen beide eine Wahrscheinlichkeit von 0,5 haben. Vier der insgesamt 16 Kombinationen enthalten drei Köpfe.

4.1.2. Die Formel und das Pascalsche Dreieck

Die Wahrscheinlichkeit läßt sich auch direkt mit der folgenden Formel berechnen:

$$P_{(X=k)} = \binom{n}{k} \cdot p^k \cdot (1 - p)^{(n-k)} = \frac{n!}{k!(n-k)!} \cdot p^k \cdot (1 - p)^{(n-k)}$$

Den Ausdruck $\binom{n}{k}$ nennt man Binomialkoeffizienten. Er berechnet die Anzahl möglicher Kombinationen, mit denen wir in n Versuchen k Erfolge haben können. Die Wahrscheinlichkeit, daß k (Zahl) eintrifft, ist p; die Gegenwahrscheinlichkeit, daß k nicht eintrifft, ist

1–p. Für eine faire Münze sind beide 0,5, die Formel gilt aber für beliebige Werte. In die Gleichung eingesetzt, erhalten wir:

$$P_{(X=3)} = \binom{4}{3} \cdot 0,5^3 \cdot (0,5)^1 = \frac{4 \cdot 3 \cdot 2 \cdot 1}{3 \cdot 2 \cdot 1 \cdot 1} \cdot 0,5^3 \cdot (0,5)^1 = 0,25$$

Die verschiedenen Binomialkoeffizienten lassen sich auch im **Pascalschen Dreieck** ablesen (Abb. 4.2; diese Darstellung war schon im Jahr 1303 dem chinesischen Mathematiker Chu Shih-Chieh als „kostbarer Spiegel der vier Elemente“ bekannt).

1
1 1
1 2 1
1 3 3 1
1 4 6 **4** 1
1 5 10 10 5 1
1 6 15 20 15 6 1
1 7 21 35 35 21 7 1
usw.

Abb. 4.2. Das Pascalsche Dreieck der Binomialkoeffizienten. Jede Zahl ist die Summe der beiden darüber liegenden Zahlen. Um $\binom{n}{k}$ zu finden, geht man zur Reihe n und sucht die k-te Zahl; die erste Zahl im Dreieck bezeichnet man dabei immer mit 0. Wir haben also **4** Kombinationen von drei Zahlen in vier Würfen aus einer Gesamtzahl von 1 + 4 + 6 + 4 + 1 = 16. Falls p= 0,5, sind alle Kombinationen gleich wahrscheinlich

4.1.3. Durchschnitt und Varianz

Durchschnitt μ und Varianz σ der Binomialverteilung sind durch die beiden folgenden Formeln gegeben (da es sich um Populationen handelt, verwenden wir griechische Symbole):

$$\mu = n \cdot p$$

$$\sigma^2 = n \cdot p(1-p)$$

Der Durchschnitt entspricht der erwarteten Anzahl Erfolge in n Versuchen mit einer Erfolgswahrscheinlichkeit von p (bei vier Würfen einer Münze können wir mit durchschnittlich 4*0,5 = 2mal Zahl rechnen).

Bei großen Werten von n wird das Ausrechnen der verschiedenen Koeffizienten und Potenzen mühsam. Deshalb wurden Tabellen der Binomialverteilung erstellt, die in vielen Büchern abgedruckt und heute in die meisten statistischen Programmen eingebaut sind.

Eine wichtige Eigenschaft der Binomialverteilung ist ihre Symmetrie. Wenn p = 0,5, trifft das für alle Werte von n zu. Andernfalls stimmt es nur für höhere Werte (Abb. 4.3). Mit zunehmendem n, unabhängig von p, nähert sich die Binomialverteilung der glockenförmigen, symmetrischen Normalverteilung mit einem Durchschnitt von np und einer Varianz von np(1–p) an. Dies wurde zuerst von A. de Moivre (1667–1754) mit der neu entwickelten Differential- und Integralrechnung demonstriert.

Um zu entscheiden, ob unsere Daten tatsächlich einer Binomialverteilung gehorchen, verwenden wir den χ^2-Test (S. 154).

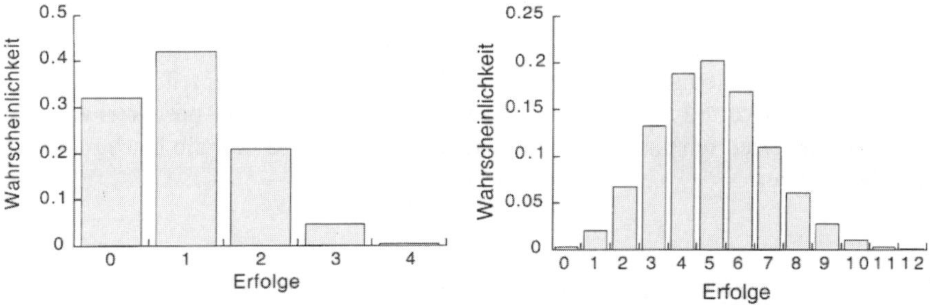

Abb. 4.3. Binomialverteilung für p = 0,25, mit n = 4 (links) oder 20 (rechts). Mit zunehmendem n rückt die Verteilung nach rechts, wird symmetrischer und hat eine größere Ausdehnung (d.h., Varianz nimmt zu).

4.2. Die Normalverteilung

4.2.1. Normalverteilungen und Z-Transformation

Normalverteilungen sind durch die folgende Formel beschrieben:

$$y = f(X) = \frac{1}{\sigma \cdot \sqrt{2\pi}} \cdot e^{-\frac{1}{2}\left(\frac{X-\mu}{\sigma}\right)^2}$$

Wir sehen, daß die Gestalt der Funktion vom Durchschnitt μ und der Standardabweichung σ abhängt. Erhöhen wir μ, rückt die Kurve nach rechts; erhöhen wir σ, wird sie flacher. Die Normalverteilung ist für **stetige Daten** geeignet, d.h., für Werte, die wir messen oder wägen können, wie Gewicht, Länge, Zeit, usw. Im Gegensatz dazu beruht die Binomialverteilung auf **diskreten Daten**, also z.B. für die Anzahl Köpfe in einer Serie von geworfenen Münzen, der Anzahl Kaninchen in einem Feld, usw. Allerdings, wie de Moivre erkannte, wird bei großen Zahlen die Binomialverteilung annähernd normal; unter diesen Umständen können wir auch diskrete Daten mit der Normalverteilung untersuchen. Ein Beispiel dazu wird weiter unten erklärt (S. 38).

Für verschiedene Populationen erwarten wir verschiedene Kennwerte μ und σ, und wir erhalten verschiedene Normalverteilungen. Durch die Z-Transformation lassen sie sich jedoch leicht in die sogenannte Standardnormalverteilung oder Z-Verteilung überführen:

$$Z = \frac{X - \mu}{\sigma}$$

Wir definieren eine neue Variable Z, indem wir den Durchschnittswert μ von der gemessenen Zufallsvariablen X abziehen und die Differenz durch die Standardabweichung σ teilen. Für die Standardnormalverteilung erhalten die vereinfachte Formel:

$$f(Z) = \frac{1}{\sqrt{2\pi}} \cdot e^{-\frac{1}{2}\cdot(Z)^2}$$

Diese standardisierte Funktion ist in Abb. 4. 4 dargestellt. Sie bildet die Grundlage für sehr viele statistische Methoden, weil sie uns Aussagen über Wahrscheinlichkeiten erleichtert. Die Normalverteilung wurde von de Moivre entdeckt und beschrieben. Später wurde sie von Karl Friedrich Gauß weiterentwickelt, und sie wird deshalb häufig als Gauß-Verteilung bezeichnet.

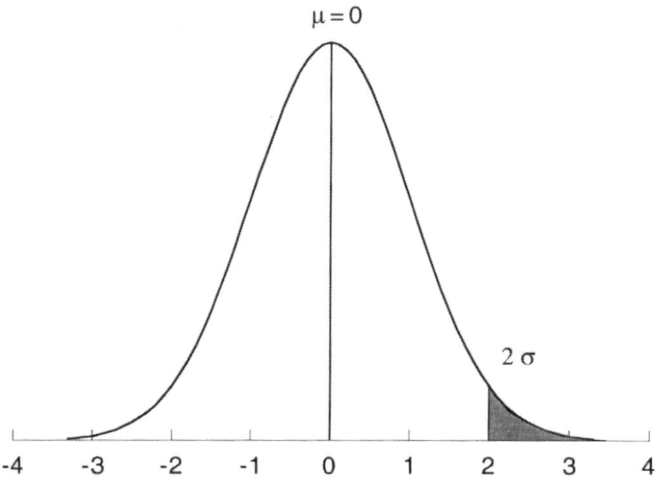

Abb. 4.4. Standardisierte Normalverteilung. Das arithmetische Mittel μ (in Normalverteilungen identisch mit Median und Modus) ist 0 und die Standardabweichung ist 1. Die X-Achse ist in Einheiten von σ unterteilt. Die Fläche unter der Kurve kann als Wahrscheinlichkeit interpretiert werden. Zum Beispiel finden wir 48,86% der Gesamtfläche zwischen Z = 0 und Z = +2σ. Die Wahrscheinlichkeit, daß Z zwischen 0 und 2 fällt, ist folglich 0,4886.

4.2.2. Aussagen über Wahrscheinlichkeiten

Wir führen unsere gesammelten Daten in eine Normalverteilung über, indem wir für μ und σ Mittelwert und Standardabweichung einer Stichprobe einsetzen (für ein Beispiel, siehe S. 43). Dadurch übersteigt die Normalverteilung den tatsächlich beobachteten Bereich, und zwar erstreckt sie sich von – ∞ bis + ∞ (was natürlich nicht sinnvoll ist, es kann ja z.B. keine negativen Körpergrößen geben, und das Maximum ist aus biologischen Gründen ebenfalls begrenzt). Die Normalverteilung ist also immer nur eine Annäherung.

Wir definieren die Gesamtfläche unter der Normalkurve als die Summe aller möglicher Ereignisse, d.h., sie entspricht einer Wahrscheinlichkeit von 1 oder 100 %. Wir können nicht mehr die Wahrscheinlichkeit bestimmen, mit der ein bestimmter Wert, z.B. eine Körpergröße von 164,0 cm, vorkommt: in der Normaldarstellung entspricht das einer Linie, d.h., sie hat eine Fläche von 0. Statt dessen fragen wir immer nach der Wahrscheinlichkeit, daß sich ein Wert innerhalb des **Voraussageintervalls** (engl.: prediction interval) befindet. Wir interessieren uns z.B. für die Wahrscheinlichkeit, daß ein zufällig gewählter Mensch zwischen 160 und 165 cm groß ist. Der Vorteil der Normalverteilung besteht darin, daß wir mit Mittelwert und Standardabweichung die Wahrscheinlichkeit in definierte und konstante Portionen unterteilen können. Ein Beispiel wurde bereits in Abb. 4.1 gezeigt: die Fläche zwischen dem μ und 2 beträgt stets 48,86 %. In einer Stichprobe finden wir deshalb mit einer Wahrscheinlichkeit von 0,4886 einen Wert zwischen μ und $+2\sigma$ (für die Standardnormalverteilung wären diese Grenzen 0 und 2). Wegen der Symmetrie finden wir die gleiche Wahrscheinlichkeit für Werte zwischen -2σ und μ. In vielen Statistikbüchern und in den meisten Computerprogrammen findet man ausführliche Tabellen, woraus wir die Wahrscheinlichkeit für jede Kombination von Z-Werten ablesen können. Einen kurzen Ausschnitt daraus zeigt Tabelle 4.1; eine ausführlichere Tabelle steht auf S. 199.

Tabelle 4.1. Prozentsatz der Gesamtfläche (entspricht Wahrscheinlichkeit) der Normalkurve, die zwischen zwei Z-Werten liegt. Z entspricht dem Abstand vom Mittelwert μ in σ (Standardabweichung) Einheiten. Manchmal sind Z-Tabellen einseitig; sie zeigen z.B. nur die Wahrscheinlichkeit zwischen μ und $+\sigma$. Wegen Symmetrie ist die zweiseitige Wahrscheinlichkeit (zwischen $-\sigma$ bis $+\sigma$) doppelt so groß.

	$-\infty$	-3σ	-2σ	$-\sigma$	0	$+\sigma$	$+2\sigma$	$+3\sigma$	$+\infty$
$-\infty$	0	0,13	2,28	15,87	50	84,13	97,72	99,87	100
-3σ		0	2,12	15,74	49,87	84,00	97,59	99,74	99,87
-2σ			0	13,59	47,72	81,85	95,44	97,59	97,72
$-\sigma$				0	34,13	68,27	81,85	84,00	84,13
0					0	34,13	47,72	49,87	50
+s						0	13,59	15,74	15,87
$+2\sigma$							0	2,12	2,28
$+3\sigma$								0	0,13
$+\infty$									0

Wir entnehmen der Tabelle, daß 95,44 % aller Werte zwischen dem Durchschnitt $\pm 2\sigma$ liegen. Dehnen wir den Bereich beidseitig auf 3σ aus, erfassen wir 99,74 % der Fälle; kürzen wir ihn auf 1σ, sind es noch 68,27 %. Eine vollständigere Tabelle (S. 199) zeigt uns, daß wir den Bereich zwischen $-1{,}96\sigma$ und $+1{,}96\sigma$ wählen müssen, um genau 95 % zu erfassen; für 99 % sind es $\pm 2{,}56\sigma$. Diese beiden Werte (95 und 99 %) werden traditionell für Signifikanztests eingesetzt (Kapitel 6).

Strikt genommen gilt diese Beziehung nur, wenn wir die Durchschnitt und Streuung der Population kennen. Wenn die Stichprobe groß genug ist, können wir statt dessen die entsprechenden Werte der Probe verwenden. Das heißt, wir können annehmen, daß sich z.B. 95 % der Population innerhalb des folgenden Bereiches befinden:

$$\overline{X} \pm 1{,}96 \cdot S$$

Für kleine Stichproben gilt das nicht, und wir müssen statt 1,96 den sogenannten K-Wert einsetzen. Ein paar dieser Werte sind in Tabelle 4.2 aufgeführt. Jeder neu gemessene Wert befindet sich mit einer Wahrscheinlichkeit von 95 % in diesem Voraussageintervall. Wir werden eine ähnliche Korrektur für kleine Proben einführen, wenn wir Aussagen über die Probendurchschnitte machen wollen. Dann verwenden wir sogenannte t-Werte (S. 44).

Tabelle 4.2. K-Werte für 95 % Voraussageintervall in Abhängigkeit von Probengröße n

n	K
2	15,56
3	4,97
4	3,56
5	3,04
10	2,37
15	2,22
20	2,14
50	2,03
100	1,99

Aufgrund der besprochenen Beziehungen läßt sich graphisch überprüfen, ob unsere Daten annähernd normal verteilt sind. Zuerst fassen die Werte in Klassen zusammen. Auf der X-Achse tragen wir die Klassengröße auf, als Y-Werte verwenden wir kumulierte Prozentsätze, d.h., wir fragen uns, welche Proportion der Gesamtmenge bis zu einem gewissen Klassendurchschnitt erfaßt wird. Falls unsere Daten normalverteilt sind, müßten z.B. 68,27 % der Werte zwischen $\mu-\sigma$ und $\mu+\sigma$ liegen. Durch geeignete Unterteilung der Y-Achse liegt die Summenkurve einer Normalverteilung in einem solchen Wahrscheinlichkeitsnetz auf einer Geraden. Für die Körpergrößen (Daten von S. 13) wurde diese Darstellung mit KaleidaGraph erstellt (Abb. 4.5). Wie wir sehen, liegen die gemeßenen Punkte praktisch auf einer Geraden; wir nehmen deshalb an, daß die Daten normal verteilt sind. Wie wir die Güte der Anpaßung für dieselben Daten rechnerisch überprüfen können, wird auf S. 155 erklärt.

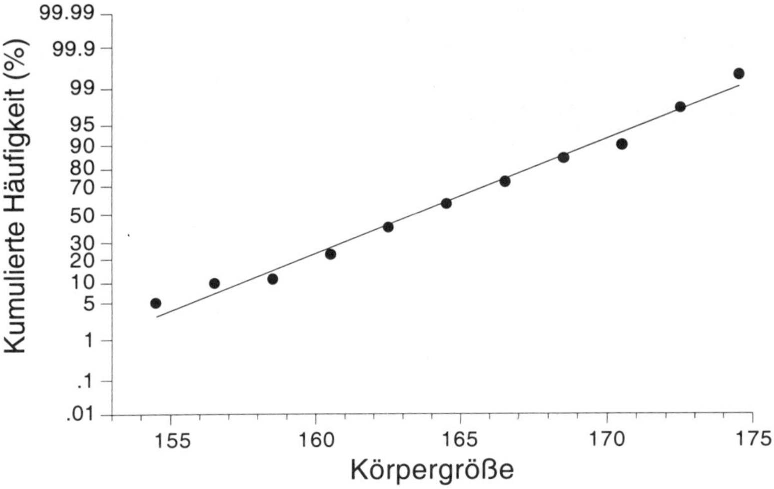

Abb. 4.5. Graphische Darstellung im Wahrscheinlichkeitsnetz. Falls unsere Daten normal verteilt sind, entspricht die Summenprozentkurve einer Geraden (Daten von S. 13, Körpergrößen von 40 Mädchen).

4.2.3. Gott prophezeit 1969 das Ende der Berliner Mauer

Im Jahre 1969 besuchte Richard Gott Berlin und überlegte sich, wie lange wohl die Mauer noch stehen bleiben würde (Gott 1993). Er hatte keinen Grund zur Annahme, daß dieses Jahr eine besondere Bedeutung in der Geschichte Berlins habe. Als einzigen Anhaltspunkt hatte er die Tatsache, daß die Zeit seines Besuches irgendwo zwischen dem Baujahr (Anfang) und dem Jahr der Zerstörung (Ende) liegen mußte (Abb. 4.6). Als nächstes unterteilte er die „Lebenszeit" der Mauer in vier gleiche Teile.

Ohne weitere Information ist die Wahrscheinlichkeit, daß der Besuch in eine dieser vier Perioden fällt, je 25 %. Anders ausgedrückt, mit einer Wahrscheinlichkeit von 50 % fiel sein Besuch in die mittleren 50 % der Existenz der Mauer. Das bedeutet, daß die Mauer mit einer Wahrscheinlichkeit von 50 % mindestens 2,67 und höchstens noch 24 Jahre bestehen würde. In der Tat fiel sie 1989, also nach 20 Jahren.

Statt mit 50 könnten wir natürlich mit einer Wahrscheinlichkeit von 95 % rechnen. Der Besuch fiele dann zwischen die ersten und letzten 2,5 % der Gesamtdauer. Die bereits verstrichene Zeit müßte mit 1/39 (Besuch in letzten 2,5 %) oder 39 (Besuch in ersten 2,5 %) multipliziert werden, um die beiden Extremwerte zu erhalten.

Kopernikus zeigte, daß sich die Erde nicht im Zentrum des Universums befindet. Gott (1993) wendet daselbe Prinzip auf die Zeit an: wir können nicht annehmen, daß ein beliebiger Zeitpunkt (z.B. unsere Geburt, unser Tod) eine spezielle Bedeutung in der Lebensdauer eines Gebäudes oder einer Zivilisation hat (im Beispiel gilt das natürlich nicht für die Auftraggeber oder Architekten der Mauer).

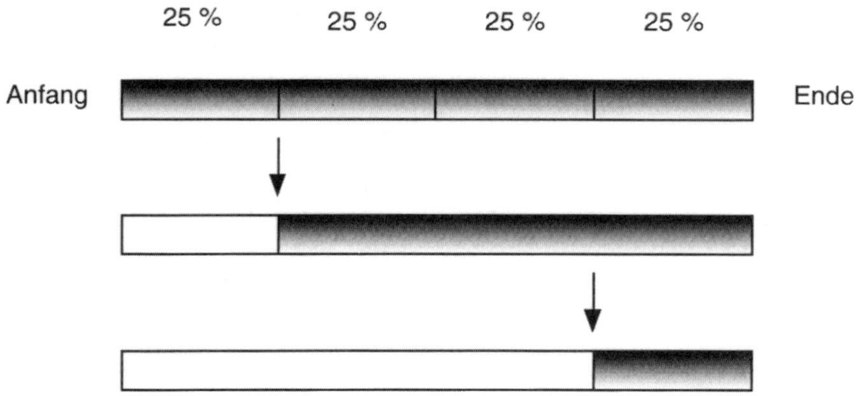

Abb 4.6. Wir wissen nicht, wo sich ein beliebig gewählter Zeitpunkt in Bezug auf die Gesamtdauer eines zeitlich beschränkten Vorgangs oder Objektes befindet. Wir können deshalb annehmen, daß wir uns mit einer Wahrscheinlichkeit von 50 % in den beiden mittleren Quartalen befinden. Daraus schließen wir, daß sich die erwartete zusätzliche Dauer zwischen 300 (erster Pfeil) und 33 % (zweiter Pfeil) der bisher verstrichenen Zeit befindet.

4.2.4. Die Normalverteilung als Grenzfall der Binomialverteilung

Wir werfen eine Münze 30mal und möchten die Wahrscheinlichkeit bestimmen, daß wir höchstens 18mal Kopf erhalten. Das heißt, wir suchen $p(X \leq 18)$. Wir können die Einzelwahrscheinlichkeiten $p(X=0)$, $p(X=1)$, $p(X=2)$,...$p(X=18)$ addieren oder in einer Binomialtabelle nachschauen und erhalten eine Wert von 0,8998.

Wie auf S. 33 erklärt, können wir statt dessen die Annäherung an die Normalverteilung benützen. Dabei gilt:

$$\mu = n \cdot p = 30 \cdot 0{,}5 = 15$$

$$\sigma = \sqrt{n \cdot p(1-p)} = \sqrt{30 \cdot 0{,}5 \cdot 0{,}5} = 2{,}7386$$

Als Nächstes bestimmen wir den Z-Wert = $(X-\mu)/\sigma = (18-15)/2{,}7386 = 1{,}095$.Aus einer Z-Tabelle entnehmen wir, daß der Bereich von $-\infty$ zu $+1{,}095$ einer Wahrscheinlichkeit von 0,8632 entspricht. Wir beobachten eine kleine Diskrepanz: der Wert, geschätzt mit der Normalverteilung, ist zu klein. Das Problem ist darauf zurückzuführen, daß wir die diskrete Binomialverteilung in die kontinuierliche Normalverteilung umwandeln. Bei der Binomialverteilung umfaßt jeder Wert eine ganze Einheit, die bei der Normalverteilung auf einen Punkt schrumpft. Ein Wert 18 bedeutet im wesentlichen die Fläche zwischen 17,5 und 18,5; wir müssen also bei der Normalverteilung nach der Wahrscheinlichkeit $p(X=18{,}5)$ fragen. Dann erhalten wir $Z = (18{,}5-15)/2{,}7386 = 1{,}278$. Das entspricht einer Wahrscheinlichkeit von 0,8993, was sehr nahe beim genauen Wert von 0,8998 ist.

Diese Kontinuitätskorrektur wird durch Computerprogramme im allgemeinen automatisch ausgeführt. Sie gibt akzeptable Resultate, wenn sowohl erwartete Erfolge, np, und Mißerfolge, n(1−p), mindestens 5 betragen. Im allgemeinen ist die Anpassung der Binomialverteilung an eine Normalverteilung um so genauer, je größer n und je kleiner der Unterschied zwischen p und (1–p) ist.

4.2.5. Der zentrale Grenzwertsatz

Normalverteilungen sind mathematisch leicht zu manipulieren, was besonders vor der Erfindung von Rechenmaschine und Computer ein sehr großer Vorteil war. Es überrascht deshalb nicht, daß die Frage, ob unsere Daten tatsächlich normal verteilt sind, häufig wenig kritisch untersucht wird. So schrieb Henri Poincaré (in Rao 1989): „Tout le monde y croit cependent, me disait un jour M. Lippman, car les expérimenteurs s'imaginent que c'est un théorème de mathématiques, et les mathématiciens que c'est un fait expérimental." Auf Deutsch: „Jedermann glaubt an die Normalverteilung, sagte mir Herr Lippman. Die Experimentalwissenschafter glauben, daß sie ein mathematisches Theorem ist, und die Mathematiker glauben, daß sie eine empirisch erhärtete Tatsache ist."

Streng genommen ist natürlich keine Sammlung von reellen Daten normal, da sich die Normalverteilung ja von $-\infty$ bis $+\infty$ erstreckt. Andrerseits sind viele der statistischen Methoden, die auf ihr aufbauen, robust, d.h., mäßige Abweichungen von der Normalverteilung haben keinen wesentlichen Einfluß auf die Schlußfolgerungen. Zusätzlich kommt uns der zentrale Grenzwertsatz zu Hilfe: nehmen wir Stichproben einer Population von gegenseitig unabhängigen Zufallsgrößen, nähert sich ihre Summe oder ihr Durchschnitt einer Normalverteilung an, auch wenn die Population selber nicht normal verteilt ist. Je umfangreicher unsere Stichprobe ist, desto besser ist die Anpassung an die Normalverteilung. Der mathematische Beweis ist nicht einfach und wird hier weggelassen. Wir können den Vorgang aber leicht durch eine Computersimulation nachvollziehen (Abb. 4.7).

Wir beginnen mit einer einförmigen Verteilung, wo alle Werte zwischen 1 und 10 gleich wahrscheinlich sind. Die erste Graphik in Abb. 4.7 zeigt 10.000 zufällig gewählte Daten. Natürlich sind alle Werte mehr oder weniger gleich häufig, und die Verteilung bleibt gleichförmig. Die zweite Graphik stellt den Durchschnitt von 10.000 Stichproben mit je zwei Daten dar. Wir sehen eine dreieckige Verteilung. Mit Stichproben, die auf vier Werten beruhen, nähert sich der Durchschnitt schon deutlich einer normalen Verteilung an. Nun werden natürlich sehr viele natürliche Meßwerte von mehreren unabhängigen Faktoren beeinflußt. Die Körpergröße eines Erwachsenen z.B. beruht auf mehreren Genen, auf der Ernährung während der Kinder- und Jugendzeit, Krankheiten, usw. Deshalb können wir annehmen, daß die Verteilung annähernd normal ist, und wir können darauf beruhende Wahrscheinlichkeitsschätzungen anwenden.

Wie groß muß die Stichprobe sein, damit wir den Grenzwertsatz anwenden können? In der Regel ist ein Wert von 100 praktisch immer groß genug. Wenn dic Verteilung unimodal ist, d.h., die Form eines Berges und nicht einer Bergkette hat, genügen häufig ein Dutzend Werte.

Der zentrale Grenzwertsatz kann durch das **Theorem von P.L. Tschebyscheff** (1821–1894) verallgemeinert werden, das für jede beliebige Verteilung gilt:

> Falls $k \geq 1$ und n = Anzahl Messungen, dann liegen mindestens $[1-(1/k^2)]$ der n Messungen innerhalb k Standardabweichungen von ihrem Durchschnitt.

Für k = 2 gilt also, daß **mindestens** 3/4 = 75 % der Messungen zwischen Durchschnitt ± 2 Standardabweichungen liegen; falls k = 3, liegen mindestens 8/9 = 88,9 % der Werte zwischen Durchschnitt ± 3 Standardabweichungen. Das Theorem ist konservativ; statt dessen verwenden wir häufig 68,27 % (k = 2) und 95,4 % (k = 3), die für die Normalverteilung genau, und für die meisten buckelförmigen Verteilungen annähernd stimmen.

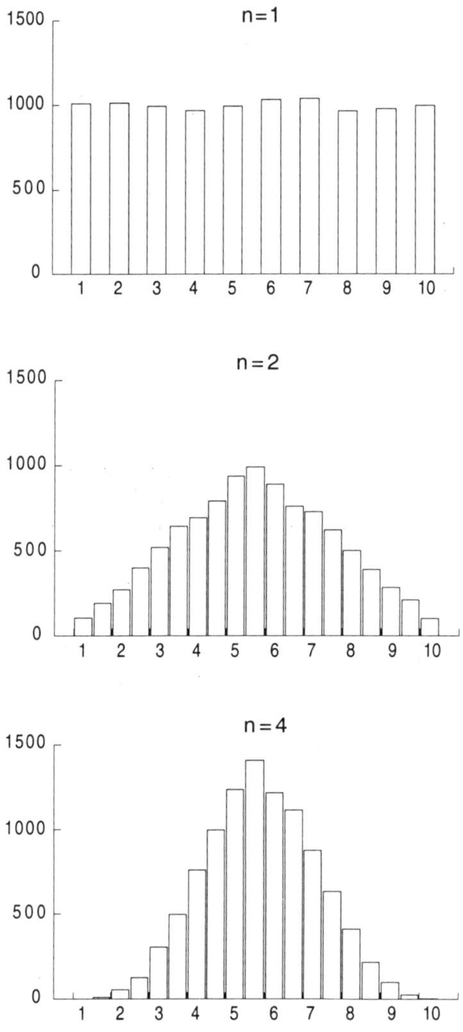

Abb. 4.7. Illustration des zentralen Grenzwertsatzes. Oben: 10.000 Stichproben (n=1) aus einer gleichförmigen Verteilung mit Werten zwischen 1 und 10. Mitte: Durchschnittverteilung von 10.000 Stichproben mit n = 2. Unten: Durchschnittsverteilung von 10.000 Stichproben mit n = 4.

4.3. Die Poissonverteilung

In den meisten Binomialverteilungen haben wir relativ kleine Zahlen und einigermaßen ausgewogene Wahrscheinlichkeiten (p unterscheidet sich nicht allzusehr von 1–p). Wenn n sehr groß wird, und p die Gegenwahrscheinlichkeit sehr stark übersteigt, kann die Binomialverteilung zur Poissonverteilung (nach S.D. Poisson, 1781–1840) vereinfacht werden. Nehmen wir den Fall von $(0{,}001+0{,}999)^{1000}$. Die Ausrechnung sämtlicher Kombinationen wäre sehr zeitraubend; außerdem sind wir vielleicht nur am „Schwanz" der Verteilung interessiert. Wir möchten z.B. die Wahrscheinlichkeit p(X) schätzen, daß ein seltenes Ereignis x-mal auftritt. Sie ist gegeben durch den Ausdruck:

$$p(X) = \frac{e^{-m} \cdot m^X}{X!}$$

Dabei entspricht m der durchschnittlichen Häufigkeit. In der Regel ersetzen wir die Binomial- durch die Poissonverteilung, wenn $p < 0{,}1$, und $np < 5$ ist. Anwendungsbeispiele sind die Verteilung von seltenen Pflanzen oder Tieren oder das Auftreten von seltenen Krankheiten. Ein etwas ausgefalleneres Beispiel, das häufig zitiert wird, ist die Anzahl Soldaten, die jährlich in preußischen Armeekorps durch Pferde zu Tode getreten wurden (S. 154).

Eine wichtige Frage lautet: sind diese seltenen Ereignisse räumlich oder zeitlich voneinander unabhängig? Oder finden wir z.B. an gewissen Orten oder in gewissen Perioden eine gehäufte Zahl von Krebsfällen, Fehlgeburten oder Unfällen? Auch in der Qualitätskontrolle (Kapitel 5) untersuchen wir ähnliche Probleme: ist Ausschußware besonders häufig am Montag oder am Freitag, oder nach langen Wochenenden? Wir gehen im allgemeinen wie folgt vor: wir teilen unsere Stichprobe in Häufigkeitsklassen ein, bestimmen die durchschnittliche Häufigkeit und berechnen daraus die erwarteten Häufigkeiten. Mit dem χ^2-Test (Chi-Quadrat, Kapitel 10) bestimmen wir dann, wie groß die Diskrepanz zwischen beobachteten und erwarteten Werten ist.

Die Varianz der Binomialverteilung ist np(1-p) (S. 33); in der Poissonverteilung tendiert q gegen 1 und die Varianz nähert sich deshalb np an. Das entspricht natürlich dem Durchschnitt. Anders ausgedrückt, in einer Poissonverteilung mit unabhängiger Verteilung der Einzelereignisse hat der Quotient von Varianz zu Durchschnitt einen Wert von 1. Ist der Quotient <1, ist die Streuung geringer als erwartet, und die Ereignisse sind **regelmäßig** verteilt (engl.: **even** oder **regular distribution**). Übersteigt der Quotient den Wert 1, ist die Streuung größer als erwartet, und die Ereignisse treten **gehäuft** auf (engl.: **clumped** oder **contagious distribution**). Auch hier nehmen wir den χ^2-Test, um zu entscheiden, ob wir die Abweichung vom theoretischen Wert von 1 als zufällig interpretieren.

4.4. Von der Probe zur Population: Konfidenzschätzungen

Die bisherige Diskussion beruhte darauf, daß wir den wahren Mittelwert μ und die wahre Streuung σ^2 kennen. Dann können wir Aussagen machen über die Verteilung von Einzelwerten. In der Regel interessiert uns ein anderes Problem: wir nehmen eine Stichprobe, berechnen den Durchschnitt und möchten wissen, wie nahe wir beim wahren Wert sind.

Dazu zwei Beispiele: auf S. 13 haben wir die durchschnittliche Körpergröße von 40 Mädchen als 164,7 cm bestimmt. Wie groß ist der wahre Durchschnittswert für die Gesamtpopulation? In einer Meinungsumfrage vor den amerikanischen Wahlen sprachen sich 840 von 1500 Befragten für Bush und 660 für Dukakis aus. Wie wahrscheinlich ist es, daß Bush die Wahl gewinnen wird?

Zuerst ist es wichtig, nochmals zu betonen, daß die Stichprobe zufällig von der Population entnommen werden muß, über die wir eine Aussage machen wollen. Im Beispiel mit der Körpergröße müssen alle Angehörigen der Population, die uns interessiert (z.B., alle 16-jährigen Mädchen in New Brunswick), dieselbe Chance haben, gemessen zu werden. In der Meinungsumfrage entspricht die statistische Population der Gesamtheit der Wahlberechtigten (oder genauer gesagt, der Gesamtheit jener, die einen gültigen Wahlzettel abgeben werden).

4.4.1. Das Problem mit Meinungsumfragen

Ein berüchtigtes Beispiel, wie man eine Meinungsumfrage *nicht* machen soll, lieferte die Zeitschrift *Literary Digest* im Jahr 1936 (Fleiss 1981). Sie schickte 10 Mio. Postkarten an Adressen, die zufällig aus Telefonbüchern und Listen von Autobesitzern gewählt wurden. Von den 2 Mio. Karten, die zurückgeschickt wurden, sprachen sich 57 % für Aldred Landon und 43 % für Franklin Roosevelt aus. Das Ergebnis der Wahl, die ein paar Wochen später stattfand: Landon 38 %, Roosevelt 62 %. Was ging schief? Erstens waren Telefone und Autos weit weniger verbreitet als heute, und deren Besitzer gehörten zu einer privilegierten Minderheit. Ihre politischen Meinungen waren nicht repräsentativ für die Gesamtpopulation, die noch unter der Depression (1929–1939) litt. Zweitens wurden natürlich nur Karten ausgewertet, die zurückgeschickt wurden. Wie später gezeigt wurde, waren die Anhänger von Landon mehr am Ausgang der Wahlen interessiert und deshalb eher bereit, eine Karte auszufüllen und einzuschicken.

Aus denselben Gründen sind Umfragen auf der Straße, oder durch TV oder Radio, die auf freiwilliger Teilnahme beruhen, nie repräsentativ. Sie erlauben höchstens Aussagen über jene Leute im angesprochenen Publikum (z.B. Hörer eines Radioprogramms), die genügend Interesse und Mut haben, ihre Meinung von sich geben.

Bei heiklen Themen kommt noch das Problem der Ehrlichkeit dazu. Man möchte z.B. wissen, welcher Prozentsatz einer Gruppe schon mal was im Kaufhaus gestohlen hat. Um angesprochene Leute nicht in Verlegenheit zu bringen, wird häufig die folgende Methode verwendet: man stellt zwei alternative Fragen A und B. Nur eine Frage muß beantwortet werden. Die erste bezieht sich auf den Diebstahl, die zweite ist harmlos und die relativen Häufigkeiten von Ja- und Nein-Antworten darauf sind bekannt. Die Entscheidung zwischen A und B trifft der Befragte, indem er eine Münze wirft. Bei Kopf beantwortet er A, bei Zahl B. Der Leiter der Umfrage weiß natürlich nicht, ob in einem bestimmten Fragebogen A oder B beantwortet wurde. Bei genügend großem Probenumfang sind ihre Häufigkeiten jedoch gleich groß, und wir können den Prozentsatz der Ladendiebe berechnen.

Nehmen wir nun an, daß wir unsere Population definieren konnten, daß wir einen Mechanismus entwickelten, der daraus eine zufällige Stichprobe liefert, und daß wir daraus einen Probendurchschnitt ermittelt haben. Wie nahe sind wir beim wirklichen Durchschnitt der Population? Im wesentlichen gibt es zwei Ansätze. Entweder setzen wir voraus, daß unsere Meßwerte annähernd normal verteilt sind (oder daß sie einer anderen definierten Funktion folgen). Basierend auf den speziellen Eigenschaften dieser Verteilung berechnen wir eine untere und obere Konfidenzgrenze (4.4.2). Die Alternative besteht darin, daß wir die Werte unserer Probe als Rohmaterial für neue Proben verwenden, und aus diesen sekundären Proben empirisch eine untere und obere Konfidenzgrenze bestimmen (4.4.3).

4.4.2. Konfidenzintervalle beruhend auf Normalverteilung

4.4.2.1 Für Stichproben mit n > 30

Das Konfidenzintervall mit dem Konfidenzniveau von 95 % ($KI_{0,95}$) erhalten wir mit der folgenden Formel:

$$KI_{0,95} = \overline{X} \pm 1,96 \cdot S_{\overline{X}}$$

Sie beruht auf einer Umstellung der Definition von Z: der Bereich zwischen ($\mu - 1,96\sigma$) und ($\mu + 1,96\sigma$) enthält 95 % aller Probendurchschnitte; μ ist deshalb in 95 % aller Fälle nicht mehr als 1,96 σ vom Stichprobendurchschnitt entfernt. $\overline{X}$ ist der Probendurchschnitt und $S_{\overline{X}}$ der Standardfehler. Für ein Konfidenzintervall von 99 % würden wir sinngemäß einen Faktor von 2,58 wählen (Tabelle 1, S. 199).

Die Formel gibt uns einen Bereich. Falls die Verteilung normal ist, können wir uns darauf verlassen, daß sich der wahre Populationsdurchschnitt μ in diesem Bereich befindet, und zwar in 95 % (99 % mit Z = 2,56) aller Fälle. Illustriert ist diese Aussage in Abb. 4.8.

Für die beiden Beispiele (Körpergröße und Meinungsumfrage müssen wir zuerst die Standardfehler ausrechnen. Für die Körpergröße beträgt er 4,87/√40 = 0,77. Der wahre Populationsdurchschnitt befindet sich deshalb zwischen 164,7 – 1,96*0,77 und 164,7 + 1,96*0,77, d.h. zwischen 163,19 und 166,21 cm (in 95 von 100 Fällen).

Für die Meinungsumfrage müssen wir mit Proportionen rechnen. Von 1500 Befragten bevorzugen 840 Bush. Das entspricht einer Proportion von 0,56. Der Standardfehler ist durch √p(1-p)/n gegeben, d.h. √0,56*0,44/1500 = 0,0128. Das Konfidenzintervall erstreckt sich folglich von 0,56 – 1,96*0,0128 zu 0.56 + 1.96*0,0128, oder von 0,535 zu 0,585.

In Meinungsumfragen wird der Standardfehler oft mit der Annahme daß p = 1–p = 0,5 ausgerechnet. Dadurch dehnt sich das Konfidenzintervall etwas aus, und unsere Schätzung wird konservativer (es ist weniger wahrscheinlich, daß der wahre Wert außerhalb des Bereiches liegt). In unserem Fall würde sich der Standardfehler von 0,0128 auf 0,0129 erhöhen.

Diese Konfidenzberechnungen gelten nur für relativ große Stichproben (groß heißt hier etwa ≥ 30). Häufig ist das nicht der Fall: entweder finden wir zuwenig geeignete Versuchsobjekte, oder eine größere Versuchsreihe wäre zu teuer. Unter diesen Umständen benützen wir die t-Verteilung.

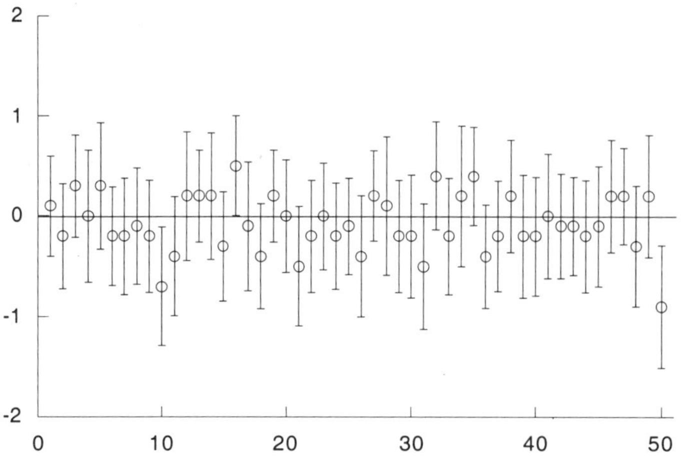

Abb. 4.8. Illustration des Konfidenzintervalles. Von einer Population mit $\mu = 0$ und $\sigma = 2$ wurden 50 Stichproben mit je 50 Werten entnommen. Von jeder Stichprobe wurden Durchschnitt und Standardfehler berechnet. Die Abbildung zeigt $KI_{95} = \overline{X} \pm 1{,}96$ SF. In 95 % aller Fälle sollte der Populationsdurchschnitt μ durch diesen Bereich abgedeckt sein. In dieser Computersimulation waren es 96 % (außerhalb Bereich: Stichprobe 10 und 50).

4.4.2.2. Für kleine Proben: die t-Verteilung

Für kleine Proben bestimmen wir Konfidenzintervalle, indem wir den Standardfehler des Stichprobendurchschnittes ($S/\sqrt{n}$) mit dem t-Wert multiplizieren. Diese Methode wurde durch W. Gosset ausgearbeitet, der für die Guinness Brauerei arbeitete und unter dem Pseudonym „Student" schrieb (Student 1908). Definiert ist t als Differenz zwischen Proben- und Populationsdurchschnitt geteilt durch den Standardfehler des Probendurchschnittes (vgl. Definition des Z-Wertes, S. 34):

$$t = \frac{\overline{X} - \mu}{S / \sqrt{n}}$$

Wir erhalten die t-Verteilung analog zur Z-Verteilung: wir nehmen sehr viele Stichproben, bestimmen die Durchschnittswerte und stellen deren Häufigkeiten graphisch dar. Wir erhalten wieder eine glockenförmige Kurve. Sie ist aber flacher als die Normalverteilung ist, und zwar um so flacher, je kleiner n ist. Das bedeutet einfach, daß extreme Werte (Werte, die weit vom Populationsdurchschnitt entfernt sind) in kleinen Stichproben häufiger auftreten. Oder anders ausgedrückt: je größer unsere Stichprobe, desto zuversichtlicher können wir sein, daß sie dem wahren Wert nahekommt.

Wie Z hängt t von der gewünschten Wahrscheinlichkeit ab. Tabelle 4.3 zeigt ein paar typische Werte. Eine ausführlichere Darstellung ist auf S. 200.

Tabelle 4.3. t-Werte für verschiedene Freiheitsgrade (FG = n–1) und Konfidenzniveaus (in %). Die Prozentzahlen gelten für zweiseitige Darstellung, d.h., der Populationswert befindet sich im Bereich ± t*Standardfehler

FG	90 %	95 %	99 %
1	6,31	12,71	63,66
2	2,92	4,30	9,93
3	2,35	3,18	5,84
4	2,13	2,78	4,60
5	2,02	2,57	4,03
10	1,81	2,23	3,17
20	1,72	2,09	2,85
30	1,70	2,04	2,75
100	1,66	1,98	2,63
1000	1,65	1,96	2,58

Bei n = 30 (95%) hat t etwa einen Wert von 2; für die meisten Zwecke ist das nahe g e- nug beim Z-Wert von 1,96. Ein einfaches Beispiel: der Durchschnitt einer Probe mit 5 Werten sei 10, und die Standardabweichung sei 2,5. Wie groß ist das Konfidenzintervall für p = 95 %? Es ist definiert durch 10 ± 2,78*2,5/√4, d.h. es erstreckt sich 8,75 zu 11,25. In 95 % aller Fälle befindet sich folglich der wahre Durchschnitt in diesem Bereich.

Gosset leitete die t-Verteilung mathematisch ab und überprüfte sie auch empirisch. Dazu beschrieb er individuelle Karten mit den Körpergrößen von 3000 Kriminellen (seine Population), mischte die Karten und entnahm zufällige Stichproben von je 4 Karten. Für jede Stichprobe berechnete er Durchschnitt, Standardfehler und t-Wert. Er fand eine gute Übereinstimmung zwischen der berechneten und der empirischen Verteilung.

Heute können wir mit dem Computer ohne weiteres t-Werte für jede beliebigen Werte von n oder Konfidenzniveau berechnen. Als Übung bestimmen wir den t-Wert für n = 4 und p = 95 %. Wir entnehmen Stichproben von je vier Werten aus einer Normalverteilung (μ = 10, σ = 1) und berechnen jedesmal den Durchschnitt, die Standardabweichung und die Entfernung zwischen Proben- und Populationsdurchschnitt. Wir lösen obenstehende Gleichung nach t auf und bestimmen die t-Werte der Zentile 2,5 und 97,5 (d.h., t-Werte, welche 95 % der Population einschließen).

```
REPEAT 10000
NORMAL 4 10 1 a
MEAN a av
STDEV a sd
SUBTRACT av 10 dif
DIVIDE dif sd t
MULTIPLY t 2 tt
SCORE tt ts
END
PERCENTILE ts (2.5 97.5) tts
PRINT tts
```

Von ingesamt 50.000 Simulationen erhielt ich einen Wert von 3,178 (Tabellenwert = 3,182).

4.4.3. Die „Schnürsenkelmethode“

Baron von Münchhausen erzählte, wie er eines Tages in einem Sumpf zu versinken drohte. Er konnte sich nirgends festhalten und rettete sich schließlich dadurch, daß er sich an seinen eigenen Schnürsenkeln aus dem Sumpf hob. In Anlehnung daran wurde eine Methode entwickelt (**Bootstrap**), die sich nur auf die gemessenen Daten stützt, um Aussagen über die Population zu machen. Wir nehmen an, daß uns die relativen Häufigkeiten der Daten in der Stichprobe die beste Information über die Verteilung in der Population geben. Wir multiplizieren deshalb alle unsere Meßdaten mit einer sehr hohen Zahl (z.B. ein paar Millionen) und erhalten so eine „Pseudopopulation“. Wir entnehmen dieser Pseudopopulation wiederholt neue Stichproben, und berechnen jeweils den Durchschnitt. Aus der Gesamtheit dieser Durchschnitte bestimmen wir eine untere und obere Konfidenzgrenze (z.B. jene Werte, die 95 % der Population einschließen). Anstatt die ursprünglichen Daten zu multiplizieren, können wir auch Proben mit Rücklegen entnehmen. Wenn z.B. die erste Zahl der 1500 eine 1 ist (Beispiel mit Meinungsumfrage, siehe unten), legen wir sie in die Population zurück, bevor wir die nächste Zahl ziehen. Dadurch bleibt die Wahrscheinlichkeit für alle 1500 Zahlen während der gesamten Probeentnahme konstant, unabhängig davon, wie oft sie schon in der Probe vorkommen. Dasselbe passiert natürlich, wenn alle 1500 Zahlen sehr häufig sind.

Der Vorteil besteht darin, daß wir keine Annahmen über die Verteilung der tatsächlichen Population machen müssen (wir müssen also nicht eine normale Zwangsjacke voraussetzen). Außerdem ist die Methode sehr leicht anzuwenden, und gibt in der Regel zuverläßige Resultate, vorausgesetzt, daß unsere ursprüngliche Probe genügend Meßdaten hat. Das können wir an den früher besprochenen Beispielen der Körpergröße und Meinungsumfrage demonstrieren (4.4.1.1).

Das Programm für die Meinungsumfrage kann wie folgt beschrieben werden: wir haben ingesamt 1500 Meinungen. Die ersten 840 identifizieren wir mit Bush, den Rest mit Dukakis. Wir entnehmen eine zufällige Probe von 1500 mit Rücklegen und bestimmen, wieviele der Daten zwischen 1 und 840 fallen. Diesen Wert betrachten wir als Proportion der Stimmen für Bush. Wir wiederholen diesen Vorgang viele Male und bestimmen das Konfidenzintervall.

```
REPEAT 10000
GENERATE 1500 1,1500 A
COUNT A between 1 840 Bush
SCORE Bush Z
END
PERCENTILE Z (2.5 97.5) Conf
PRINT CONF
```

Für 10.000 Proben erhielt ich so ein Konfidenzintervall von 53,47 und 58,47, was sehr nahe beim Formelwert von 53,5 und 58,5 liegt (S. 43). Derselbe Ansatz für Körpergrößen ergab ein Intervall von 163,18 bis 166,18 (Formelwert: 163,19 bis 166,2).

Eine detaillierte Diskussion der Bootstrap-Methode findet man in Efron & Tibshirani (1993).

4. 5. Weitere Beispiele

1. Unsere Art, *Homo sapiens*, ist rund 200.000 Jahre alt. Können Sie schätzen, wie lange sie noch überleben wird?

2. Absolventen zweier technischer Schulen schreiben einen Test für eine Stellenbewerbung. Die durchschnittliche Testnote der Studenten von Schule A ist 50 % (Standardabweichung 10). Für Schule B sind die entsprechenden Werte 60 und 5. Trotz höherem Durchschnitt werden mehr Absolventen der Schule A angestellt. Hat der Arbeitgeber Schule B diskriminiert?

3. In England wurde die Qualität von Schulen aufgrund der Durchschnittsnote ihrer Absolventen bei den Schlußprüfungen (A-level Exams) beurteilt. Vertreter von kleinen Schulen protestierten dagegen, da dieser Ansatz große Schulen begünstige. Stimmt das?

4. In 100 schwangeren Frauen war die Konzentration eines Hormons 93 ± 1,5 Einheiten (Durchschnitt ± Standardfehler); in 100 nichtschwangeren Frauen war sie 110 ± 2,3. Falls sich dieses Hormon einfach und billig messen läßt, könnte man daraus einen zuverläßigen Schwangerschaftstest entwickeln?

5. In den Wahlen von 1992 gewann Ross Perot 19 % der Stimmen. Läßt sich aus diesen Angaben ein Konfidenzintervall (95%) der Anzahl Stimmen für Perot berechnen? Oder brauchen Sie zusätzliche Informationen?

6. Von den ersten 200 Patienten, an denen eine neue Operation ausprobiert wird, sterben 15. Läßt sich ein Konfidenzintervall (95 %) berechnen? Oder brauchen Sie zusätzliche Informationen?

7. In 200 Patienten, die mit einem neuen Medikament behandelt werden, sinkt der Blutdruck durchschnittlich um 7,5 %. Läßt sich ein Konfidenzintervall (95 %) berechnen? Oder brauchen Sie zusätzliche Informationen?

8. Sie haben einen Sack mit sehr vielen Maiskörnern. Daraus nehmen sie zufällig 100 Stück. Sie erhalten eine Durchschnittsgewicht von 100 mg und eine Standardabweichung von 10. Wie groß ist der Standardfehler? Sie nehmen eine zweite Zufallsprobe von 10.000. Wie werden sich Durchschnitt, Standardabweichung und Standardfehler verändern?

5. Qualitätskontrolle

5.1. Kontrollkarten oder statistische Prozeßkontrolle

In der Industrie bezeichnen wir eine Serie von Ereignissen, die wiederholt ablaufen, als Prozeß. Das gilt für die Herstellung von Produkten, für diagnostische Tests in medizinischen Labors genauso wie für Sportler, welche versuchen, Tore zu erzielen. In allen diesen Vorgängen werden meßbare Resultate erzeugt, die wir dazu benützen können, um Aussagen über den Prozeß selber zu machen. Die statistische Prozeßkontrolle untersucht, ob der Prozeß unter Kontrolle ist, d.h., ob die Resultate innerhalb der Grenzen liegen, die durch eine statistische Verteilung vorgeschrieben sind. Stimmen die Daten nicht mit unserem Modell überein, müssen wir zwischen zwei Möglichkeiten unterscheiden: 1. Wir haben ein falsches Modell; 2. Störfaktoren im Prozeß verursachen eine Abweichung von der erwarteten Verteilung.

Der klassische Ansatz begann mit Shewhart (1931). Als Beispiel nehmen wir einen Prozeß, der Schrauben mit einer durchschnittlichen Länge von 10 mm liefert (Standardabweichung $\sigma = 1$). Von Zeit zu Zeit nehmen wir eine Stichprobe von 30 Schrauben und bestimmen die durchschnittliche Länge (Abb. 5.1). Von Interesse sind Proben, welche außerhalb der Kontrollgrenzen liegen. Als Standard definiert man dafür häufig Werte, die mindestens $\pm 3\ \sigma$ von μ entfernt sind. Das entspricht einem Z-Wert von 3 und sollte nur in 0,0026 % aller Proben vorkommen.

Liegt die Probe außerhalb des Kontrollwertes, schließt man auf einen Prozeß, der nicht mehr unter Kontrolle ist. Man stoppt den Prozeß und justiert die Maschine.

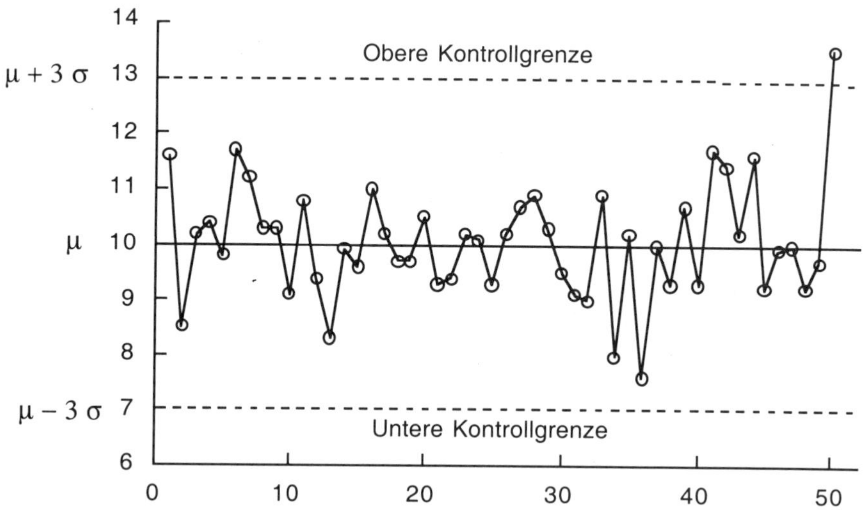

Abb. 5.1. Kontrollkarte eines Prozeßes, der Produkte mit $\mu = 10$ und $\sigma = 1$ liefert. Während 50 Proben blieb der Durchschnitt innerhalb $\pm 3\ \sigma$, dann wurde die obere Kontrollgrenze überstiegen.

Das Problem mit diesem Ansatz ist die Möglichkeit, daß der beobachtete Extremwert auf natürliche Fluktuationen zurückzuführen ist. Im Durchschnitt müssen wir damit rechnen, daß etwa jede 400. Probe die Kontrollgrenze von ± 3 σ übersteigt. Je länger unsere Maschine läuft, desto wahrscheinlicher wird ein falscher Alarm. Wenn wir deshalb automatisch unsere Maschine verstellen, sobald der Kontrollwert überschritten wird, besteht die Gefahr, daß wir die Qualität verschlechtern (Deming 1986). Wir versuchen deshalb zuerst die folgenden Fragen zu beantworten: zeigt unsere Kontrollkarte eine allmähliche Verschlechterung, z. B. ansteigende oder abfallende Probenwerte? Hat sich die Varianz innerhalb der Proben allmählich erhöht? Eine vernünftige Lösung ist häufig, den Prozeß bis zur nächsten Probe weiterlaufen zu lassen. Finden wir wieder einen Extremwert, können wir ziemlich sicher sein, daß der Prozeß tatsächlich außer Kontrolle ist. Mit der zweiten Probe führen wir im wesentlichen einen Signifikanztest nach Fisher (S. 56) durch.

Der Kern dieses Beispiels beruht auf der Verwechslung zwischen der Wahrscheinlichkeit, daß eine zufällig gewählte Probe einen Extremwert überschreitet, und der Wahrscheinlichkeit, daß irgendeine Probe den Extremwert überschreitet. Die erste Wahrscheinlichkeit ist sehr gering, die zweite Wahrscheinlichkeit nähert sich bei hoher Probenzahl 100 % an. Wenn unter den 50.000 Zuschauern eines Fußballspieles ein Auto verlost wird, ist die Wahrscheinlichkeit, daß unser Freund A der Gewinner ist, 1/50.000. Die Wahrscheinlichkeit, daß ein beliebiger Zuschauer das Auto gewinnt, ist 100 %.

Diese Anwendung scheint weit entfernt von Biologie zu sein. Der Ökologe findet sich aber häufig mit ähnlichen Problemen konfrontiert. Wenn wir über mehrere Jahre eine Art beobachten, wird ihre Population in der Regel zwischen relativ engen Grenzen variieren. Dann beobachten wir plötzlich Massenentwicklung oder -sterben. Deutet das auf eine katastrophale Veränderung der Umwelt hin, oder handelt es sich um eine natürliche Zufallsschwankung? Ohne zusätzliche Beobachtungen können wir diese Frage in der Regel nicht beantworten.

5.2. Acceptance Sampling

Eine Firma bestellt eine große Anzahl Schrauben von einem Fabrikanten. Von jeder Sendung werden 20 Schrauben überprüft. Wenn keine Schraube defekt ist, akzeptiert die Firma die Sendung, sonst wird sie abgelehnt. Hier geht es um eine einfache Anwendung der Binomialverteilung: die Wahrscheinlichkeit, daß eine zufällig gewählte Schraube defekt ist, entspricht der Proportion der defekten Schrauben in der Sendung (wir nehmen an, daß der Probenumfang klein ist im Vergleich zur Gesamtsendung, sonst müssten wir die hypergeometrische Verteilung verwenden). Die Probeentnahme entspricht deshalb einem Bernoulli-Versuch. Bei einer Defektrate von 10 % und einer Probengröße von 20 ist die Wahrscheinlichkeit, dass keine Schraube defekt ist $p(0) = (1 - 0{,}1)^{20} = 0{,}12 = 12\ \%$. Es ist auch einleuchtend, dass dieser Wert bei höherer Probenzahl abnimmt und bei kleinerer Defektrate steigt (Tabelle 5.1). Natürlich kosten größere Proben mehr Geld, und der Käufer muß deshalb abschätzen, was wichtiger ist: das Vermeiden einer Fehlentscheidung oder möglichst geringe Kosten bei der Probenahme.

Tabelle 5.1. Wahrscheinlichkeit, daß eine Probe von 20, 50 oder 100 Schrauben fehlerfrei ist bei verschiedenen Defektraten in der Gesamtsendung

Proportion defekter Schrauben	20	50	100
0,2	0,012	0,00001	$2*10^{-10}$
0,1	0,12	0,005	0,00003
0,05	0,36	0,077	0,006
0,01	0,82	0,61	0,37

Eine Defektrate von 0 ist in der Regel unrealistisch und würde das Endprodukt stark verteuern. Wir könnten deshalb entscheiden, eine Rate von 1 % zu tolerieren. Nehmen wir an, wir erhalten eine Sendung mit einer Fehlerrate von 0,5 %. Wir untersuchen eine Probe von 100 Stück, und akzeptieren die Sendung, falls wir nicht mehr als eine fehlerhafte Schraube finden. Die richtige Entscheidung wäre Akzeptanz; wie wahrscheinlich ist es, daß wir die Sendung fälschlicherweise ablehnen? Wir nehmen die Sendung an, wenn wir entweder 0 oder 1 fehlerhaftes Stück finden. Das entspricht einer Wahrscheinlichkeit von $(0{,}995)^{100} + (0{,}995)^{99}(0{,}005)^1 = 0{,}606 + 0{,}005 = 0{,}611$. In 61 % der Fälle machen wir also die richtige Entscheidung, und in 38,9 % verweigern wir irrtümlicherweise die Sendung.

Nehmen wir nun an, daß die Sendung eine Fehlerrate von 2 % hat. Jetzt müßten wir sie ablehnen. Wir akzeptieren sie, wenn wir 0 oder 1 Fehler in unserer Probe finden, d.h., mit einer Wahrscheinlichkeit von $(0{,}98)^{100} + (0{,}98)^{99}(0{,}02)^1 = 0{,}133 + 0{,}020 = 0{,}152$. In 15 % aller Fälle akzeptieren wir also eine Sendung, die wir ablehnen sollten.

Das besprochene Vorgehen entspricht der Entscheidungstheorie nach Neyman, Pearson und Wolf (S. 58). Ein wichtiger Faktor ist dabei das Abwägen der relativen Kosten von irrtümlicher Akzeptanz oder Verwerfung.

5.3. Der Ansatz nach Bayes

Die Vitalität oder das Gewicht von Pflanzensamen ist häufig temperaturabhängig. Nehmen wir an, daß während vier Perioden 100, 66,7, 33,3 oder 0 % der gebildeten Samen keimfähig waren (Abb. 5.2). Wir erhalten eine Schachtel mit Samen und möchten wissen, von welcher Periode sie stammen. Ohne zusätzliche Information nehmen wir an, daß alle vier Möglichkeiten gleich wahrscheinlich sind (je 0,25). Nun untersuchen wir einen Samen und finden, daß er nicht keimt. Wie groß sind jetzt die Wahrscheinlichkeiten für die vier Fälle?

Der Ereignisraum (keine Keimung in unserer Probe), den wir jetzt berücksichtigen müssen, ist in Abb. 5.2 punktiert dargestellt. Er besteht aus der Summe der Erwartungswerte der vier Fälle:

$$\frac{1}{4}\cdot 0+\frac{1}{4}\cdot\frac{1}{3}+\frac{1}{4}\cdot\frac{2}{3}+\frac{1}{4}\cdot 1=\frac{6}{12}$$

Wie auf S. 23 dargestellt, bestimmen wir nun die bedingten Wahrscheinlichkeiten P(A|keine Keimung), P(B|keine Keimung), etc. und erhalten die folgenden a-posteriori Werte: für A, $0:{}^6/_{12} = 0$; für B, ${}^1/_{12}:{}^6/_{12} = {}^1/_6$; für C, ${}^2/_{12}:{}^6/_{12} = {}^1/_3$; für D, ${}^1/_4:{}^6/_{12} = {}^1/_2$. Man nennt diese a-posteriori-Wahrscheinlichkeiten durch Erfahrung konditionierte Werte. Sie können auch durch ein Baumdiagramm abgeleitet werden.

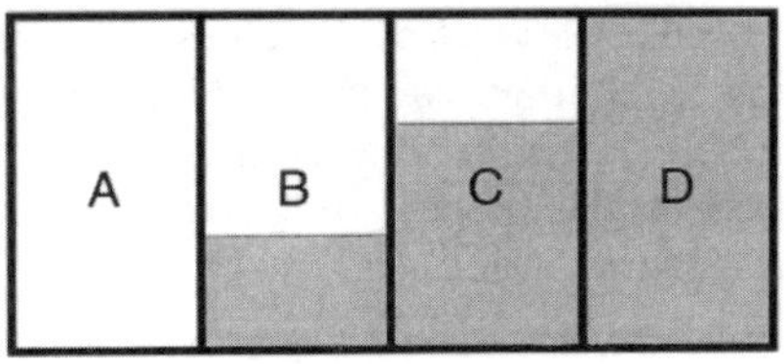

Abb. 5.2. Vier Samenkollektionen mit 100, 33, 66 und 0 % Keimfähigkeit (durch weiße Fläche symbolisiert). Wenn wir zufällig einen Samen wählen, der nicht keimt, muß er aus dem punktierten Ereignisraum kommen.

5.4. Erfolg und Mißerfolg im Sport

Die meisten Sportler sind davon überzeugt, daß es Perioden gibt, in denen ihnen praktisch alles gelingt, gefolgt von Perioden, in denen nichts rundläuft („success breeds success"). Denselben Glauben findet man häufig bei Glücksspielern. Hier handelt es sich klar um eine Illusion.

Wie steht es mit Basketballspielern? In Zeitungen liest man, daß ein Spieler eine „hot hand" oder „cold hand" habe. Häufig wird dann der Coach aufgefordert, den Spieler vermehrt einzusetzen oder ihn auszutauschen. Steckt etwas dahinter oder täuschen sich die Spieler und Zuschauer? Tversky und Gilovich (1989) untersuchten diese Frage und kamen zum Schluss, daß im wesentlichen weder Erfolg noch Mißerfolg gehäuft auftreten. Dazu ein einfaches Beispiel: wir beobachten die folgende Wurfserie eines Spielers, wobei 1 einen Korb und 2 keinen Korb bedeutet:

1 1 1 2 1 1 1 2 2 2 1 1 2 2 1 1 2 2 2 2 1 2 2 1

Sehen Sie in dieser Serie einen Hinweis darauf, daß Erfolg mehr Erfolg nach sich zieht? Wenn das stimmt, müßte die Anzahl Sequenzen (engl.: **runs**) mit gleicher Zahl geringer sein, als wenn sich Erfolg und Misserfolg zufällig abwechseln. Im Beispiel haben wir 11 Sequenzen. Wir können die Wahrscheinlichkeit für mehr als 11 Sequenzen in einer Tabelle nachschauen (unter Wald-Wolfowitz-Test) oder durch Resampling Stats abschätzen und erhalten einen Wert von 67 %. Die Gegenwahrscheinlichkeit ($\leq$ 11 Sequenzen) ist folglich 33 %. Das ist ein sehr hoher Wert; aus Konvention verwerfen wir die Annahme eines Zufallsereignisses nur, wenn er unter 5 oder 1 % fällt (siehe S. 56). Tversky und Gilovich führten noch viele andere Tests mit sehr vielen Spielern durch und erhielten immer dasselbe Resultat: sie fanden keinerlei Hinweis darauf, daß Erfolg oder Misserfolg in einem Wurf einen Einfluß auf darauf folgende Würfe hat (obwohl Spieler wie Zuschauer vom Gegenteil überzeugt waren). Das bedeutet natürlich nicht, daß die Erfolgsrate während einer ganzen Saison konstant bleiben muß. Es zeigt aber, daß wir intuitiv annehmen, daß Zufallsprozeße viel ausgeglichener sind als es tatsächlich der Fall ist. Wir neigen allzu schnell dazu, grundlos ein Muster, einen Plan oder eine Absicht zu sehen (viele interessante Beispiele dazu findet man in Tversky & Kahneman 1982).

In den verschiedenen Sportsligen der USA wird jedes Jahr ein „rookie of the year" (Neuling des Jahres) gewählt. Häufig beruht die Auszeichnung auf der Anzahl Punkte, die während des Jahres erzielt wurden (z. B. Goals in Eishockey). Es kommt nun sehr selten vor, daß der Gewinner im darauffolgenden Jahr wieder an der Spitze seines Jahrganges steht. Ruht er sich auf seinen Lorbeeren aus? Nicht unbedingt. Nehmen wir an, daß eine Liga jedes Jahr drei neue Spieler mit ähnlich hohen Qualifikationen erhält. Die Wahrscheinlichkeit, daß derselbe Spieler zweimal an der Spitze steht, beträgt dann nur etwa $^1/_3 * ^1/_3 = 11$ %. Mit vier gleich guten Spielern wären es 6 %, mit fünf noch 4 %, usw.

5.5. Weitere Beispiele

1. Ein Fußballspieler hat seit Beginn der Saison durchschnittlich ein Tor pro Spiel erzielt. In den letzten drei Spielen war er erfolglos. Ist das Zufall? Oder hat sich sein Ziel verschlechtert und sollte ihn der Coach durch einen anderen Spieler ersetzen?

2. In den ersten drei Spielen der NBA Playoffs 1988 erzielte Larry Bird 21 Körbe in 57 Versuchen (36,8 %). Sein durchschnittlicher Erfolg während der normalen Spielsaison war 48 %. Befand er sich in einer Krise?

3. Sie erhalten von einer Investitionsfirma einen Brief, in dem die Preisentwicklung von Aktie A im nächsten Monat vorausgesagt wird. Die Voraussage stellt sich als richtig heraus. Sie erhalten einen zweiten Brief, worin wieder das Verhalten einer Aktie vorausgesagt wird. Auch diese Voraussage stellt sich als richtig heraus. Das geschieht insgesamt sechsmal mit demselben Resultat. Nach dem sechsten Mal erhalten Sie einen Brief. Daran wird eine siebte Voraussage zu einem Preis von 2000 DM angeboten. Würden Sie darauf einsteigen?

6. Das Formulieren und Testen von Hypothesen

6.1. Der Ansatz nach Bayes

Das Testen von Hypothesen nach Bayes umfaßt folgende Schritte:

1. Wir definieren eine Anzahl Modelle, die möglichst vollständig die möglichen Resultate eines Experimentes abdecken.
2. Für jedes dieser Modelle setzen wir eine Wahrscheinlichkeit fest (a priori). Insgesamt müssen sich diese Teilwahrscheinlichkeiten zu 100 % addieren. Diese Wahrscheinlichkeiten sind subjektiv, werden aber häufig durch unsere Erfahrung beeinflußt.
3. Wir führen das Experiment durch und erhalten empirische Daten.
4. Mit Hilfe der Daten konditionieren wir die a-priori-Wahrscheinlichkeiten unserer Modelle und erhalten so die a-posteriori-Wahrscheinlichkeiten.

Manchmal sind wir an einer bestimmten Untergruppe der möglichen Modelle interessiert, die wir als Nullmodell oder Nullhypothese bezeichnen. Im allgemeinen versteht man darunter die Hypothese, daß wir keinen Unterschied zwischen verschiedenen experimentellen Behandlungen finden.

Ein einfaches Beispiel, das sich eng an den Fall in 5.2 anlehnt: zwei Fußballteams spielen gegeneinander. Vor dem Spiel glauben wir, daß A eine bessere Chance hat. Wir stellen vier Modelle auf (Tabelle 6.1). Nach Modell I würde A 20 % der Spiele gegen B gewinnen, nach Modell II wären es 40 % etc. Wir glauben, daß Modell III am wahrscheinlichsten ist, und geben ihm eine Wahrscheinlichkeit von 40 %. Modell I finden wir unwahrscheinlich; es erhält deshalb nur 10 %. Aus Tabelle 6.1 können wir den Erwartungswert für einen Gewinn ausrechnen: 0,1*0,2 + 0,3*0,4 + 0,4*0,6 + 0,2*0,8 = 0,54.

Tabelle 6.1. Fünf Modelle, basierend auf Proportionen erwarteter Gewinne, mit entsprechenden a-priori-Wahrscheinlichkeiten

	I	II	III	IV
% Gewinne	20	40	60	80
p(a priori)	10	30	40	20

Nun lassen wir die beiden Teams spielen, und A gewinnt. Wir bestimmen die bedingten Wahrscheinlichkeiten für die verschiedenen Modelle, d.h. P(I|Gewinn von A), P(II|Gewinn von A), etc. Wir gehen gleich vor wie bei den Beispielen auf S. 23 und 50. Die Gesamtmenge, die uns interessiert (Sieg von A), ist jetzt 0,54; dazu hat Modell I 0,1*0,2 beigetragen. Die posteriori-Wahrscheinlicheit für Modell I beträgt deshalb 0,02/0,54 = 3,7 %. Für Modelle II, III und IV betragen die entsprechenden Werte 22,2, 44,4 und 29,6 %. Graphisch ist die Konditionierung der a-priori-Werte durch unsere Beobachtung (ein Gewinn von A) in Abb. 6.1 dargestellt. Insgesamt hat sich unser Vertrauen in das Team A erhöht; der Erwartungswert für einen Gewinn im nächsten Spiel beträgt jetzt 59,9 %.

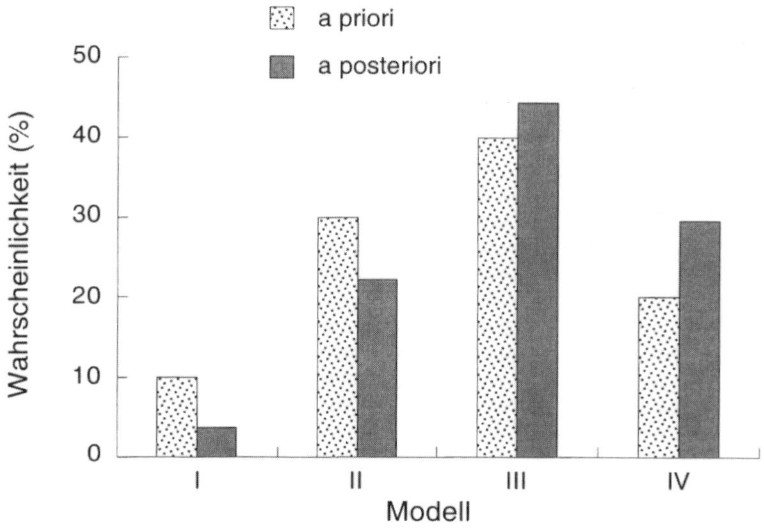

Abb. 6.1. Konditionierung der a-priori-Wahrscheinlichkeiten für die vier Modelle in Tabelle 6.1 durch einen Gewinn von Team A.

Das war ein sehr einfaches Beispiel. Der Ansatz läßt sich verfeinern, indem wir mehr Modelle aufstellen und die Wahrscheinlichkeiten für die verschiedenen Modelle präzisieren. Damit nähern wir uns einer kontinuierlichen Verteilung an. Wie bei der Normalverteilung (S. 33) interessieren wir uns dann nicht mehr für die Wahrscheinlichkeit eines definierten Modells, sondern für einen Wahrscheinlichkeitsbereich, der eine Gruppe Modelle enthält. Diese Wahrscheinlichkeitsverteilungen bezeichnet man als β-Verteilungen, die durch zwei Zahlen definiert sind (z.B. bedeutet β 1,1 daß wir alle Modelle für gleich wahrscheinlich halten.

In diesem Beispiel ging es um Proportionen (Gewinne und Verluste); derselbe Ansatz läßt sich jedoch auch auf Durchschnittswerte von Verhältnis- und Intervallskalen und auf Regressionen anwenden. Weiterführende Diskussion dieser Methode findet man z.B. bei Berry (1996). In Biologie wird Bayessche Statistik selten bewußt angewendet, da viele Naturwissenschafter die subjektive Festsetzung von a-priori-Wahrscheinlichkeiten ablehnen (in Wirtschaftswissenschaften ist der Bayessche Ansatz häufiger). In der Praxis ist es jedoch durchaus üblich, daß man die Überzeugungskraft eines publizierten Experiments subjektiv bewertet. Ist das Resultat überraschend und widerspricht es früheren Ergebnissen, bleibt man auch bei einem tiefen p-Wert eines Signifikanztestes (siehe 6.3) skeptisch; ein anderes Experiment, das einen hohen p-Wert liefert, aber der dominanten Theorie entspricht, hat eine bessere Chance, akzeptiert zu werden.

6.2. Das Problem der Induktion

Die Motivation von Bayes' (1763) Publikation war es, einen Beitrag an die rationale Suche nach kausalen Zusammenhängen zu liefern. Aus der Häufigkeit von beobachteten Daten schließt man auf die Wahrscheinlichkeit, daß bestimmte Mechanismen der Wirklichkeit entsprechen. Unter zusätzlichen Annahmen läßt sich die Bayessche Formel (S. 23) zum sogenannten **Gesetz der Sukzession** (Law of succession; ausgearbeitet durch Laplace) verallgemeinern. Nehmen wir an, daß wir in (m+n) Versuchen m Erfolge und n Mißerfolge hatten, dann entspricht die Wahrscheinlichkeit eines Erfolges im nächsten Experiment dem Ausdruck (m+1)/(m+n+2). Kritiker dieses Gesetzes behaupten, daß es zu absurden Resultaten führen kann. Man müßte z.B. schließen, daß die Wahrscheinlichkeit, den nächsten Tag zu überleben, größer für einen Neunzigjährigen als für einen Zwanzigjährigen ist (der Neunzigjährige hat mehr Tage erfolgreich überstanden). Diese Kritik ist unfair, da Bayes voraussetzt, daß wir keine zusätzliche Informationen haben, und daß sukzessive Ereignisse voneinander unabhängig sind. Beide Bedingungen treffen natürlich beim Beispiel nicht zu. Trotzdem wird das Gesetz der Sukzession heute nur noch selten angewandt. Ein Nachteil besteht darin, daß es auf einer ursprünglichen Wahrheitsverteilung mit einem Durchschnittswert von 0,5 beruht. Besonders bei kurzen Beobachtungsreihen kann das zu Verzerrungen führen.

Unter Induktion verstehen wir eine Schlußfolgerung von Einzelfällen auf die Gesamtheit. Strikte Empiristen nehmen an, daß nichts im Verstande ist, was nicht vorher in den Sinnen war. Der schottische Philosoph David Hume (1711–1776) wandte richtigerweise ein, daß wir auch aus noch so häufiger Beobachtung von Vorgängen oder der Verknüpfung zweier Vorgänge nicht zwingend schließen können, daß sich diese in der Zukunft gleich abspielen werden. Der Alltagsmensch mag da anderer Meinung sein; ein Extremfall ist der Mann, der die Wahrheit eines Zeitungsartikels bezweifelt. Er kauft deshalb mehrere Dutzend derselben Zeitung. Natürlich ist der Bericht in allen Exemplaren identisch; das überzeugt ihn davon, daß die Geschichte stimmt (nach einer Anekdote von L. Wittgenstein; Paulos 1995).

Der Ansatz von Bayes liefert keine überzeugende Antwort auf die Kritik von Hume, und es gibt deshalb keine logischen Gründe, sich für diese oder jene Interpretation der Welt zu entscheiden. Karl Popper (1902–1994) glaubte, den Ausweg aus dieser Sackgasse gefunden zu haben. Er stimmt mit Hume darüber ein, daß unser Wissen auf Vermutungen oder Hypothesen beruht. Die Richtigkeit dieser Hypothesen kann nie **bewiesen** (verifiziert) werden. Jede falsche Hypothese ist jedoch verletzlich gegenüber Tatsachen, die ihr widersprechen. Sie kann **widerlegt** (falsifiziert) werden. Wahrheitssuche kann deshalb als Konkurrenz verschiedener Hypothesen verstanden werden. Wir verwerfen Hypothesen, die wir durch Beobachtungen widerlegt haben (in den Worten von Thomas Huxley: „a beautiful theory, killed by a nasty, ugly little fact").

Poppers Schriften waren außerordentlich einflußreich (für Übersicht, siehe Popper 1995). Man kann z.B. dieselbe Interpretation auf die Evolution anwenden (Lorenz 1983). Organismen oder ihre Sinnesorgane stellen Hypothesen auf über die Umwelt. Eine Hypothese, welche die Umwelt besser oder zweckmäßiger widerspiegelt, überlebt; durch natürliche Selektion wird eine falsche Hypothese und damit ihr Träger ausgemerzt. In Statistik wurde Poppers Ansatz von R.A. Fisher aufgegriffen.

6.3. Signifikanztest und Nullhypothese nach Fisher

Der klassische Signifikanztest nach R.A. Fisher umfaßt die folgenden Schritte (illustriert in Abb. 6.2):

1. Eine Nullhypothese H_0 wird formuliert. Wir postulieren, daß die Population, der wir eine Probe entnehmen, einen bestimmten Kennwert hat (z.B. Durchschnitt $\mu = 0$). Wir machen ferner eine Annahme über die Verteilung der möglichen Werte in dieser Population. Interessieren wir uns für den Durchschnitt, erwarten wir bei großen Proben ($n>30$) eine Normalverteilung und bei kleineren Proben eine t-Verteilung (S. 44).
2. Der Umfang der Stichprobe aus dieser Population und eine kritische Region für die Verwerfung der Nullhypothese werden festgelegt. Die kritische Region entspricht einer Teilfläche unter der Verteilungskurve der Population. Sie erstreckt sich von einem kritischen Wert K bis zu ∞. Bei zweiseitigen Tests addieren wir die Fläche zwischen $-\infty$ und $-K$ und jene zwischen $+K$ und $+\infty$. Wählen wir in einer Normalverteilung einen Wert K von 1,96 σ, entspricht die Fläche einer Wahrscheinlichkeit pvon 0,05 (5 %); bei $K =$ 2,56 entspricht die Fläche einem p-Wert von 0,01 (1 %). Bei einem einseitigen Test wird nur eine Fläche berücksichtigt, d.h., wir interessieren uns für Proben, die sich im kritischen Bereich über oder unter dem Populationsdurchschnitt befinden.
3. Wir nehmen unsere Zufallsprobe und bestimmen den Durchschnitt. Ist dieser gemessene Wert mindestens so weit vom Populationsdurchschnitt μ entfernt wie K, lehnen wir die Nullhypothese ab. Wir sagen, daß unsere Probe signifikant von der Population abweicht. Ist der Probendurchschnitt näher beim Populationsdurchschnitt als der kritische Wert, lehnen wir die Nullhypothese nicht ab. Der Unterschied zwischen Probe und Population ist nicht signifikant.
4. Der kritische p-Wert wird auch als α-Wert, Fehlerwahrscheinlichkeit oder Signifikanzniveau bezeichnet. Er mißt die Wahrscheinlichkeit, mit der wir eine wahre Nullhypothese ablehnen.

Fisher konzentriert sich also auf eine einzige Hypothese (H_0). Wie Popper glaubt er, daß wir diese Hypothese nie beweisen können. Wenn sie falsch ist, sollten wir sie jedoch durch empirische Daten widerlegen (falsifizieren) können. Wie bestimmen wir, ob unsere Daten die Nullhypothese widerlegen? Wenn wir eine zufällige Probe nehmen, erwarten wir, daß ihr Kennwert (hier Durchschnitt) relative nahe beim Populationskennwert liegt. Finden wir statt dessen einen „extremen" Wert (d.h., weit vom Durchschnitt entfernt), gibt es zwei Möglichkeiten: entweder ist die Nullhypothese falsch, oder wir haben aus Zufall einen sehr hohen oder sehr tiefen Wert erhalten. Nach Fisher ist es sinnvoll, daß wir ab einem gewissen kritischen Wert die Nullhypothese verwerfen. In Biologie und anderen Wissenschaften hat sich dafür ein Wert eingebürgert, der einer Wahrscheinlichkeit p (oder α-Wert, Fehlerwahrscheinlichkeit, Signifikanzniveau) von 0,05 entspricht. Die Definition von p ist etwas kompliziert; es ist aber wichtig, daß man sie genau versteht:

> Entnehmen wir einer Population eine Zufallsprobe, beschreibt p die Wahrscheinlichkeit, daß die Population einen Kennwert enthält, der *mindestens so extrem* ist wie der Kennwert der Probe. Willkürlich festgelegte p-Werte, die wir zur Entscheidung der Ablehnung von Nullhypothesen verwenden, bezeichnen wir als α-Werte oder Signifikanzniveau.

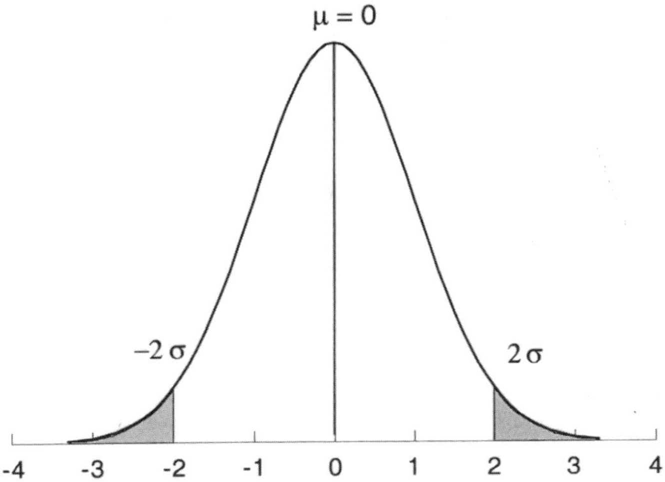

Abb. 6.2. Illustration von Fishers Nullhypothese. Eine Population mit Durchschnitt μ ist gezeigt. Der kritische Wert wurde als $\pm$ 2 σ festgelegt. Ist der Durchschnitt einer Zufallsprobe *mindestens* 2σ von μ entfernt, lehnen wir die Nullhypothese ab. Der kritische Wert definiert eine Fehlerwahrscheinlichkeit α. Sie entspricht der punktierten Fläche und beträgt hier (zweiseitiger Test) 0,05. Für einen einseitigen Test (z.B. größer als $\mu + 2\sigma$) wäre p = 0,025.

Nun sind natürlich auch extreme Wert nicht unmöglich, sondern nur selten. Wenn wir uns für einen α-Wert von 0,05 entscheiden, wissen wir, daß aus Zufall in 5 % aller Proben, die zur selben Population gehören, der kritische Wert erreicht oder überstiegen wird. In diesen 5 % der Fälle machen wir einen Fehler, wenn wir die Nullhypothese verwerfen. Falls eine solche Fehlentscheidung schwerwiegende Folgen hätte, können wir den α-Wert auf 0,01 erhöhen. In einer der ersten Arbeiten über Irrtumswahrscheinlichkeiten legte Jakob Bernoulli einen Wert von 0,001 fest, um „moralische Gewißheit" zu erreichen (Bernstein 1996). Cowles & Davis (1982) beschreiben die Entwicklung, welche schließlich die allgemeine Akzeptanz von 5 % begünstigte.

Fishers Methode läßt sich auf komplexere Untersuchungen anwenden. Wir vergleichen z.B. Stichproben aus mehreren Lokalitäten oder von verschiedenen experimentellen Behandlungen. Wir beschreiben die Verteilung dieser Stichproben durch einen Wert, den wir Teststatistik nennen. Wie extrem ist die Teststatistik unserer Proben im Vergleich zur Verteilung aller möglichen Teststatistiken, falls die Proben zur selben Population gehören (unsere Nullhypothese H_0)? Ist sie extremer als z.B. 95 % der möglichen Fälle (entspricht einem α von 0,05), lehnen wir die Nullhypothese ab. Die Auswahl der Teststatistik hängt von unserer Fragestellung ab, und wir werden in späteren Kapiteln mehrmals darauf zurückkommen.

Anstatt sich auf ein vorgegebenes α festzulegen, gibt man heute häufig den tatsächlich gefundenen p-Wert an. Er beschreibt, wie extrem unsere Teststatistik ist im Vergleich zur Verteilung der Teststatistiken unter der Nullhypothese. Es wäre jedoch irreführend, den p-Wert als Maßstab für die Richtigkeit der Nullhypothese zu verwenden. Wie wir unter 6.3 sehen werden, wird der p-Wert zusätzlich von Faktoren beeinflußt, die nichts mit unserer Hypothese zu tun haben.

In Ökologie hat sich das Aufstellen und Prüfen von Nullmodellen als nützlich erwiesen (Gotelli & Graves 1996). Dabei untersucht man z.B., ob die Struktur von Lebensgemeinschaften durch zufällige Anordnungen erklärt werden kann (Nullmodell), oder ob wir zusätzliche Mechanismen wie Konkurrenz postulieren müssen.

6.4. Entscheidungstheorie von Neyman-Pearson-Wolf

6.4.1. Übersicht

Der Ansatz von Fisher wurde durch Neyman & Pearson (1933) entscheidend modifiziert. Weitere Arbeiten zu diesem Gebiet wurden durch A. Wolf publiziert. Man spricht deshalb häufig von der Entscheidungstheorie nach Neyman-Pearson-Wolf. Sie beruht auf den folgenden Schritten:

1. Wir wählen eine Teststatistik, welche unsere Daten beschreibt (z.B. Durchschnittswert einer Population).
2. Wir formulieren mindestens zwei Hypothesen. Wir bezeichnen sie als H_1 und H_2 oder H_0 (Nullhypothese) und H_A (Alternativhypothese). Die Alternativhypothese muß einen spezifischen Wert für die Effektgröße (engl.: effect size) haben. Als Effektgröße können wir z.B. den Unterschied zweier Populationsdurchschnitte oder zweier Korrelationskoeffizienten verwenden.
3. Wir bestimmen die Wahrscheinlichkeitsverteilung der Teststatistik unter der Annahme, daß H_0 zutrifft.
4. Wir legen einen α-Wert fest. Wie bei Fishers Ansatz ist α die Wahrscheinlichkeit, daß wir irrtümlicherweise eine gültige Nullhypothese verwerfen. Neyman und Pearson nennen das einen Fehler 1. Art.
5. Wir definieren zusätzlich einen Fehler 2. Art oder β-Wert. Darunter verstehen wir die Wahrscheinlichkeit, daß wir irrtümlicherweise eine falsche Nullhypothese *nicht* verwerfen. Den Ausdruck $(1\text{-}\beta)$ bezeichnen wir als die Wahrscheinlichkeit, eine falsche Nullhypothese richtig zu diagnostizieren (auf Englisch heißt diese Wahrscheinlichkeit power, man könnte es mit Sensitivität übersetzen).
6. Wir bewerten die Kosten oder Risiken der beiden Fehler. Darauf basierend, entscheiden wir uns für einen β-Wert. Bei vorgegebenem α-Wert und definiertem Unterschied D zwischen H_0 und H_A wird β durch die Probengröße n festgelegt (allerdings müssen wir zur Berechnung von β die Verteilung der Populationen kennen).
7. Wir nehmen die Proben, berechnen p für die beobachtete Teststatistik und verwerfen (falls $p \leq \alpha$) oder akzeptieren die Nullhypothese (falls $p \geq \alpha$).

Wohl die wichtigste Neuerung ist die klare Feststellung, daß wir bei unseren statistischen Tests zwei verschiedene Arten von Fehler machen können (zusammengefaßt in Tabelle 6.2). Wir laufen die Gefahr, daß wir einen Effekt akzeptieren, wo keiner vorhanden ist („Aberglaube"), oder einen Effekt ablehnen, wo er vorhanden ist („Ignoranz"). Dieses Schema zeigt eine klare Parallele zum Beispiel, das auf S. 24 besprochen wurde. Dort ging es um die Diagnose einer Krankheit, wo ebenfalls die Möglichkeit zweier verschiedener

Fehler besteht: wir können fälschlicherweise eine Krankheit bei einem gesunden Patienten diagnostizieren (Fehler 1. Art), oder einen kranken Patienten für gesund halten (Fehler 2. Art).

Tabelle 6.2. Mögliche Resultate bei der Anwendung des Neyman-Pearson-Wolf Testverfahrens.

		Nullhypothese stimmt	Nullhypothese falsch
Entscheidung	H_0 angenommen	Richtige Entscheidung	**Fehler 2. Art** „Ignoranz"
	H_0 abgelehnt	**Fehler 1. Art** „Aberglaube"	Richtige Entscheidung

6.4.2. Berechnung von β

Wie bestimmen wir den Wert von β oder (1-β)? Zuerst wollen wir es graphisch versuchen (Abb. 6.3; erster Fall). Die Verteilung der Werte einer Teststatistik unter Annahme der Nullhypothese habe einen Durchschnitt von μ und eine Standardabweichung von σ. Wir testen die Alternativhypothese H_A, daß der Durchschnitt unserer Probe 4 σ Einheiten von der Nullverteilung entfernt sei (4 σ entspricht der Effektgröße). Für den kritischen p-Wert (α) haben wir 0,05 gewählt (entspricht der Fläche von $-\infty$ bis -2σ und von $+2\sigma$ bis $+\infty$, S. 35). Nehmen wir an, daß die Alternativhypothese stimmt. Für eine Zufallsprobe von dieser Population ist die Wahrscheinlichkeit, daß sie innerhalb des Akzeptanzbereiches von H_0 fällt, 2,5 % (punktierte Fläche; da wir symmetrische Verteilungen annehmen, ist β gleich groß, unabhängig davon, ob H_A um 4 σ größer oder kleiner als H_0 ist). Das heißt, in diesem Fall ist β = 0,025 und (1-β) = 0,975. Die Power (Sensitivität) unseres Tests is also 97,5 % (im Durchschnitt würden wir für 97,5 % aller Proben die Nullhypothese korrekt verwerfen).

Nun nehmen wir für unsere Alternativhypothese einen Unterschied von 2 σ an (Abb. 6.3, zweiter Fall). Die Wahrscheinlichkeit, daß eine zufällig gewählte Probe von H_A außerhalb des kritischen Bereichs fällt ($\mu \pm 2\sigma$ in H_0), ist nur noch 50 %. Wir würden also in der Hälfte aller Fälle die Nullhypothese irrtümlicherweise akzeptieren.

Diese zwei Beispiele zeigen klar, daß die β-Wahrscheinlichkeit von der Differenz zwischen H_0 und H_A (engl.: effect size) abhängen. Je weiter die beiden Werte voneinander entfernt sind, desto kleiner wird β. Umgekehrt würde ein tieferer α-Wert (z.B. 0,01), den β-Wert automatisch erhöhen, da sich dadurch die Verwerfungsregion weiter von H_0 entfernt.

Ein weiterer wichtiger Faktor, der β beeinflußt, ist die Genauigkeit unseres geschätzten Parameters (im einfachsten Fall bedeutet das, wie nahe der Durchschnitt einer Probe beim wahren Populationsdurchschnitt liegt). Diese Genauigkeit hängt in jedem Fall von der Probengrößc ab. Das geht direkt aus der Formel für den Standardfehler heraus: wir teilen die Standardabweichung durch $\sqrt{n}$ (S. 12). Wenn wir also die Probengröße von 10 auf 1000 erhöhen, schrumpft der Standardfehler um einen Faktor von 10.

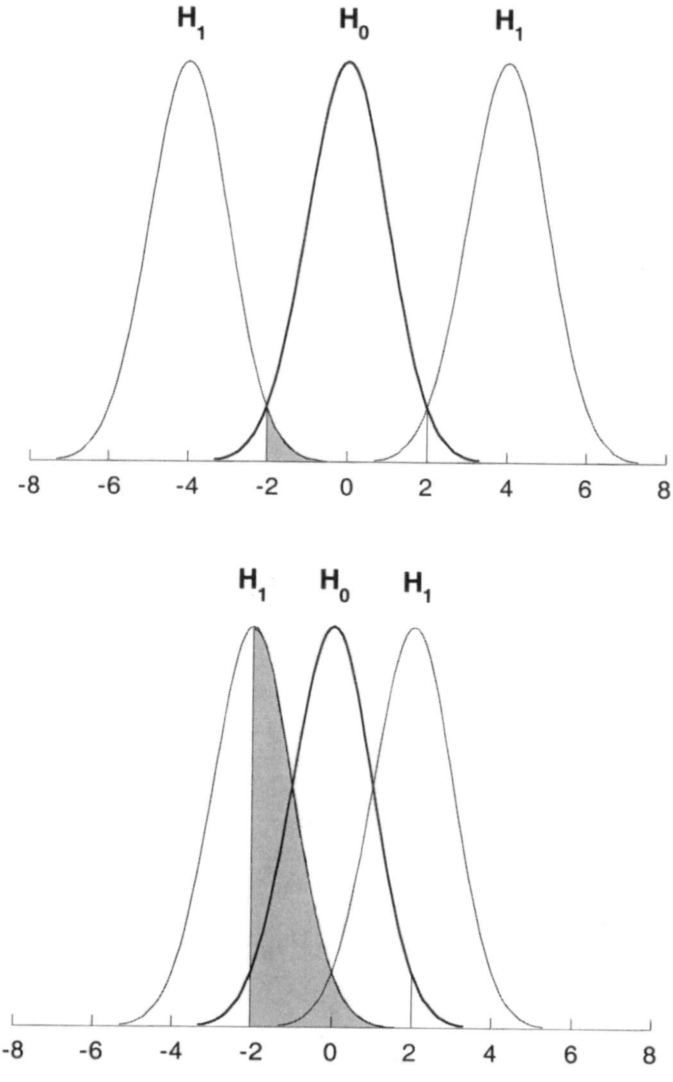

Abb. 6.3. Erster Fall: Unsere alternative Hypothese lautet, daß die untersuchte Population (entspricht H_1) 4 σ Einheiten von der Nullpopulation (H_0) entfernt ist. Die Verwerfungsregion umfaßt Werte außerhalb $\pm$ 1,96 σ (entspricht α von 0,05). Wir nehmen an, daß die geprüfte Population in der Tat 4 σ von H_0 entfernt ist. Die richtige Entscheidung wäre also Verwerfung von H_0. Die punktierte Fläche zeigt die Wahrscheinlichkeit β, daß wir irrtümlicherweise H_0 beibehalten. Aus Symmetriegründen hat die Lage von H_1 (rechts oder links von H_0) keinen Einfluß auf β. Zweiter Fall: unsere Alternativhypothese lautet, daß die untersuchte Population mindestens 2 σ Einheiten von der Nullpopulation entfernt ist. Wir nehmen an, daß diese Hypothese stimmt. Die richtige Entscheidung wäre also Verwerfung von H_0. Die punktierte Fläche zeigt die Wahrscheinlichkeit β, daß wir irrtümlicherweise H_0 beibehalten. Sie beträgt jetzt 50 %.

Die Sensititivät oder Power des Tests läßt sich also dadurch erhöhen, daß man mehr Proben nimmt. Allerdings kann das unter Umständen sehr schnell teuer werden. Aus diesem Grund ist ein wichtiger Bestandteil der Neyman-Pearson-Wolf Entscheidungstheorie die Überlegung, welche Konsequenzen Fehler 1. oder 2. Art hätten. Zur Illustration wird häufig ein Prozeß erwähnt. Was ist vorzuziehen, daß wir einen Unschuldigen verurteilen oder einen Schuldigen laufen lassen? Die Möglichkeit eines Fehlurteiles besteht in beiden Fällen, und wir müssen die Konsequenzen mit einbeziehen. Geht es um eine Geld-, Haft- oder Todesstrafe? Was wären die möglichen Gefahren für die Bevölkerung, wenn wir einen schuldigen Dieb oder Sexualverbrecher freisprechen? Je härter die Strafe, desto weniger sind wir gewillt, einen Schuldspruch zu fällen. Das zeigt sich z.B. klar im Unterschied zwischen dem amerikanischen Zivilrecht (wo es im wesentlichen um Geld geht) und dem Kriminalrecht (wo es um Haft, eventuell um die Todesstrafe geht). O.J. Simpson wurde im Kriminalprozeß freigesprochen. Das Kriterion für den Ankläger ist streng: „beyond reasonable doubt". Im Zivilprozeß (den O.J. Simpson verlor), ging es nur um „preponderance of evidence", d.h., mehr Tatsachen sprechen für als gegen die Schuld (man könnte das mit einer Abstimmung vergleichen: im Zivilprozeß würden 51 % der Stimmen für einen Sieg genügen; im Kriminalprozeß müssten es vielleicht 99 % sein).

Auch in Wissenschaft und Wirtschaft sind solche Überlegungen wichtig. Die chemische Industrie entwickelt z.B. eine neues Medikament. Es ist 10 % wirksamer als das traditionelle Mittel, kostet aber doppelt so viel. Lohnt sich die Weiterentwicklung?

Wegen den gegenseitigen Beziehungen zwischen α, β, der Effektgröße und der Stichprobengröße n, ist eine zielorientierte Versuchsplanung außerordentlich wichtig. Man kann z.B. α und β und die akzeptable Differenz zwischen H_0 und H_A festlegen. Daraus läßt sich die notwendige Stichprobengröße berechnen. Umgekehrt kann man α, die Effektgröße und n wählen und daraus die Wahrscheinlichkeit β schätzen.

Solche Berechnungen setzen voraus, daß uns die genaue Verteilung von Null- und Alternativpopulationen bekannt ist. Im allgemeinen kennen wir nur die Verteilung der Proben, und auch die erst nach dem Experiment. Es ist deshalb häufig ratsam, einen Pilotversuch zu machen, daraus die Präzision und ungefähren Wert unserer Teststatistik zu schätzen und dann unsere kritischen Werte festzulegen.

Die Effektgröße läßt sich z.B. als Unterschied zwischen zwei Probendurchschnitten (t-Test), zwischen Varianzquotienten (F-tests) oder zwischen Regressionskoeffizienten (Regressionsanalyse) definieren. Cohen (1988) führte den ES-Index (ES steht für effect size) ein, definiert als Effektgröße geteilt durch Standardabweichung der gemessenen Größe in der Population. Für den t-Test wurde ein Indexwert von 0,2 einem geringen Effekt gleichgesetzt, 0,5 einem mittleren Effekt und 0,8 einem großen Effekt; für ANOVA sind die entsprechenden Werte 0,1, 0,25 und 0,40.

Die Beziehungen zwischen α, β, Effekt- und Probegrößen sind relativ komplex, und eine vertiefte Besprechung würde den Rahmen dieser Einführung sprengen. Eine gründliche Diskussion findet man in Cohen (1988), und es gibt mehrere Programme, welche uns bei bekannter Varianz je nach Wunsch die Berechnung von α, β, Effektgröße oder nötiger Probenzahl erlauben (drei der Werte können wir jeweils wählen, der vierte wird dadurch festgelegt). Ein sehr leicht zu bedienendes Programm, G*Power, wurde durch Erdfelder et al. (1996) entwickelt.

Wir können aber wieder annähernde Werte mit Resampling Stats abschätzen. Dabei gehen wir folgendermaßen vor: wir postulieren die Verteilung der H_0-Population. Wir legen α fest und erhalten so die Verwerfungsregion. Mit Hilfe der gewünschten Effektgröße und Verteilung der H_A-Population (basierend auf unseren Messungen), simulieren wir Daten und bestimmen empirisch, wie häufig wir eine falsche Nullhypothese verwerfen würden (1-β). Ein einfaches Beispiele ist auf S. 74 besprochen.

6.5. Computerintensive Methoden

In konventionellen Methoden setzen wir eine definierte Verteilung, i.a. Normalverteilung voraus. Das fällt beim Bootstrap (S. 46) weg, und wir verlassen uns darauf, daß die Proben zuverlässige Information über die Verteilung der Populationen liefern. Eine wichtige Eigenschaft des Bootstraps ist, daß wir nur Daten postulieren, welche wir tatsächlich beobachtet haben. Das ist natürlich nicht der Fall, wenn wir für unsere Population die Normalverteilung annehmen: sie erstreckt sich von $-\infty$ bis $+\infty$. Noreen (1989) schreibt deshalb, daß wir mit klassischen Methoden gleichzeitig zwei Hypothesen prüfen:

1. Ist die Verteilung der Population normal?
2. Gehört die Probe zur postulierten Population?

Es gibt zwar Methoden, mit denen wir untersuchen können, inwiefern unsere Probe einer Normalverteilung entspricht (S. 155), sie sind aber bei kleinen Proben unzuverlässig. Andrerseits weicht eine natürliche Verteilung immer von der Normalverteilung ab. Wenn wir eine sehr große Messreihe haben und unsere Kennwerte deshalb sehr präzise sind, kann diese Abweichung allein groß genug sein, um zur Verwerfung der Nullhypothese zu führen.

R. A. Fisher führte den Permutations- oder Randomisierungstest (permutation tests, randomization tests, Fishers Exakter Test) ein. Dabei wird jeder beobachtete Wert nur einmal verwendet (es handelt sich also um ein Verfahren **ohne** Zurücklegen; der Bootstrap ist ein Verfahren **mit** Zurücklegen). Davon abgesehen, ist der Ansatz bei Bootstrap und Permutationstest identisch. In beiden Fällen konstruieren wir die Verteilung, mit der wir unsere Hypothese testen, von den beobachteten Daten. Um stabile Resultate zu erhalten, müssen wir oft sehr viele mögliche Anordnungen untersuchen. Das ist natürlich nur mit dem Computer möglich, deshalb werden diese Methoden als computerintensive Tests zusammengefaßt. Wir gehen wie folgt vor:

1. Wir analysieren das Problem: was ist die Nullhypothese? alternative Hypothesen?
2. Eine Teststatistik wird gewählt, welche die gesammelten Daten zusammenfaßt.
3. Der Wert der Teststatistik für die ursprüngliche Anordnung der Daten wird berechnet.
4. Wir variieren die Anordnung der Daten systematisch und berechnen jedesmal den neuen Wert der Teststatistik (beim Permutationstest kommen alle ursprünglichen Daten bei jeder neuen Anordnung genau einmal vor; beim Bootstrap gilt diese Einschränkung nicht).
5. Ist die Teststatistik der ursprünglichen Daten ein „extremer“ Wert, d.h., gehört er zu den 5 % ($p = 0{,}05$) oder 1 % ($p = 0{,}01$) der Werte, die am weitesten vom Durchschnitt entfernt sind? Wenn ja, verwerfen wir die Nullhypothese.

Eine wichtige Entscheidung ist die Festlegung einer Teststatistik. Sie soll möglichst zuverlässig zwischen H_0 und H_A unterscheiden. Ein großer Vorteil der computerintensiven

Tests besteht darin, daß wir uns nicht auf Teststatistiken beschränken müssen, deren theoretische Verteilung bekannt ist (wie Z, t oder χ^2). Das erlaubt uns größere Flexibilität.

Dazu ein einfaches Beispiel: wir bestimmen das Wachstum von Schweinen mit oder ohne Antibiotika (Tabelle 6.3).

Tabelle 6.3. Wachstum von je 5 Schweinen, mit Durchschnitt.

mit Antibiotika	ohne Antibiotika
120	84
123	65
115	79
91	81
96	76
109	**77**

Unsere Nullhypothese sei, daß die Zugabe von Antibiotika keinen Einfluß auf Gewichtszunahme hat. Falls das stimmt, ist die Verteilung der zehn Messungen auf die beiden Gruppen zufällig. Wir vereinigen sie deshalb in einer Gruppe. Für den Permutationstest bestimmen wir nun alle Möglichkeiten, wie wir die zehn Daten in zwei Gruppen unterteilen können (insgesamt 252 Fälle; Sie können diese Zahl durch ein Diagramm oder durch Binomialformel ableiten). Als Teststatistik können wir z.B. den Unterschied der durchschnittlichen Wachstumsraten verwenden. Für die Originaldaten hat sie einen Wert von 109 – 77 = 32. Nun müssen wir für jede unserer Permutationen den Unterschied der beiden Gruppen bestimmen. Schließlich bestimmen wir, wie extrem der ursprüngliche Wert von 32 ist, verglichen mit allen möglichen Werten. In unserem speziellen Fall ist es der extremste Fall (alle Werte in der Gruppe mit Antibiotika sind höher als alle Werte in der Gruppe ohne Antibiotika). Mit anderen Worten, die Wahrscheinlichkeit, daß wir aus Zufall eine Anordnung finden, die mindestens so extrem ist, beträgt 2/252 = 0,8 % (p = 0,0079). Wir verwerfen die Nullhypothese.

Für den Bootstrap vereinigen wir die zehn Werte ebenfalls in einer Gruppe. Wir entnehmen diesem Pool zweimal je fünf Werte und bestimmen den Unterschied zwischen den Gruppendurchschnitten. Die Proben werden hier mit Zurücklegen genommen, d.h., jeder der ursprünglichen 10 Werte kann in beiden Gruppen bis zu fünfmal vorkommen. Wir bestimmen die Verteilung der Unterschiede und vergleichen die ursprüngliche Teststatistik von 32 mit dieser Verteilung: wie groß ist die Häufigkeit von Werten, die mindestens so extrem sind? Das Problem läßt sich leicht mit Resampling Stats lösen; aufgrund von 100.000 zufälligen Kombinationen beträgt p = 0,0069. Auch hier verwerfen wir die Nullhypothese.

Der Permutationstest gibt uns immer eine gültige Antwort darauf, ob die Unterteilung der Daten in die beobachteten Gruppen zufällig ist oder nicht, und der p-Wert ist immer genau. Für klassische Statistik stimmt das nur, wenn die Proben zufällig gewählt wurden und die Daten eine bekannte Verteilung haben. Strikt genommen ist das praktisch nie der Fall (Edginton 1987). Man müßte die Population charakterisieren und sicher sein, daß jedes

Mitglied der Population die gleiche Chance hat, gewählt zu werden. Bei Labor- und den meisten Feldversuchen ist das unmöglich.

Fisher entwickelte den Permutationstest als theoretisches Argument zur Unterstützung des t-Tests. Verschiedene Statistiker sind der Meinung, daß klassische Tests nur insofern gültig sind, als ihre Resultate mit Permutationstests übereinstimmen (Edginton 1987).

Da Permutationen bei steigender Datenzahl sehr rasch zunehmen, waren anfänglich praktische Anwendungen nur beschränkt möglich. Eine wichtige Ausnahme bildeten die sogenannten parameterfreien Verfahren. Sie werden häufig dann verwendet, wenn die Daten nicht einer Normalverteilung folgen. Dabei werden die ursprünglichen Daten durch Ränge ersetzt, die dann permutiert werden. Natürlich geht dabei Information verloren, und der β-Wert erhöht sich in der Regel (der Test verliert Power). Dank der Entwicklung von billigen und leistungsfähigen Computern können wir heute die ursprünglichen Daten permutieren, und es gibt mehrere Bücher, welche Anwendungen des Permutationstests diskutieren (Edginton 1987, Good 1994, Noreen 1989, Manly 1997).

Der Bootstrap liefert in der Regel ähnliche Werte wie der Permutationstest, ist aber etwas vielseitiger (er erlaubt z.B. die Schätzung von Konfidenzintervallen, S. 46). Probleme entstehen vor allem bei kleinen Proben.

Der Permutationstest ist ein Spezialfall einer Monte-Carlo-Methode. Darunter versteht man das Lösen von komplexen statistischen oder mathematischen Methoden durch zufällige Proben, die ein Computer aufgrund eines Modelles erzeugt (Noreen 1989). Im Permutationstest nehmen wir an, daß alle neuen Kombinationen gleich wahrscheinlich sind.

6.6. Das „Hybridmodell“ der Lehrbücher

Statistische Theorie hat nicht den Punkt erreicht, wo die verschiedenen Ansätze als Spezialfälle einer globalen Theorie interpretiert werden können (Gigerenzer et al. 1989). Der Bayessche Ansatz spielt in Wirtschaftswissenschaften eine gewisse Rolle und wird zunehmend in Gerichtsentscheidungen und Untersuchungen der menschlichen Rationalität verwendet (Tversky & Kahneman 1982). In experimentellen Wissenschaften hat sich die Versuchsplanung nach R.A. Fisher (mit Wiederholungen, Randomisieren, Blockbildung, etc., siehe Kapitel 7, 8) durchgesetzt und hat z.B. andere Typen von Experimenten in Psychologie weitgehend verdrängt. Unter professionellen Statistikern bestehen aber weiterhin tiefgehende Meinungsverschiedenheiten darüber, ob der Ansatz von Fisher oder der von Neyman-Pearson vorzuziehen ist. Es ist deshalb um so erstaunlicher, daß die meisten Lehrbücher eine anonyme Hybridtheorie darstellen, die Elemente der beiden Schulen enthält, ohne auf deren innere Widersprüche hinzuweisen (Gigerenzer et al. 1989).

In dieser Hybridtheorie werden typischerweise Nullhypothese und Alternativhypothese, sowie Fehler 1. und 2. Art vorgestellt. Allerdings besteht die Alternativhypothese häufig nur in der Verneinung der Nullhypothese (z.B. H_0: der Unterschied zwischen zwei Populationen ist 0; H_A: der Unterschied ist nicht 0). So definiert, ist die Alternativhypothese kaum mehr als ein Plastikwort (Pörksen 1992), und trägt nichts zum Experiment oder seiner Interpretation bei. Sie erlaubt auch keine Schätzung des Fehlers 2. Art; dieser Begriff ist deshalb ebenfalls bedeutungslos. Im wesentlichen folgt die Hybridtheorie also der Rhetorik von Neyman-Pearson, allerdings ohne das Rüstzeug, um ihren Ansatz konsequent durchzuführen. Die Verwerfung der Nullhypothese steht im Vordergrund (wie bei Fisher), und ist häufig das erstrebenswerte Ziel eines Experimentes, das man mit Hilfe eines Signifikanztestes erreichen möchte. Der p-Wert wird häufig falsch interpretiert: er gibt keine direkte Information darüber, ob H_0 richtig oder falsch ist oder wie groß die Effektgröße ist. Statistische Signifikanz ist **nicht** identisch mit biologischer oder medizinischer Signifikanz.

Der häufigste Einwand gegen eine mechanische Anwendung des Signifikanztestes ist die Feststellung, daß die Nullhypothese praktisch immer falsch ist und mit genügend großer Probenzahl widerlegt werden kann. Besonders eindrücklich wurde das von Bakan (1966) demonstriert: 60.000 Individuen wurden nach willkürlichen Kriterien in zwei Gruppen unterteilt, z.B. Einwohner, die links oder rechts vom Mississippi, oder nördlich oder südlich von einer beliebigen Ortschaft wohnten. Für alle Meßdaten waren die Unterschiede zwischen den zwei Gruppen jeweils signifikant. Das ist nicht erstaunlich: die gemessenen Daten wurden zweifelsohne durch sehr viele Faktoren beeinflusst. Es ist sehr unwahrscheinlich, daß sich diese verschiedenen Faktoren in zwei willkürlich gewählten Untergruppen genau balancieren. Durch die sehr hohe Individuenzahl wird der Test sehr sensitiv und auch minimale Unterschiede können isoliert werden. Als Folge davon erhalten wir einen signifikanten p-Wert (z.B. wird ein gemessener Unterschied von einem Zehntel der Standardabweichung signifikant, wenn von beiden Gruppen mindestens 768 Individuen gemessen werden). Das ist ein wichtiger Punkt: durch Erhöhung der Probenzahl verbessern wir zwar die Präzision unserer Kennwerte, gleichzeitig erhöht sich die Gefahr, daß wir die Nullhypothese wegen eines biologisch trivialen Unterschiedes verwerfen. Die Gravitationskraft ist bei Vollmond und Neumond minimal verschieden. Dieser Unterschied liesse sich vermutlich durch genügend präzise Messungen als statistisch signifikant beweisen. Für jemanden, der aus dem 18. Stockwerk fällt, spielt es jedoch keine Rolle, ob das bei Voll- oder Neumond geschieht.

Wenn wir nun von vornherein wissen, daß wir mit genügend großem Aufwand die Nullhypothese praktisch immer verwerfen können, weshalb führen wir das Experiment überhaupt durch?

Gigerenzer et al. (1989) plädieren aus diesen Gründen für einen „ökumenischen“ Ansatz. Dabei betrachten wir dieselben Daten gleichzeitig unter verschiedenen Gesichtspunkten und versuchen, die Effektgröße (mit Konfidenzintervall) abzuschätzen. Ein aufschlußreiches Beispiel, wie man das machen kann, wird unter 6.7 dargestellt.

6.7. Bayessche Bewertung einer klinischen Untersuchung: eine Fallstudie

Herzerkrankungen sind eine der führenden Todesursachen. Verstopfung von Arterien durch Blutgerinnsel kann zu einer Attacke führen; ohne sofortige Behandlung besteht die Gefahr eines Infarktes (lokalisiertes Absterben von Herzgewebe), was zum Tode führen kann. Typische Behandlung besteht in der Injektion von Enzymen, welche das Blutgerinnsel auflösen. Zwei Medikamente stehen im Vordergrund: Streptokinase (bakterielles Enzym) und t-PA (tissue-type plasminogen activator, ein menschliches Enzym, durch Biotechnologie hergestellt). Beide sind sehr effektiv: wenn sie kurz nach der Herzattacke eingespritzt werden, ist die Überlebensrate über 90 %. Da t-PA natürlich im menschlichen Körper vorkommt, könnte man annehmen, daß seine Verwendung zu etwas besseren Resultaten führen könnte. Streptokinase ist jedoch wesentlich billiger (etwa 7 % des Preises von t-PA). Die Frage lautet deshalb, lohnt es sich, den höheren Preis für t-PA zu bezahlen? Sie wurde in der großangelegten GUSTO Studie mit über 40.000 Patienten untersucht

(Brophy & Joseph, 1995). Die Nullhypothese war, daß die Todesrate unabhängig von der Behandlung mit Streptokinase oder t-PA sei (außer Todesrate wurden zusätzlich die Häufigkeit von Schlaganfällen untersucht, was hier der Einfachheit halber weggelassen wird). Als Alternativhypothese wurde postuliert, daß t-PA die Überlebensrate um mindestens 1 % erhöht, d.h., daß dieses Medikament pro hundert Patienten einen zusätzlichen Todesfall verhindert (dieser Unterschied wurde als klinisch relevant gewählt). Das Ergebnis: Mortalität mit Streptokinase war 7,3 %, mit t-PA war sie 6,3 %. Der Unterschied war signifikant mit einem p-Wert von 0,001. Die genaue Interpretation dieses Wertes lautet: Falls die beiden Medikamente keinen Einfluß auf die Todesrate haben, würden wir in 0,1 % aller Untersuchungen einen Unterschied finden, der mindestens 1 % beträgt. Die Schlußfolgerung war, daß t-PA vorzuziehen sei.

Nun gab es aber zwei frühere Studien, in denen mit Streptokinase gleiche oder tiefere Mortalitätsraten als mit t-PA erzielt wurden. In klassischer Statistik steht jedes Ergebnis für sich allein; das hat häufig den Effekt, daß man zuviel Vertrauen in die neueste Studie setzt (in der Tagespresse: „Der neueste Durchbruch der medizinischen Forschung...“, dem in einer Woche durch einen anderen Durchbruch widersprochen wird). Es gibt eine Alternative: man kann die Resultate mehrerer Studien in einer sogenannten Meta-Analyse kombinieren. Diese relativ neue Technik wird in Kapitel 11 kurz besprochen.

Nach dem Bayesschen Ansatz ist der Lernprozeß kontinuierlich. Das heißt, nach einem ersten Experiment oder einer Beobachtung bilden wir uns eine Meinung oder ein Modell. Wir führen ein zweites, drittes, usw., Experiment durch; je nach Resultat modifizieren wir jedesmal unser Modell. Wieviel Gewicht wir den früheren Ergebnissen zumessen, ist allerdings subjektiv (was viele Wissenschafter ablehnen).

Bei der GUSTO-Studie war der Unterschied genau 1 %. Wegen natürlicher Variation müssen wir annehmen, daß wir bei einer Wiederholung einen etwas höheren oder tieferen Wert finden würden. Ohne zusätzliche Information wissen wir nicht, was wahrscheinlicher ist. Wir nehmen deshalb an, daß eine Wiederholung mit einer Wahrscheinlichkeit von 50 % einen Wert unter 1% zeigen würde. Damit wäre aber das klinische Kriterion (Verbesserung der Mortalität um 1%) nicht mehr erreicht, und wir hätten keinen Grund mehr, das teure t-PA zu verwenden.

Nun haben wir aber bereits zwei frühere Studien. Darauf aufbauend, können wir verschiedene Modelle postulieren (analog zu Sektion 6.1, S. 53, z.B. Veränderung der Mortalitätsrate um 2 %, 1 %, 0, −1 %, −2 %, etc.) und jedes Modell mit einer a-priori-Wahrscheinlichkeit versehen (die Einzelheiten findet man in Brophy & Joseph 1995). Geben wir den früheren Daten nur 10 % des Gewichtes der GUSTO-Studie, sinkt die Wahrscheinlichkeit, daß t-PA zu einer klinisch signifikanten Mortalitätssenkung von mindestens 1 % führt, auf 0,03 (bei 50 % Gewicht: <0,001).

Es gibt noch zusätzliche Gründe, die GUSTO-Studie etwas skeptisch zu beurteilen. Es war keine Blindstudie, d.h., die Ärzte wußten, welches Medikament sie ihren Patienten gaben. Das ist immer eine gefährliche Situation, besonders wenn die Studie von der Industrie finanziell unterstützt wird. In mehreren Untersuchungen hat sich gezeigt, daß dadurch der Ausgang häufig verzerrt wird (Schulz 1995, Roush 1997, Stelfox et al. 1998).

Schließlich zeigte sich, daß t-PA Patienten häufiger eine Herzoperation eingingen, was vermutlich ihre Überlebenschancen erhöhte. Umgekehrt kritisierten die GUSTO-Autoren die früheren Studien, weil ein anderes t-PA Präparat verwendet wurde und weil die Behandlung weniger „aggressiv“ war. Diese Kritik von Experimenten und Schlußfolgerungen ist natürlich in der Wissenschaft gang und gäbe. Sie kann dazu führen, daß wir möglicherweise einen Versuch ablehnen, auch wenn er einen sehr hohen (statistischen) Signifikanzwert hat. Solche Urteile sind ebenfalls subjektiv, nur wird im Gegensatz zur formalen Bayesschen Analyse ihr Gewicht selten in Zahlen ausgedrückt.

Brophy & Joseph (1995) schließen, daß der Unterschied zwischen den beiden Präparaten gering ist und daß im günstigsten Fall von 250 Patienten durch t-PA ein zusätzliches Leben gerettet werden könnte. Die Mehrkosten wären über $ 300.000, die das Spital natürlich anderswo einsparen müßte. Lohnt sich das? Darauf gibt uns die Statistik keine Antwort. Wie wird sich der behandelnde Arzt entscheiden, auf dem letzten Endes die Verantwortung ruht? In Europa und in Kanada wird vorwiegend Streptokinase verwendet; in den USA ist t-PA das bevorzugte Medikament (nach Brophy & Joseph beruht der Unterschied vor allem darauf, daß sich amerikanische Ärzte vor Zivilklagen fürchten, wenn sie nicht jene Behandlung anwenden, die möglicherweise einen kleinen Vorteil bringt).

Der Mathematiker A.F.M. Smith (in Rao 1989) hat diese Schwierigkeiten folgendermaßen zusammengefaßt: „Any approach to scientific inference which seeks to legitimise *an* answer in response to complex uncertainty is, for me, a totalitarian parody of a would-be rational learning process“.

6.8. Weitere Beispiele

1. Olestra ist ein unverdaulicher Fettersatz. Chips, die mit Olestra hergestellt werden, enthalten deshalb weniger Kalorien. Die Wochenzeitschrift Time berichtete, daß sich von 1578 Personen, die Chips mit Olestra verzehrten, 42 über Verdauungsbeschwerden beklagten (8. Januar, 1996). Von 1579 Konsumenten von konventionellen Chips gab es 34 Beschwerden. Wie würden Sie bestimmen, ob der Unterschied zwischen den beiden Proportionen statistisch signifikant ist (ohne Beizug von Kapitel 7 – 14)?

2. Wegen der exponentiellen Bevölkerungszunahme in diesem Jahrhundert wird geschätzt, daß von allen bisher geborenen Leuten heute immer noch 10 – 20 % leben. Bedeutet das, daß die Hypothese der Sterblichkeit des Menschen noch nicht statistisch gesichert ist?

7. Vergleich zweier Kennwerte: t-test und Alternativen

7.1. Eine Probe und eine Population

Wir bestimmen den IQ (Intelligenzquotient) von fünf Biologiestudenten, und erhalten die folgenden Werte: 122, 125, 138, 127, 133 (Durchschnitt 129; Standardabweichung 6,44). Haben Biologiestudenten einen signifikant höheren oder tieferen Wert als der Durchschnitt der Bevölkerung? Unsere Nullhypothese sei, daß die fünf Werte von einer Population mit einem Durchschnitt von 100 stammen (der durchschnittliche IQ ist durch Definition 100). Wir testen sie, indem wir die folgende Frage stellen: falls H_0 stimmt, wie wahrscheinlich ist es, daß wir eine Probe mit einem Durchschnitt von 129 finden? Dazu brauchen wir eine Teststatistik, und es liegt nahe, daß wir dafür den t-Wert nehmen (S.44). Wir definierten t als

$$\frac{\overline{X} - \mu}{\sigma_{\overline{X}}}$$

Wir kennen die Standardabweichung der Population (σ) nicht. Statt dessen verwenden wir den geschätzten Wert von unserer Probe, d.h., $6{,}44/\sqrt{n} = 2{,}88$.Wir erhalten für t $(129-100)/2{,}88 = 10{,}07$. Aus einer Tabelle oder mit einem Programm bestimmen wir, daß ein t-Wert, der mindestens so extrem ist wie 10,07, mit einer Wahrscheinlichkeit von 0,0005 (0,05 %) auftritt (4 Freiheitsgrade; Tabelle 2, S. 200, ist unvollständig, wir können deshalb nur feststellen, daß $p < 0{,}001$). Wir verwerfen die Nullhypothese. In diesem Beispiel haben wir den zweiseitigen Test verwendet, d.h., wir halten eine Abweichung nach unten oder oben für gleich wahrscheinlich. Hätten wir angenommen, daß Biologiestudenten auf jeden Fall intelligenter als der Durchschnitt sind, würde sich die Wahrscheinlichkeit halbieren (0,00025), da wir dann nur die kritische Region rechts vom Durchschnitt berücksichtigen.

In diesem Fall ist die Nullhypothese nicht sehr interessant; wir können praktisch darauf zählen, daß der Durchschnitt einer definierten Gruppe vom Populationsdurchschnitt abweicht. Um etwas spezifischer zu sein, postulieren wir, daß die Biologiestudenten einen IQ von 125 haben (H_0). Wir modifizieren unseren t-Wert wie folgt: von jedem ursprünglichen Wert ziehen wir 125 ab und erhalten –3, 0, 13, 2, 8 (Varianz und Standardabweichung verändern sich nicht, wenn wir alle Werten um eine Konstante erhöhen oder verringern). Der t-Wert beträgt jetzt 1,388, was einer Wahrscheinlichkeit von 0,237 entspricht. Wir akzeptieren unsere Hypothese und nehmen an, daß der IQ von Biologiestudenten nicht signifikant von 125 abweicht.

Wir können den Ansatz wie folgt verallgemeinern: wir bestimmen die Differenz zwischen dem beobachteten (Probe) und dem postulierten (Population) Wert und teilen die Differenz durch die Standardabweichung.

Als Alternative können wir auch das Konfidenzintervall bestimmen: im Beispiel wäre das $129 \pm t*2{,}88 = 129 \pm 2{,}776*2{,}88$ (t wird durch α und Freiheitsgrade bestimmt; hier wählen wir $\alpha = 0{,}05$ und 4 FG). Das bedeutet, daß in 95 % aller Fälle der wahre Durchschnitt zwischen 121 und 138 liegt.

Voraussetzungen für diesen Ansatz sind Normalverteilungen der Daten und zufällige Auswahl der Proben.

7.2. Zwei gepaarte Proben

Häufig interessieren wir uns dafür, ob eine bestimmte Behandlung (neues Medikament, Dünger, Fabrikationsmethode) zu signifikant verschiedenen Effekten führt (schnellere Heilung, höherer Ertrag, bessere Qualität). Wir wollen dabei die Variabilität, die nicht auf die Behandlung zurückzuführen ist, möglichst tief halten. Wir können das durch gepaarte Proben erreichen. In Tabelle 7.1 sind die Erträge in fünf Feldern mit und fünf Feldern ohne Dünger gezeigt. Jeweils zwei Felder mit ähnlicher Sonneneinstrahlung wurden gepaart; ein Feld erhielt Dünger, das zweite ging leer aus.

Tabelle 7.1. Ertrag in gepaarten Feldern mit (A) oder ohne (B) Dünger. D ist die Differenz zwischen Probe und Gesamtdurchschnitt

	A (ohne Dünger)	B (mit Dünger)	B–A	D	D^2
1	5	6	1	–0,4	0,16
2	7	9	2	+0,6	0,36
3	8	10	2	+0,6	0,36
4	8	9	1	–0,4	0,16
5	10	11	1	–0,4	0,16

Hier interessiert uns der durchschnittliche Unterschied der fünf Paare, d.h., es handelt sich im wesentlichen wieder um einen Vergleich einer Probe mit einer Population. Wir gehen gleich wie in 7.1 vor: wir haben fünf Schätzungen der Abweichung zwischen einem gedüngten und einem ungedüngten Feld. Der Durchschnitt beträgt 1,4, die Standardabweichung [$\sqrt{(0{,}16+0{,}36+0{,}36+0{,}16+0{,}16)}/\sqrt{4} = 0{,}548$] und der Standardfehler $0{,}548/\sqrt{3}$ = 0,245. Das ergibt einen t-Wert von 1,4/0,24 = 5,72. Der entsprechende p-Wert beträgt 0,0046. Auch hier verwerfen wir H_0 (Annahme, daß kein Unterschied zwischen gedüngten und ungedüngten Feldern besteht).

Natürlich ist es für den Landwirt wichtig zu wissen, ob sein Ertrag mindestens so stark ansteigt, daß die zusätzlichen Kosten des Düngers gedeckt sind. Nehmen wir an, wir hätten zehn Paare mit oder ohne Dünger und der durchschnittliche Mehrertrag sei 5 mit einem Standardfehler von 1. Das gibt einen signifikanten t-Wert von 5 (für zweiseitigen Test ist p = 0,0007). Nun koste der Dünger soviel, wie ein Mehrertrag von 2 zusätzlich einbringt. Kann der Landwirt sicher sein, daß er keinen Verlust leiden wird? Unsere neue Nullhypothese ist, daß der Mehrertrag mindestens 2 beträgt (alternative Hypothese H_1: Mehrertrag > 2). Wir subtrahieren 2 von jeder Messung und bestimmen den neuen t-Wert als 3/1 = 3 (der Standardfehler bleibt gleich). Für den zweiseitigen Test ist p 0,015, für den einseitigen Test 0,0075 (hier ist ein einseitiger Test vertretbar, falls wir annehmen, daß der Dünger die Produktion stets steigern und nie senken wird). Wir verwerfen H_0, daß der wahre Unterschied 2 beträgt und akzeptieren H_1, daß der wahre Mehrertrag höher als 2 ist.

Besonders effektiv sind Selbstpaarungen. Man gibt einer Gruppe Patienten ein Medikament und vergleicht ihre Reaktionen (z.B. Blutdruck) vor und nach dem Versuch.

Für gepaarte Proben sind Normalverteilung der Unterschiede und Zufallsauswahl der Paare wesentliche Voraussetzungen für die Gültigkeit des Testes.

7.3. Zwei unabhängige Proben

7.3.1. Varianzen der Proben sind homogen

Paarungen sind nicht immer möglich oder sinnvoll. Manchmal setzen wir zwei Gruppen verschiedenen Behandlungen aus und interessieren uns dafür, ob die beobachteten Resultate verschieden sind. Als Beispiel vergleichen wir die Reißfestigkeit von Papier, das durch zwei verschiedene Prozeße hergestellt wurde. Tabelle 7.2 mit den Werten enthält gleichzeitig Kennzahlen, die wir für die Lösung des Problems brauchen. Die Summe der quadrierten Abweichungen wird dabei separat für die beiden Behandlungen berechnet.

Tabelle 7.2. Reißfestigkeit von Papier, das durch Prozeß A oder B produziert wurde.

	A	B
1	50	43
2	36	38
3	34	30
4	45	35
5	51	29
6	42	41
7	50	43
8	65	30
9	43	36
10	47	43
Durchschnitt	**46,3**	**36,8**
Anzahl Proben (n)	**10**	**10**
Freiheitsgrade (FG)	**9**	**9**
Summe der quadrierten Abweichungen (SQ)	**688**	**292**

Uns interessiert die Frage, ob Prozeß A reißfesteres Papier liefert, oder ob der Unterschied dem Zufall zuzuschreiben ist. Als Teststatistik definieren wir wieder einen t-Wert und zwar den Unterschied der beiden Probenunterschiede geteilt durch den Standardfehler dieses Unterschiedes. Falls die beiden Varianzen aus derselben Population stammen, d.h. homogen sind, vereinigen wir sie und erhalten eine gepoolte Varianz (wie wir diese Annahme testen können, wird im Abschnitt 7.3.2 gezeigt):

$$s_p^2 = \frac{SQ_1 + SQ_2}{FG} = \frac{688 + 292}{18} = 54,4$$

Daraus bestimmen wir die Standardabweichung des Unterschiedes der beiden Meßreihen (wenn n_1 und n_2 gleich groß sind, vereinfacht sich die Formel natürlich):

$$S_{\overline{X}_1-\overline{X}_2} = \sqrt{\frac{S_p^2}{n_1} + \frac{S_p^2}{n_2}} = \sqrt{\frac{54.4}{10} + \frac{54.4}{10}} = 3,3$$

Schließlich bestimmen wir t

$$t = \frac{\overline{X}_1 - \overline{X}_2}{S_{\overline{X}_1-\overline{X}_2}} = \frac{-9.5}{3.3} = -2,88$$

Wir können nun in einer Tabelle den kritischen t-Wert für $\alpha = 0,05$ und $FG = 18$ nachlesen und finden 2,101, oder ein Computerprogramm bestimmt für uns die Wahrscheinlichkeit, daß wir einen t-Wert finden, der mindestens so extrem wie 2,88 ist ($p = 0,01$). Wir verwerfen die Nullhypothese.

Auch hier wäre ein einfacher Signifikanztest wenig aufschlußreich. Wir möchten wissen, wie groß die Verbesserung ist, wieviel das neue Verfahren kosten würde, ob die Kunden bereit wären, für bessere Qualität mehr zu bezahlen. In der Medizin sind ähnliche Fragen wichtig (S. 65). Wie unter 7.1 können wir für einen Mindestabstand zwischen den beiden Durchschnittwerten prüfen oder ein Konfidenzintervall bestimmen. Für $\alpha = 0,05$ und 18 FG wäre das 9,5±2,101*3,3 (den t-Wert von 2,101 findet man in Tabellen oder in Computerprogrammen). Mit einer Wahrscheinlichkeit von 95 % befindet sich also der wahre Unterschied zwischen 16,4 und 2,6. Für Konfidenzintervalle der beiden Mittelwerte teilen wir die gepoolte Varianz durch n_1 oder n_2 und ziehen die Quadratwurzel. Dann multiplizieren wir wieder mit t (z.B. für $\alpha = 0,05$; $FG = 18$). Für die beiden Fälle wären das 46,3 resp. 36,8±2,101*2,33.

Für nicht gepaarte t-Tests setzen wir zufällige Probenentnahme, Normalverteilung der gemessenen Werte für beide Proben und Homogenität der Varianzen voraus.

7.3.2. Varianzen der Proben sind nicht homogen

Zwei Populationen können sich dadurch unterscheiden, daß sie verschiedene Durchschnitte oder verschiedene Streuungen haben. Unter 7.3.1 haben wir homogene Varianzen angenommen. Trifft das nicht zu, müssen wir unsere Berechnungen modifizieren. Der erste Schritt in einem ungepaarten t-Test ist deshalb eine Untersuchung, ob die Varianzen tatsächlich homogen sind. Die meisten Computerprogramme tun das automatisch. Das Prinzip ist einfach: wenn die beiden Proben aus derselben Population stammen, sollten sie ähnliche Schätzwerte für die Varianz geben. Wir können deshalb die Wahrscheinlichkeitsverteilung des Quotienten zweier zufälliger Probenvarianzen ausrechnen (Voraussetzung ist, daß die Daten normal verteilt sind). Diesen Quotienten bezeichnet man als F (zu Ehren von R.A. Fisher); er spielt vor allem bei der Varianzanalyse (Kapitel 8) eine große Rolle.

Im Beispiel von 7.3.1 sind die Varianzen der beiden Proben 688/9 = 76,44 und 292/9 = 32,44; der Quotient beträgt also 76,44/32,44 = 2,36 (die größere Varianz steht aus Konvention im Zähler). Die kritischen F-Werte sind wieder tabuliert; ein Ausschnitt ist auf S. 201 gezeigt (*Warnung*: in der Regel sind diese Tabellen auf ANOVA ausgerichtet, wo der kritische Wert nur in einer Richtung liegt; beim vorliegenden Test sind wir aber an Extremwerten in beiden Richtungen interessiert. Falls uns nur eine einseitige Tabelle wie auf

S. 201 zur Verfügung steht, teilen wir die angegebenen p-Werte durch 2). Wir suchen den F-Wert mit $\alpha = 0{,}05$, und den Freiheitsgraden 9 (Zähler) und 9 (Nenner). Er beträgt 4,03 (zweiseitiger Test). Wir nehmen deshalb an, daß die beiden Varianzen in der Tat homogen sind.

Falls die beiden Varianzen nicht homogen sind, schließen wir, daß sie nicht von derselben Population stammen. Das kann von Interesse sein: möglicherweise sollte die Qualitätskontrolle des einen Prozeßes verbessert werden. Falls aber der Durchschnittswert im Vordergrund steht, kann ein modifizierter t-Test durchgeführt werden (die Korrektur ist als „Welch's approximate t" bekannt). Dazu ein Beispiel: wir haben zwei Proben mit den folgenden Werten: Durchschnittswerte 20 und 25; Probengröße 10 und 12; Varianzen 100 und 20. Der gemessene F-Wert (5) übersteigt den kritischen Wert von 3,59 (zweiseitig, $\alpha = 0{,}05$, FG 9 und 11). Wir verwerfen deshalb die Hypothese von homogenen Varianzen und sollten den traditionellen t-Test nicht verwenden.

Statt dessen berechnen wir die Standardabweichung des durchschnittlichen Unterschiedes der beiden Proben mit der folgenden Formel:

$$S_{\overline{X}_1-\overline{X}_2} = \sqrt{\frac{S_1^2}{n_1}+\frac{S_2^2}{n_2}} = \sqrt{\frac{100}{10}+\frac{20}{12}} = 3{,}42$$

wir bestimmen t als

$$t' = \frac{\overline{X_1}-\overline{X_2}}{S_{\overline{X}_1-\overline{X}_2}} = \frac{5}{3{,}42} = 1{,}46$$

Als kritischen Wert suchen wir den t-Wert mit den Freiheitsgraden v

$$v = \frac{(\frac{S_1^2}{n_1}+\frac{S_2^2}{n_2})^2}{\frac{(\frac{S_1^2}{n_1})^2}{n_1-1}+\frac{\frac{S_2^2}{n_2}}{n_2-1}}$$

Er beträgt hier 10,9, was auf 11 aufgerundet wird. Der Effekt der Formel besteht darin, daß wir weniger Freiheitsgrade erhalten, wenn die Probe mit größerer Varianz geringere Anzahl Beobachtungen aufweist (natürlich versucht man im allgemeinen das Gegenteil zu erreichen). Dadurch wird es schwieriger, Signifikanz zu erzielen.

7.4. Vergleich von Proportionen

Unsere Hypothese H_0 sei, daß 60 % der Einwohner Cola A vorziehen. Wir befragen 200 Leute; 120 ziehen Cola B vor. Sollen wir unsere Hypothese verwerfen?

Falls H_0 stimmt, beträgt der Populationsdurchschnitt 0,6 mit einer Standardabweichung von √(0,6*0,4)/200. Wir machen denselben Ansatz wie oben: wir teilen den Unterschied zwischen beobachteter und postulierter Proportion durch die Standardabweichung und erhalten den folgenden Z-Wert:

$$Z = \frac{\frac{80}{200} - 0,6}{\sqrt{\frac{0,6 \cdot 0,4}{200}}} = -5,77$$

Das entspricht einem Wert, der mindestens so extrem ist wie 0,01 % aller Fälle, und wir verwerfen die Nullhypothese.

Wichtiger sind Fälle, wo wir zwei Proportionen vergleichen. Dazu ein historisches Beispiel: der Österreicher Ignaz Semmelweis vermutete, daß mangelhafte Hygiene der Ärzte bei der Geburt zu Kindbettfieber führen kann. Als Gegenmittel schlug er vor, Hände und Instrumente vor der Behandlung zu waschen. In Spitälern, die seinen Anweisungen folgten, fand er 86 Todesfälle bei 2442 Geburten (3,5 %; das sei Proportion A, oder p_A); in einem traditionellen Spital waren es 237 Todesfälle bei 3036 Geburten (7,8 %; Proportion B, p_B). Ist dieser Unterschied dem Zufall zuzuschreiben?

Unsere Nullhypothese sei, daß kein signifikanter Unterschied zwischen den beiden Todesraten besteht. Wenn diese Annahme stimmt, folgt der Unterschied einer Normalverteilung mit Durchschnitt 0 und einem Standardfehler von

$$\sqrt{\frac{p(1-p)}{n_A} + \frac{p(1-p)}{n_B}}$$

Dabei ist p die wahre Proportion der Todesfälle. Falls H_0 stimmt, sind p_A und p_B identisch. Um p zu schätzen, teilen wir die Gesamtzahl Todesfälle (86 + 237) durch die Gesamtzahl Beobachtungen (3036 + 2442) und erhalten 0,059. Als Standardfehler erhalten wir 0,0064.

Wir bestimmen wieder den beobachteten (0,035 – 0,078) und postulierten (0) Unterschied der beiden Proportionen und teilen durch den Standardfehler (0,059). Der berechnete Z-Wert ist 6,69, was den kritischen Wert wieder weit übersteigt. Wir verwerfen die Nullhypothese und akzeptieren, daß sich durch Händewaschen und Sterilisieren der Instrumente die Häufigkeit von Kindbettfieber tatsächlich senken läßt. Heute erscheint uns das selbstverständlich. Semmelweis hatte enorme Schwierigkeiten, seine Ärztekollegen davon zu überzeugen, daß ein großer Teil der Todesfälle auf ihre Nachlässigkeit zurückzuführen war.

In diesem Beispiel ist die Wahrscheinlichkeit p für Todesfälle relativ klein. Da aber n sehr groß ist, übersteigen sowohl erwartete Erfolge wie Mißerfolge den Wert 5, und wir können die Angleichung an die Normalverteilung verwenden (S. 33). Falls das nicht der

Fall wäre, könnten wir den exakten Wert beruhend auf der Binomialverteilung ausrechnen oder den χ^2-Test verwenden (Kapitel 10).

7.5. Powerberechnungen

Bei einer statistischen Entscheidung zwischen zwei Modellen besteht die Gefahr eines Fehlers 1. Art (irrtümliche Verwerfung der Nullhypothese) oder 2. Art (irrtümliche Annahme der Nullhypothese; S. 58). Besonders bei der Prüfung von neuen Produkten oder Prozeßen sind wir häufig daran interessiert, wie groß unsere Probengröße sein muß, damit wir mit großer Wahrscheinlichkeit eine definierte Effektgröße identifizieren können. Oder umgekehrt, wie groß ist die Wahrscheinlichkeit, bei gegebener Probengröße eine gewünschte Effektgröße zu identifizieren? Mit Computerprogrammen sind solche Rechnungen heute problemlos durchzuführen (z.B. mit G*Power; Erdfelder, Faul & Buchner 1996).

Nehmen wir an, daß wir zwei Schmerzmittel A und B vergleichen. Wir bestimmen die durchschnittlichen schmerzfreien Perioden nach einer Pille als 90 und 105 Minuten. Beide Durchschnitte beruhen auf 15 Patienten, und die Standardabweichungen seien in beiden Fällen 30 Minuten. Wir möchten wissen, wie groß die Wahrscheinlichkeit war, daß wir einen tatsächlich vorhandenen Unterschied von 15 Minuten korrekt identifizieren konnten (d.h., wie groß war die Power unseres Tests). Hier handelt es sich um einen a-posteriori- oder post-hoc Test. Nach Cohen (1988) bestimmen wir zuerst den Effektgrößen-Index, definiert als Effektgröße (Unterschied zwischen den beiden Populationen; hier 15 Minuten) geteilt durch die gemeinsame Standardabweichung in den beiden Populationen (hier 30 Minuten; bei ungleichen Standardabweichungen nimmt man die Quadratwurzel aus der durchschnittlichen Varianz). Der Index im Beispiel beträgt also 0,5. Wir müssen noch α definieren; wir setzen hier den konventionellen Wert von 0,05 ein. Unsere Probenzahl war 15. Wenn wir diese Daten eingeben, erhalten wir für $(1-\beta)$ einen Wert von 0,2624 und β (Wahrscheinlichkeit, daß wir einen wahren Unterschied von 15 Minuten nicht identifizieren können) beträgt 0,7376. Unser Test war also nicht sehr aufschlußreich.

Nun können wir das Problem umkehren und uns fragen, wie groß die Probenzahl sein muß, damit β auf 0,1 (10 %) sinkt. Das Programm gibt uns eine Wert von 172, d.h., wir brauchen zwei Gruppen von je 86 Patienten. Schließlich können wir eine sogenannte Kompromiß-Analyse durchführen. Das kann wichtig sein, wenn wir die Effektgröße und Probenzahl fixiert haben und eine Vorstellung von den relativen Kosten der beiden Fehlertypen haben. Unter Umständen sind beide Fehler gleich schwerwiegend, dann wählen wir einen Quotienten α/β mit dem Wert 1.

Um den Ansatz für diese Berechnungen zu verstehen, wollen wir den post-hoc Test mit einer Simulation nachvollziehen. Es handle sich um einen zweiseitigen, ungepaarten t-Test mit 28 Freiheitsgraden und einem α von 0,05. Den kritischen t-Wert bestimmen wir aus einer Tabelle; er beträgt 2,048. Wir nehmen je eine zufällige Probe von zwei Normalverteilungen mit $\mu = 90$ und 105 und $\sigma = 30$ und bestimmen den Unterschied. Daraus berechnen wir einen beobachteten t-Wert (siehe 7.3.1; homogene Varianzen), indem wir durch den Standardfehler teilen (entspricht dem Wert $\sqrt{2*900/15} = 10{,}95$). Wir wiederholen diesen Vorgang viele Male und erhalten die Verteilung der möglichen t-Werte. Wie groß ist die Proportion dieser Werte, die den kritischen t-Wert erreicht oder übersteigt? Sie entspricht der Proportion von richtigen Entscheidungen (Verwerfen der Nullhypothese) und deshalb dem Wert $(1-\beta)$. Das Programm in Resampling Stats sieht wie folgt aus:

```
REPEAT 10000
MAXSIZE ts 15000
NORMAL 15 90 30 A
MEAN A DA
NORMAL 15 105 30 B
MEAN B DB
SUBTRACT DB DA Dif
ABS Dif Adif
DIVIDE Adif 10.95 t
SCORE t ts
END
COUNT ts >=2.048 Resultat
PRINT Resultat
```

Geschätzter Wert nach 10.000 Schritten war 0,256. Natürlich muß man sich dessen bewußt sein, daß die berechneten Werte für β oder notwendige Probengrößen Schätzungen sind, deren Genauigkeit von mehreren Annahmen abhängt: wir brauchen die Standardabweichung der Populationen, kennen aber nur die der Proben; die Varianzen der beiden Populationen sollten gleich sein; die Meßdaten sollten normal verteilt sein. Aus diesen Gründen ist es empfehlenswert, anstatt eines einzigen Wertes für β einen Bereich zu bestimmen, in dem wir systematisch unsere Kennwerte (Varianzen, Effektgröße, α) variieren.

7.6. Verteilungsunabhängige Prüfverfahren

Wie mehrmals betont, sind t-Tests nur gültig, wenn die Meßwerte zufällig gewählt werden und normal verteilt sind. Bei nicht gepaarten Tests müssen zusätzlich die Varianzen gleich groß (homogen) sein. Diese Bedingungen sind nicht immer erfüllt. Einige Statistiker (z.B. Edginton 1987) argumentieren, daß die Zufallsauswahl nie garantiert ist. In der überwiegenden Zahl von Labor- und Feldversuchen ist es praktisch unmöglich, eine „Population" zu definieren, der wir eine Probe entnehmen. Viel häufiger handelt es sich um ein „sample of convenience", d.h., wir bestellen unsere Versuchsmäuse bei einer Firma oder verwenden Tiere oder Pflanzen, die uns zuerst über den Weg laufen. Strikt genommen können wir unsere Ergebnisse deshalb nicht auf die Gesamtmenge aller Labormäuse oder Feldtiere übertragen. Basierend auf unseren biologischen Kenntnissen ist es trotzdem in der Regel sinnvoll, bei einer Wiederholung des Versuches ähnliche Ergebnisse zu erwarten.

Die Bedingung der Normalität ist selten ein Problem, wenn wir Durchschnittswerte von relativ großen Proben auswerten (Grenzwertsatz, S. 39). Bei kleinen Proben trifft das nicht unbedingt zu. Es gibt mehrere Tests, mit denen wir unsere Daten auf Normalität überprüfen können (z.B. χ^2-Test, S. 155; Kolmogorov-Smirnow-Test, siehe Snedecor & Cochran 1967). Leider sind sie gerade bei kleinen Proben nicht sehr aufschlußreich (die Wahrscheinlichkeit, einen Fehler 2. Art zu machen, ist hoch).

Unter 7.3.2 haben wir den F-Test zur Homogenität der Varianzen kennengelernt. Auch hier gilt, daß die Zuverlässigkeit bei kleinen Proben nicht sehr groß ist.

Was geschieht, wenn Normalität der Daten oder Homogenität der Varianzen nicht gewährleistet sind? Zum Glück ist der t-Test „robust", d.h., er gibt auch bei Verletzung der

Voraussetzungen annähernd richtige Resultate. Natürlich ist der Begriff robust subjektiv: für einen Mathematiker stellt ein errechneter p-Wert von 0,055 bei einem wirklichen Wert von 0,05 möglicherweise eine nichttolerierbare Abweichung dar; für einen Biologen ist ein Unterschied zwischen 0,07 und 0,05 häufig von geringer praktischer Bedeutung. Die Gefahr von Fehlern ist im allgemeinen am größten, wenn wir einen einseitigen Test an einer Verteilung durchführen, wo der eine „Schwanz" sehr viel länger ist als der andere (links- oder rechtsgipflige Verteilungen).

Falls die Daten jedoch deutlich von der Normalverteilung abweichen, können wir die Daten transformieren und dadurch eine annähernd normale Verteilung erreichen (S. 102). Oder wir verwenden nichtparametrische (verteilungsunabhängige) Prüfverfahren. Diese beruhen in der Regel auf Permutationen der gesammelten Daten, die durch Ränge ersetzt wurden. Die Idee geht auf Fisher (1935) zurück; weiter ausgebaut wurde sie unter anderm von Wilcoxon, Mann und Whitney.

7.6.1. Eine Probe und eine Population

Wir wissen von langjähriger Erfahrung, daß eine bestimmte Weizensorte unter standardisierten Bedingungen über drei Monate eine Höhe von 100 cm erreicht (Kontrolle). Wir unterwerfen 10 zufällig gewählte Samen dieser Sorte einer neuen Behandlung (z.B. andere Düngerkombination). Nach drei Monaten finden wir die folgenden Höhen:

	109	105	88	93	102	112	125	117	132	127
Unterschied zur Kontrolle	+9	+5	−12	−7	+2	+12	+25	+17	+32	+27

Der neue Durchschnittswert beträgt 110. Hat die Behandlung zu einer signifikanten Erhöhung geführt? Unter der Nullhypothese nehmen wir an, daß positive und negative Abweichungen gleich wahrscheinlich sind. Stimmt das, erfolgte die Verteilung des Vorzeichens (+ oder −) auf die 10 Messungen zufällig. Wir randomisieren deshalb die Vorzeichen (d.h. wir verteilen zufällig positive und negative Vorzeichen auf die Meßwerte). Für jede Permutation bestimmen wir die durchschnittliche Abweichung von 100 (unsere Kontrolle). In den ursprünglichen Daten betrug sie 10. Wie häufig finden wir eine Abweichung, die *mindestens* so extrem ist, wenn die Vorzeichen in der Tat zufällig verteilt sind? Durch Aufschreiben aller Permutationen (insgesamt $2^{10} = 1024$) oder durch eine Simulation finden wir, daß dies für 52 Fälle zutrifft. Die Wahrscheinlichkeit beträgt also 52/1024 = 0,051, was knapp über der Grenze der konventionellen Signifikanz liegt.

7.6.2. Zwei gepaarte Proben

7.6.2.1. Fishers Test

Das ursprüngliche Beispiel, an dem Fisher seinen Test entwickelte, geht auf Charles Darwin zurück. Darwin wählte jeweils zwei gleich alte Maispflanzen von denselben Eltern aus. Sie wurden gleich behandelt, mit einem Unterschied: jeweils eine Pflanze wurde selbstbestäubt, die zweite fremdbestäubt. Verglichen wurde das Wachstum der beiden Pflanzen. Es ging Darwin um die Frage, ob Hybride besonders ertragsreich seien. Er fand die folgenden Daten:

Paar	Fremdbestäubung	Selbstbestäubung	Unterschied
1	92	43	+49
2	0	67	–67
3	72	64	+8
4	80	64	+16
5	57	51	+6
6	76	53	+23
7	81	53	+28
8	67	26	+41
9	50	36	+14
10	77	48	+29
11	90	34	+56
12	72	48	+24
13	81	6	+75
14	88	28	+60
15	0	48	–48
	Summe		**+314**

Mit einem traditionellen gepaarten Test finden wir ein t von 2,148, und der Computer gibt uns einen p-Wert von 0,0497 (zweiseitiger Test).

Falls uns nur interessiert, ob gehäuft positive oder negative Abweichungen vorkommen, können wir den sogenannten **Vorzeichen-Test** verwenden (engl.: sign test). Die Nullhypothese ist, daß Abweichungen in beide Richtungen gleich wahrscheinlich sind ($p_{pos} = p_{neg} = 0{,}5$). Wie wahrscheinlich ist ein Fall, der *mindestens* so extrem ist wie die ursprünglichen Daten? Dort haben wir 2 negative und 13 positive Abweichungen. Als p-Wert definieren wir deshalb die Summe der Wahrscheinlichkeiten, daß das seltenere Vorzeichen zweimal, einmal oder überhaupt nicht vorkommt. Für den zweiseitigen Test erhalten wir einen Wert von 0,0074 (diese Summe läßt sich leicht durch die Binomialverteilung ableiten).

Beim Vorzeichen-Test wird nur die Richtung der Abweichungen berücksichtigt. Fisher benützte zusätzlich ihre Größe. Nach seiner Nullhypothese erfolgte die Verteilung der Vorzeichen auf die gemessenen Unterschiede zufällig. Er erstellte deshalb eine Liste aller möglichen Kombinationen von Vorzeichen und Meßdaten (insgesamt 2^{15}). Für jede Kombination berechnete er die Summe der Abweichungen. Wie oft war diese Summe, die als Teststatistik dient, mindestens so groß wie die Summe der ursprünglichen Daten (314)? Wie man sich mit etwas Geduld und viel Papier oder durch eine Simulation überzeugen kann, sind es 863 Fälle, was einem p-Wert von 0,052 (zweiseitig) entspricht.

Bei größeren Proben steigt die Zahl der nötigen Berechnungen für Fishers Test sehr schnell an und sind ohne Computer kaum zu bewältigen. Wilcoxon führte deshalb eine Variation ein, bei der die Meßdaten durch Ränge ersetzt werden (siehe 7.6.2.2). Mit seinem Test liefert uns ein Computerprogramm einen p-Wert von 0,041.

Je nach Testverfahren variiert der p-Wert also stark (von 0,0074 mit Vorzeichen-Test zu 0,052 mit Fishers Test). Man könnte daraus folgern, daß man mit Statistik alles beweisen kann, man muß nur lange genug nach dem geeigneten Test suchen. Dieser Schluß wäre falsch. Was die verschiedenen Resultate klar zeigen, ist die Wichtigkeit der Teststatistik, welche wir verwenden. Beim Vorzeichen-Test geht es um die Verteilung der Werte; nach H_0 sollten gleich viele Werte unter wie über der Kontrolle liegen. Bei Fishers Test wird die Größe der Abweichungen berücksichtigt; gemäß Nullhypothese sind positive und negative Abweichungen gleich *groß*. Es ist durchaus denkbar, daß eine Behandlung in der Mehrzahl zu negativen Abweichung führt, daß aber die wenigen positiven Abweichungen trotzdem den Durchschnitt signifikant erhöhen. Aus diesem Grunde muß man sich die Wahl der Teststatistik gründlich überlegen: welchen Aspekt unserer Daten wollen wir vergleichen?

7.6.2.2. Wilcoxon Signed Rank Test

Für den Wilcoxon-Test (der volle Name lautet: Wilcoxon matched-pairs signed-ranks test) geht man wie folgt vor: die Unterschiede werden ohne Berücksichtigung des Vorzeichens in eine Rangordnung gebracht. Der kleinste Unterschied hat den Rang 1. Dann erhält jeder Rang das Vorzeichen des Unterschiedes. Paare, die aus zwei identischen Messungen bestehen, werden für die Berechnung nicht berücksichtigt. Falls ein Unterschied bei zwei Paaren identisch ist, erhalten die beiden den Durchschnitt der beiden Ränge.

Unterschied	Rang	Rang mit Vorzeichen	
+6	1	+1	
+8	2	+2	
+14	3	+3	
+16	4	+4	
+23	5	+5	
+24	6	+6	
+28	7	+7	
+29	8	+8	
+41	9	+9	
–48	10		–10
+49	11	+11	
+56	12	+12	
+60	13	+13	
–67	14		–14
+75	15	+15	
Summe		**96**	**24**

Falls kein Unterschied zwischen den Behandlungen besteht, würde man erwarten, daß die Ränge zufällig zwischen positiven und negativen Vorzeichen verteilt sind. Das heißt, die Summen der positiven und negativen Ränge sollten im Durchschnitt gleich sein. Im Beispiel betragen sie 96 und 24 (insgesamt 120). Die kleinere Rangsumme (24) wird mit einem kritischen Wert verglichen, den wir in einer Tabelle nachschauen können. Oder, was heute üblicher ist, wir lassen uns den p-Wert durch ein Computerprogramm ausrechnen. Wir erhalten $p = 0{,}041$. Im Vergleich zu Fishers Ansatz verwerten wir nicht die gesamte Information der Meßdaten. Durch die Verwandlung der Daten in Ränge verringern wir den Einfluß von Extremwerten (Ausreißern).

Das Prinzip der beiden Tests ist einfach; allerdings ist die Durchführung etwas undurchsichtig, da wir im wesentlichen blind auf tabellierte Werte oder auf die Algorithmen des Computers vertrauen. Der Vorgang läßt sich aber leicht mit Resampling Stats nachvollziehen (das Programm ist unten aufgeführt): man bestimmt zuerst die Anzahl positiver und negativer Vorzeichen, indem man zufällig 15 Zahlen zwischen 1 und 30 zieht. Zahlen zwischen 1 und 15 klassifizieren wir als positiv; ihre Menge bezeichnen wir als Pos. Dann ziehen wir zufällig diese Menge (Pos) aus der Verteilung der Ränge 1 bis 15. Wir berechnen die Summe dieser positiven Ränge. Die Summe der negativen Ränge entspricht dem Unterschied zu 120 (die absolute Rangsumme bei 15 Rängen ist immer 120). Im Wilxocon-Test würden wir nur mit der kleineren Rangsumme weiterarbeiten; statt dessen können wir ebensogut die Differenz der beiden Summen als Teststatistik verwenden. Wir bestimmen, wie häufig der ursprüngliche Wert (im Beispiel: 96 – 24 = 72) in der Verteilung, die wir durch Permutationen erhalten, erreicht oder überschritten wird. Diese Proportion liefert uns den p-Wert für unsere ursprüngliche Teststatistik (im Beispiel erhielt ich in 50.000 Simulationen einen durchschnittlichen Wert von 0,0413). Anstatt Ränge können wir natürlich ohne weiteres die gemessenen Daten einsetzen und erhalten dann Fishers Test.

Wilcoxon-Test, durch Resampling Stats simuliert:

```
REPEAT 10000
SAMPLE 15 1,30 A
COUNT A <=15 Pos
SHUFFLE (1 2 3 4 5 6 7 8 9 10 11 12 13 14 15) Ranks
TAKE Ranks 1,Pos PoRa
SUM PoRa Possum
SUBTRACT 120 Possum Negsum
SUBTRACT Possum Negsum Dif
ABS Dif Abdif
SCORE Abdif Abdifs
END
COUNT Abdifs >=72 Res
PRINT Res
```

7.6.3. Zwei unabhängige Proben

Für zwei unabhängige Proben, die von nichtnormalen Verteilungen stammen, verwendet man häufig den **U-Test** nach Mann und Whitney (Wilcoxon-Mann-Whitney-Test). Er beruht wieder auf dem Vergleich von Rangsummen. Dazu ein Beispiel von Linton et al. (1989): sie verglichen die Nahrung von zwei Wuchsformen einer Eidechse (*Phrynosoma douglassi brevirostre*, horned lizard). Dazu wogen sie den Anteil von Käfern im Mageninhalt von insgesamt 45 Eidechsen. Ein t-Test der Daten (Tabelle 7.3) ergibt einen p-Wert von 0,027. Allerdings scheinen die Daten stark von der Normalverteilung abzuweichen; wir führen deshalb zum Vergleich den U-Test durch.

Zuerst werden die Meßdaten beider Gruppen der Größe nach geordnet und mit Rängen versehen (der höchste Wert ist 843; er erhält den Rang 1). Bei identischen Zahlen bestimmen wir den Durchschnitt der Ränge. Zum Beispiel haben wir nach dem 10. Rang zweimal die Zahl 179; wir geben beiden Zahlen den Rang 11,5 (Durchschnitt der Ränge 11 und 12). Außerdem haben wir zwischen Rang 30 und 45 16mal den Wert 0; der Durchschnitt dieser 16 Ränge beträgt deshalb 37,5. Wir berechnen die beiden Rangsummen (629 und 406). Im Test, wie er ursprünglich von Mann und Whitney beschrieben wurde, berechnen wir zwei U-Werte (falls beide Gruppen mehr als etwa 10 Daten enthalten, berechnen wir aus U einen angenäherten Z-Wert):

$$U_1 = n_1 \cdot n_2 + \frac{n_1(n_1+1)}{2} - R_1$$

$$U_2 = n_1 \cdot n_2 + \frac{n_2(n_2+1)}{2} - R_2$$

$$Z = \frac{|U - n_1 \cdot n_2 / 2|}{\sqrt{n_1 \cdot n_2 (n_1 + n_2 + 1)/12}}$$

Dabei entsprechen n_1 und n_2 der Anzahl Daten in den beiden Proben (24 und 21) und R_1 und R_2 den beiden Rangsummen (629 und 406). Wir vergleichen den kleineren U-Wert mit einem kritischen Wert in einer Tabelle (die meisten Tabellen führen nur Werte für relativ kleine n an). Für größere Werte verwenden wir statt dessen den Z-Wert. Wir verwerfen die Nullhypothese, wenn unser gemessener Wert *unter* dem kritischen Tabellenwert liegt. Im Beispiel haben wir relativ viele identische Werte (zweimal 179, und 16mal den Wert 0). Für solche Fälle muß ein Korrekturfaktor verwendet werden. Für die Variation desselben Tests nach Wilcoxon brauchen wir die beiden Rangsummen (als T_a und T_b bezeichnet) und

Tabelle 7.3. Mageninhalt in zwei Wuchsformen der Eidechse (*Phrynosoma douglassi brevirostre* (nach Linton et al. 1989).

	Mageninhalt von Wuchsform 1	Rang	Mageninhalt von Wuchsform 2	Rang
	256	7	0	37,5
	209	9	89	19
	0	37,5	0	37,5
	0	37,5	0	37,5
	0	37,5	0	37,5
	44	22	163	13
	49	21	286	6
	117	16	3	29
	6	28	843	1
	0	37,5	0	37,5
	0	37,5	158	14
	75	20	443	2
	34	23	311	5
	13	27	232	8
	0	37,5	179	11,5
	90	18	179	11,5
	0	37,5	19	26
	32	24	142	15
	0	37,5	100	17
	205	10	0	37,5
	332	4	432	3
	0	37,5		
	31	25		
	0	37,5		
Summe	**1493**	**629**	**3579**	**406**

vergleichen unsere errechneten Werte ebenfalls mit kritischen Werten, die durch α, n_1 und n_2 definiert sind. Mathematisch gesehen sind die beiden Tests identisch.

Besonders bei relativ umfangreichen Daten mit identischen Rängen lohnt es sich heute kaum mehr, die Teststatistik U von Hand auszurechnen und mit einem kritischen Wert zu vergleichen. Mit einem Computerprogramm erhielt ich für das obige Beispiel einen p-Wert von 0,081.

Wir haben noch eine dritte Alternative, die alle Information unserer Untersuchungen berücksichtigt: einen Permutationstest mit den ursprünglichen Meßdaten. Als Teststatistik nehmen wir z.B. den Unterschied der beiden Summen, d.h. 3579 – 1493 = 2086. Wir vereinigen die Daten und erhalten insgesamt 45 Meßwerte. Wir unterteilen sie zufällig in zwei Gruppen mit 21 und 24 Daten und berechnen wieder den Unterschied der beiden Gruppensummen. Wir wiederholen diesen Vorgang und bestimmen, wie extrem der ursprüngliche Wert (2086) in bezug auf die Gesamtverteilung ist. In 50.000 Simulationen erhielt ich einen p-Wert von 0,019. In anderen Worten, falls unsere Nullhypothese stimmt, ist die Wahrscheinlichkeit, einen Wert von 2086 oder höher zu erhalten, 0,19 %. Wir verwerfen deshalb die Nullhypothese.

Auch hier hing die Entscheidung, ob wir H_0 verwerfen oder nicht, stark von der Teststatistik ab. Im allgemeinen ist der Test um so zuverlässiger, je mehr Information aus den ursprünglichen Daten wir dafür einsetzen. Deren Umwandlung in Ränge ist dann angezeigt, wenn wir Ausreißer vermuten.

7.7. Weitere Beispiele

1. Sie werden gebeten, ein wissenschaftliches Manuskript für eine Zeitschrift zu bewerten. Es ging um den Effekt verschiedener Hormone auf die Synthese eines Enzymes in einer Zellkultur. Die Hormone wurden mit Aceton in die Kulturen eingetragen. Als Kontrolle wurde Aceton ohne Hormon beigefügt. Enzymaktivitäten in Kontrollkulturen wurde mit jenen in unbehandelten Kulturen (weder Aceton noch Hormon) verglichen. Die Autoren schrieben, daß in 250 Versuchen die Zugabe von Aceton nie zu einer signifikanten Veränderung der Enzymaktivität im Vergleich zu unbehandelten Kulturen führte (jeder dieser Versuche wurde mit einem t-Test ausgewertet; α = 0,05). Kommentar?

2. Sie vergleichen den Effekt zweier Düngerkombinationen auf das Wachstum von Erbsen. Dabei vergleichen Sie jeweils zwei Pflanzen von Sorte A und B (insgesamt 5 Paare). Mit einem gepaarten Test erhalten Sie einen t-Wert von 2,60. Wenn Sie die gleichen Daten mit einem ungepaarten Test untersuchen, beträgt der t-Wert noch 2,40. Lohnte sich die Verwendung des gepaarten Tests?

8. Vergleich von mehr als zwei Kennwerten: Varianzanalyse (ANOVA)

8.1. t-Test und Varianzanalyse

Wenn wir zwei Proben vergleichen, verwenden wir im allgemeinen den t-Test. Im Prinzip könnten wir diesen Ansatz auf drei oder mehr Proben erweitern, indem wir alle möglichen Paare mit dem t-Test untersuchen. Dabei müssen wir uns aber bewusst sein, daß unser α-Wert (Wahrscheinlichkeit, einen Fehler 1. Art zu begehen) nur für *einen* Vergleich von zwei Proben definiert ist. Ein α von 0,05 bedeutet, daß wir in 5 % aller Fälle irrtümlicherweise die Nullhypothese verwerfen. Wenn wir diesen Vorgang fünfmal wiederholen sinkt die Wahrscheinlichkeit, daß alle fünf Entscheidungen richtig sind, auf $(1–0{,}05)^5 = 77{,}4$ %. Anders ausgedrückt, die Wahrscheinlichkeit, mindestens einen Fehler 1. Art zu machen, beträgt (100 – 77,4) = 22,6 %. Man kann diese Erhöhung der α-Wahrscheinlichkeit durch die sogenannte Bonferroni-Anpassung korrigieren. Dabei dividiert man den gewünschten α-Wert (z.B. 0,05) durch die Anzahl Vergleiche (bei fünf paarweisen Vergleichen: 0.05/5=0,01). Man nimmt den neuen Wert, um den kritischen t-Wert zu bestimmen. Global gesehen, haben wir immer noch eine α-Wahrscheinlichkeit von 0,05. Dieser Ansatz nach Bonferroni wird in der Regel nur für a-posteriori-Vergleiche von ausgewählten Paaren verwendet (S. 88). Der bevorzugte Ansatz für den Vergleich von drei oder mehr Proben ist die **Varianzanalyse**.

Die Varianzanalyse (engl.: ANOVA: **AN**alysis **O**f **VA**riance) wurde von R.A. Fisher eingeführt. Sie beruht auf der Zerlegung der Gesamtvariabilität unserer Daten in verschiedene Komponenten. Im einfachsten Fall haben wir einen Faktor A (auch Behandlung A genannt), dessen Einfluß auf die Varianz der Daten wir bestimmen möchten. Voraussetzung dafür ist, daß wir mehrere Stufen dieses Faktors beobachten und für jede Stufe mehrere Daten (Wiederholungen, Replikationen) messen. Neben Faktor A gibt es eine zusätzliche Quelle der Varianz, die auf unbekannten Ursachen oder zufälligen Schwankungen beruht. Diesen Anteil der Variabilität nennen wir **Reststreuung** oder **Versuchsfehler** (engl.: error). Die Varianzanalyse erlaubt uns, die Gesamtvarianz auf Behandlung und Fehler aufzuteilen. Den Quotienten der beiden Varianzen bezeichnen wir als **F-Wert** (zu Ehren von R.A. Fisher). Je höher er ist, desto größeren Einfluß hatte die Behandlung auf unsere Meßdaten.

Unter Umständen können wir unsere Wiederholungen paaren (Blocks) und dadurch die Fehlervarianz verkleinern. Dadurch wird die Analyse sensitiver. Wir haben in diesem Fall drei Quellen für die Gesamtvarianz: Behandlung A, einen Blockfaktor und Versuchsfehler.

Schließlich können wir gleichzeitig den Effekt von mehreren Behandlungen A, B, C, usw. untersuchen. Wir sprechen dann von einer mehrfaktoriellen Varianzanalyse. Außer den Faktoren tragen auch ihre Interaktionen zur Gesamtvarianz bei. Varianzanalyse ist ein sehr komplexes Gebiet; hier werden nur die Grundlagen dargestellt. Weiterführende Erklärungen findet man z.B. in Kirby (1993), Sokal & Rohlf (1987) und Zar (1998).

8.2. Feste und zufällige Effekte

Eine grundsätzliche Unterteilung der Varianzanalyse beruht darauf, ob wir feste oder zufällige Effekte untersuchen. Im ersten Fall verwenden wir das **Modell I** der ANOVA, im zweiten Fall das **Modell II**. Bei mehrfaktorieller Varianzanalyse können wir gleichzeitig feste wie zufällige Faktoren haben. Dann müssen wir ein **gemischtes Modell** verwenden. Im allgemeinen sind feste Effekte häufiger in biologischer Forschung, und für einfaktorielle ANOVA sind die Berechnungen und Signifikanztest für die beiden Modelle identisch. Bei mehreren Faktoren ist es aber wesentlich, daß man sich dieses Unterschiedes bewußt ist und das richtige Modell wählt. Die grundlegenden Berechnungen sind zwar wieder identisch; was sich jedoch ändert, ist der Nenner zur Bestimmung des F-Wertes, und damit natürlich die Entscheidung, ob wir die Nullhypothese annehmen oder verwerfen. Aus Raumgründen wird in diesem Text Modell II nur für den einfaktoriellen Fall demonstriert. Ausführliche Einführungen in dieses komplexe Gebiet findet man in den klassischen Lehrbüchern wie Snedecor & Cochran (1967), Sokal & Rohlf (1981) oder Zar (1998).

Bei festen Effekten wählen wir bewußt bestimmte Stufen für unsere Faktoren. Zum Beispiel interessieren wir uns dafür, wie eine Bakterienkultur auf Antibiotika reagiert. Die Antibiotika stellen einen Faktor dar. Wenn wir vier Antibiotika testen, enthält unser Faktor vier Stufen. Wir interessieren uns dafür, ob diese vier Antibiotika gleich wirksam sind. Wir vergleichen deshalb ihren Effekt auf die mittlere Wachstumsrate μ der Kultur. Unsere Nullhypothese ist, daß die vier Wachstumsraten gleich sind, d.h. $\mu_1=\mu_2=\mu_3=\mu_4$. Falls die Varianzanalyse einen signifikanten p-Wert ergibt, wissen wir, daß mindestens zwei der Durchschnittswerte voneinander verschieden sind. Der nächste Schritt besteht in der Regel darin, daß wir vorher festgelegte (a-priori) oder alle (a-posteriori) Mittelwerte miteinander vergleichen und bestimmen, welche Werte sich signifikant unterscheiden. Bei einer Wiederholung des Experimentes würden wir dieselben vier Antibiotika (Stufen) verwenden.

Beim Modell II werden die Stufen eines Faktors zufällig gewählt. Gemäß unserer Nullhypothese ist der Faktor eine homogene Population, der wir Zufallsproben (= Stufen) entnehmen. Deshalb wäre es nicht sinnvoll, Mittelwerte der Proben zu vergleichen. Statt dessen vergleichen wir die Variabilität innerhalb unserer Proben mit der Variabilität zwischen den Proben. Übersteigt dieser Quotient einen Grenzwert, verwerfen wir die Hypothese, daß die Proben von einer homogenen Population stammen. Wichtige Anwendungsbeispiele stammen aus der Genetik. Wir wählen zufällig Kühe aus einer Population, und vergleichen Variabilität der Milchproduktion einer Kuh mit der Variabilität zwischen Kühen. Daraus können wir ableiten, in welchem Ausmaß die Milchleistung vererbbar ist.

Die folgenden drei Fragen helfen uns, zwischen festen (Modell I) und zufälligen (Modell II) Effekten zu unterscheiden (Eisenhart 1947):

1. Wurden die Stufen der Faktoren bewußt gewählt, weil sie von besonderem Interesse sind (Modell I) oder wurden sie zufällig aus einer größeren Population gewählt (Modell II)?

2. Beschränken wir unsere Schlußfolgerungen auf die untersuchten Stufen (Modell I), oder wollen wir sie auf einen weiteren Bereich ausdehnen (Modell II)?

3. Würden wir bei einer Wiederholung des Experimentes dieselben Stufen verwenden (Modell I)?

Die Entscheidung ist allerdings nicht immer eindeutig, besonders wenn wir räumliche oder zeitliche Faktoren haben. In ökologischen Fragestellungen kann das zur Verwendung des falschen Modells führen. Eine aufschlußreiche Diskussion dazu findet man in Bennington & Thayne (1994).

8.3. ANOVA mit 1 Faktor: Modell I

8.3.1. Unterteilung der Varianz und Bestimmung von F

Wir vergleichen das Wachstum von vier Weizensorten. Für jede Sorte bepflanzen wir vier Parzellen. Die Weizensorte ist der Faktor, den wir untersuchen. Wir haben deshalb ein einfaktorielles Experiment mit vier Stufen (Weizensorten A, B, C und D) und vier Wiederholungen. Das gibt uns insgesamt 16 Meßdaten in 16 Zellen (Tabelle 8.1). Damit die statistische Auswertung gültig ist, müssen die Weizensorten zufällig auf die 16 Parzellen verteilt werden.

Für dieses Experiment haben wir bewußt vier bestimmte Weizensorten ausgewählt. Wir untersuchen deshalb einen festen Effekt.

Tabelle 8.1. Ertrag von vier Weizensorten mit je vier Wiederholungen

	A	B	C	D
1	21	18	19	14
2	22	16	19	13
3	19	15	16	12
4	18	13	14	11
Summe	80	62	68	50
Mittelwert	**20**	**15,5**	**17**	**12,5**

Wir stellen fest, daß sich die durchschnittlichen Erträge für die vier Sorten unterscheiden. Den Unterschied zwischen dem Mittelwert einer Sorte und dem Gesamtmittelwert bezeichnen wir als Faktoreneffekt. Der Gesamtmittelwert beträgt hier 16,25 (Summe aller Meßwerte geteilt durch Anzahl Daten). Der Mittelwert für Sorte A ist 20; der Faktoreneffekt für A ist deshalb (20-16,25) = +3,75. Faktoreneffekte für B, C und D betragen –0,75, +0,75 und –3,75. Unser Erwartungswert wird durch Gesamtmittelwert und Faktoreneffekt bestimmt. Für alle vier Messungen der Sorte A erwarten wir deshalb einen Betrag von 20. Den Unterschied zwischen Erwartungswert und Meßwert führen wir auf zufällige Variation zurück. Wir nennen diesen Unterschied **Restfehler** (engl.: residual). Wir drücken diese Beziehungen wie folgt aus:

Meßwert in einer Zelle = Gesamtmittelwert + Faktoreneffekt + Restfehler

$$X_{ij} = \overline{\overline{X}} + \alpha_i + e_{ij}$$

Dabei steht i für Faktorenstufe (hier A, B, C. oder D) und j für Wiederholung (engl.: replicate; im Beispiel sind es 4). Der Restfehler oder Residual wird in Englisch auch Error genannt (error heißt Fehler; hergeleitet ist es vom lateinischen errare = ziellos umherwandern).

Wir können die Gleichung umwandeln:

Restfehler = Meßwert – (Gesamtmittelwert – Faktoreneffekt)

Restfehler = Meßwert – Erwartungswert

Für unser Beispiel erhalten wir die folgenden Restfehler:

	A	B	C	D
1	21–20 = +1	18–15,5 = +2,5	19–17 = +2	14–12,5 = +1,5
2	22–20 = +2	16–15,5 = +0,5	19–17 = +2	13–12,5 = +0,5
3	19–20 = –1	15–15,5 = –0,5	16–17 = –1	12–12,5 = –0,5
4	18–20 = –2	13–15,5 = –2,5	14–17 = –3	11–12,5 = –1,5
Summe	0	0	0	0

Der nächste Schritt ist die Berechnung und Aufteilung der Varianz. Zuerst bestimmen wir die **Summe der quadrierten Abweichungen** = SQ. Sie wird auch **Quadratsumme** genannt (engl.: SS = sum of squares). Um die gesamte Quadratsumme zu berechnen, summieren wir die quadrierte Abweichung zwischen jedem einzelnen Meßwert und dem Gesamtmittel, d.h. $(21\text{-}16{,}25)^2 + (22\text{-}16{,}25)^2 + ...(11-16{,}25)^2$. Wir erhalten einen Wert von 163.

Es läßt sich zeigen, daß die folgende Beziehung gilt:

$$\sum_{ij}(X_{ij} - \overline{\overline{X}})^2 = \sum_{ij}(\overline{X}_{ij} - \overline{\overline{X}})^2 + \sum_{ij}(X_{ij} - \overline{X_i})^2$$

$\overline{\overline{X}} = \textit{Gesamtdurchschnitt}$

$\overline{X}_i = \textit{Stufendurchschnitt}$

Das bedeutet, die gesamte oder totale Quadratsumme läßt sich unterteilen in die Summe der quadrierten Abweichungen *zwischen* Faktorenstufen und die Summe der quadrierten Abweichungen *innerhalb* Faktorenstufen: $SQ_{Total} = SQ_{Zwischen} + SQ_{Innerhalb}$. Für das Beispiel erhalten wir die folgenden Beziehungen:

$SQ_{Total} = 163$

$SQ_{Zwischen} = 4*[(20-16{,}25)^2 + (15{,}5-16{,}25)^2 + (17-16{,}25)^2 + (12{,}5-16{,}25)^2] = 117$

(wir multiplizieren mit 4, da jeder Stufendurchschnitt auf 4 Wiederholungen beruht)

$SQ_{Innerhalb} =$ quadrierte Restfehler $= (+1)^2 + (2)^2 + (-1)^2....+(-1{,}5)^2 = 46$

Zur Kontrolle überprüfen wir die Beziehung $SQ_{Total} = SQ_{Zwischen} + SQ_{Innerhalb}$ und finden in der Tat, daß 163 = 117 + 46. Als nächstes fassen wir unser Ergebnis in einer ANOVA-Tabelle zusammen.

Variationsquelle	Freiheitsgrade FG	SQ	MQ	F
Faktor A	K–1 = 3	117	39	**10,17**
Restfehler	N–k = 12	46	3,833	
Total	N–1 = 15	163		

Dabei steht SQ für Quadratsumme (Summe der quadrierten Abweichungen) und MQ für mittlere Quadratsumme, d.h. SQ/FG. Mit N bezeichnen wir die Gesamtzahl Meßdaten und mit k die Anzahl Stufenfaktoren. Die totale Anzahl Freiheitsgrade beträgt immer (N–1). Als allgemeine Regel sollte man nie weniger als drei Wiederholungen verwenden, und die Freiheitsgrade für den Restfehler sollten nie geringer als 10 sein.

Wenn wir die Summe der quadrierten Abweichungen von einem Mittelwert durch Freiheitsgrade teilen, erhalten wir eine Varianz (S. 11). Mit der ANOVA vergleichen wir zwei Schätzungen der Varianz unserer Daten. Die erste beruht auf der Streuung *zwischen* den Faktorstufen; diese wird durch Faktoreneffekt und Restfehler bestimmt ($\sigma_f^2+\sigma_e^2$; f steht hier für Faktor und e für Fehler oder Error). Die zweite Schätzung wird durch Streuung *innerhalb* Faktorstufen bestimmt und erfaßt nur den Restfehler (σ_e^2). Wenn der Faktor nichts zur Varianz beiträgt ($\sigma_f^2 = 0$), sollten die beiden Schätzungen der Varianzen identisch sein. Das heißt, der Quotient $MQ_{zwischen}/MQ_{innerhalb} = (\sigma_f^2+\sigma_e^2)/\sigma_e^2$ sollte einen Wert nahe bei 1 haben, wenn unsere Nullhypothese stimmt (H_0: der Faktor hat keinen Einfluß auf die Daten).

Wir bezeichnen den Quotienten $MQ_{zwischen}/MQ_{innerhalb}$ als F (zu Ehren von R.A. Fisher). Im Beispiel beträgt er 10,17. Aus Tabelle 3 (S. 201) läßt sich ablesen, ob er einen kritischen Wert übersteigt. Dabei müssen wir α (z.B. 0,05) und FG für Nenner (3) und Zähler (12) festlegen. Wir finden einen kritischen Wert von 3,49 und verwerfen deshalb die Nullhypothese.

Mit Computerprogrammen können wir auch den exakten p-Wert bestimmen. Er beträgt hier 0,0013. Falls die Nullhypothese stimmt (d.h., kein Unterschied zwischen Weizensorten), wäre also die Wahrscheinlichkeit, einen F-Wert zu erhalten, der mindestens 10,17 ist, 0,0013. Das ist eine sehr geringe Wahrscheinlichkeit, wir verwerfen deshalb H_0.

Varianzanalyse beruht auf einem einseitigen Test. F sollte nie wesentlich kleiner als 1 sein. Kommt das trotzdem vor, haben wir eine wichtige Voraussetzung der ANOVA verletzt (Unabhängigkeit der Meßdaten). Ein Beispiel dazu wurde von Sokal & Rohlf (1981) beschrieben: ein Früchtehändler fülle mehrere Körbchen mit Erdbeeren. Zuunterst legt er kleine Beeren, dann mittlere und zuoberst die schönsten und größten. Innerhalb eines Körbchens haben wir ausgeprägte Variabilität, zwischen den Körbchen ist sie wesentlich geringer. In einem extremen Fall mit drei Körbchen und je drei Erdbeeren sieht das vielleicht so aus:

	A	B	C
1	2	2	2
2	3	3	3
3	4	4	4

Wir berechnen $SQ_{Total} = 6$, $SQ_{Zwischen} = 0$, und $SQ_{Innerhalb} = 6$. F wäre in diesem Falle 0. Die Meßdaten sind nicht voneinander unabhängig: nachdem der Händler eine kleine Beere in das Körbchen gelegt hat, sind die Größen der übrigen Beeren bereits bestimmt.

Als anderes Extrem nehmen wir einen Fall, wo alle Variation durch den Faktor bestimmt wird:

	A	B	C
1	2	3	4
2	2	3	4
3	2	3	4

Hier sind $SQ_{Total} = 6$, $SQ_{Zwischen} = 6$ und $SQ_{Innerhalb} = 0$. Als F hätten wir einen Wert von ∞. Sehr hohe F-Werte sind zwar unwahrscheinlich, aber mit gerundeten Zahlen nicht unmöglich. Sie bedeuten, daß zufällige Variabilität im Vergleich zum Faktoreffekt sehr gering ist.

8.3.2. Multiple Vergleiche

Eine signifikante Varianzanalyse bedeutet, daß nicht alle Stufenmittelwerte identisch sind. Es stellt sich jedoch die Frage, wieviele und welche dieser Werte sich voneiander unterscheiden. Dazu gibt es zwei grundlegende Ansätze. Entweder planen wir vor der Versuchsdurchführung, welche Mittelwerte wir miteinander vergleichen wollen (**a priori**; orthogonale Vergleiche). Haben wir keinen bestimmten Grund, uns auf bestimmte Vergleiche festzulegen, können wir nach dem Experiment ausgewählte oder sämtliche Mittelwerte miteinander vergleichen (**a posteriori**).

8.3.2.1. A-priori-Vergleiche

Im einfaktoriellen Fall lassen sich höchstens (k–1) orthogonale Vergleiche ziehen (k = Anzahl Faktorstufen). Das Prinzip beruht auf der Unterteilung der Summe der quadrierten Abweichungen, die auf den Faktor zurückzuführen ist. Jeder Vergleich muß eine unabhängige Beziehung zwischen zwei Größen überprüfen. Jede Größe darf nur einmal vorkommen; es lassen sich jedoch mehrere Durchschnitte zusammenfassen. Nehmen wir an, wir testen vier neue Antibiotika (A, B, C, D) gegen ein traditionelles Medikament (K). Insgesamt stehen uns vier Freiheitsgrade zur Verfügung (5–1). Zwei mögliche Kombinationen von orthogonalen Vergleichen wären (wir müssen uns vor dem Experiment entscheiden, welche Kombination wir verwenden wollen):

(1)	K vs. (A+B+C+C):	braucht 1 FG auf
	Innerhalb (A+B+C+D):	braucht 3 FG auf

(2)	K vs. (A+B+C+D)	1 FG
	A vs. (B+C+D)	1 FG
	innerhalb (B+C+D)	2 FG

In beiden Fällen prüfen wir zuerst, ob sich die Kontrolle (unser traditionelles Antibiotikum) signifikant von den neuen Antibiotika unterscheidet. Der zweite Vergleich unter (1) testet, ob es innerhalb der neuen Medikamente Unterschiede gibt. Unter (2) vergleichen wir eines der neuen Antibiotika gegen die drei anderen (möglicherweise hat A einen anderen Angriffspunkt als B, C und D), und schließlich Unterschiede innerhalb dieser drei Antibiotika.

Orthogonale Vergleiche sind weniger konservativ als a-posteriori-Methoden (d.h., die Wahrscheinlichkeit eines Fehlers 2. Art ist geringer). Sie sind deshalb vorzuziehen, wenn man vor dem Experiment eine klare Vorstellung davon hat, welche Unterschiede von Interesse sind. Ihre größere Effizienz ist vor allem dort wichtig, wo Experimente relativ teuer und zeitraubend sind.

Die Plannung und Berechnung von orthogonalen Vergleichen ist komplex und kann hier nicht ausführlich besprochen werden. Mehrere Computerprogramme erlauben eine einfaches Eingeben der gewünschten Vergleiche und kontrollieren gleichzeitig, ob die notwendigen Bedingungen erfüllt sind. Gründliche Einführungen findet man u.A. in Snedecor & Cochran (1967), Sokal & Rolf (1981) und Zar (1998).

Eine einfache Alternative zu orthogonalen Vergleichen sind t-Tests, wobei wir den globalen α-Wert nach Bonferroni anpassen.

8.3.2.2. A-posteriori-Vergleiche

Häufig hat man vor einem Experiment keine klare Vorstellung, welche Vergleiche wichtig sind, oder man möchte aufgrund der gemessenen Daten besonders auffällige Mittelwerte miteinander vergleichen. Dann verwendet man a-posteriori-Verfahren. Das wichtigste Problem solcher Verfahren besteht darin, daß mit der Anzahl Tests, die wir durchführen, gleichzeitig unser α-Wert ansteigt (die Wahrscheinlichkeit, irrtümlicherweise eine richtige Nullhypothese zu verwerfen). Wir müssen deshalb unsere kritischen Werte korrigieren, um insgesamt eine Fehlerrate von z.B. 0.05 zu behalten. Durch solche Korrekturen erhöhen wir allerdings den β-Wert (Wahrscheinlichkeit, irrtümlicherweise eine falsche Nullhypothese *nicht* zu verwerfen). Bevor wir uns auf eine Methode festlegen, sollten wir uns deshalb überlegen, ob die Vermeidung eines Fehlers 1. oder 2. Art wichtiger ist.

t-Test mit Bonferroni-Anpassung

Die einfachste a-posteriori-Methode beruht auf einem t-Test. Nehmen wir an, daß die drei Mittelwerte eines Faktors 13,4, 14,4 und 11,6 betragen. Die Varianzanalyse gibt uns das folgende Resultat (5 Wiederholungen pro Stufe):

Variationsquelle	FG	SQ	MQ	F
Faktor A	2	20,13	10,06	7,738
Restfehler	12	15,60	1,3	
Total	14	35,73		

Für den Vergleich zwischen Stufe 1 und 2 berechnen wir einen t-Wert

$$t' = \frac{\overline{X_1} - \overline{X_2}}{S_{\overline{X}_1 - \overline{X}_2}}$$

Um den Standardfehler des Unterschiedes auszurechnen, benützen wir die mittlere Quadratsumme (MQ) des Restfehlers (siehe Formel auf S. 70 für homogene Varianzen). Wir erhalten für t = (14,4–13,4)/√(2S²/n) = 1/√2x1,3/5) = 1/0,7 = 1,389. Wir vergleichen diesen beobachteten Wert mit dem Tabellenwert von t (α= 0,05, 12 FG) = 2,179. Da der kritische Wert nicht erreicht wird, behalten wir die Nullhypothese und nehmen an, daß die beiden Stufen nicht signifikant voneinander verschieden sind.

Wir können die Gleichung auch umstellen und eine kritische Distanz für zwei Mittelwerte berechnen:

$$\overline{X}_1 - \overline{X}_2 = t_{0,05,FG} \cdot S_{\overline{X}_1 - \overline{X}_2}$$

Erreicht oder überschreitet ein gemessener Wert diese **kritische Distanz** (engl.: Least Significant Difference), verwerfen wir die Nullhypothese. Der Ansatz läßt sich wie folgt verallgemeinern:

Kleinster signifikanter Unterschied = kritischer Wert x Standardfehler

Wenn wir t für den kritischen Wert einsetzen, ist die ungewollte Erhöhung des effektiven α-Wert drastisch: bei drei Stufen erhöht sich die Wahrscheinlichkeit, einen Fehler 1. Art zu machen, von einem tabellierten Wert von 5 % auf 12 %; mit vier Stufen beträgt er bereits 20 %. Eine einfache Korrektur nach Bonferroni besteht darin, daß wir α durch die Anzahl Vergleich teilen und den tabellierten t-Wert für dieses neue α verwenden (S. 88; eine Verbesserung erhalten wir durch eine sequentielle Anpassung; S. 91). Verschiedene andere Methoden unterschieden sich vor allem durch die Größe der kritischen Werte, die in Tabellen zusammengefaßt sind. Den Standardfehler berechnen wir in der Regel aus der mittleren Quadratsumme des Restfehlers (Voraussetzung: homogene Varianzen, S. 70).

Duncan-Test und Student-Newman-Keuls-Test

Das Vorgehen für diese beiden Methoden ist identisch. Wir möchten z.B. das Wachstum von 7 Weizensorten vergleichen. Die Durchschnittswerte seien 71,2, 67,6, 58,1, 61,0, 71,3, 61,5 und 49,6. Für jede Stufe haben wir sechs Messungen und unsere MQ des Restfehlers sei 79,64 (FG: Total = 41, Behandlung = 6, Restfehler = 35). Wir berechnen den Standardfehler als $\sqrt{(79{,}64/6)} = 3{,}643$. Wir ordnen die Resultate der Größe nach an:

A	B	C	D	E	F	G
49,6	58,1	61,0	61,5	67,6	71,2	71,3

Von einer Tabelle bestimmen wir die kritischen Werte. Dazu brauchen wir α, die Freiheitsgrade des Restfehlers und die Anzahl Mittelwerte, die durch den Vergleich erfaßt werden. Wenn wir A und B vergleichen, erfassen wir zwei Mittelwerte. Vergleichen wir A mit D oder C mit F, erfassen wir vier Mittelwerte.

Duncans Test und der Test nach Student-Newman-Keuls-Test (häufig auch Newman-Keuls-Test genannt) haben unterschiedliche kritische Werte: SNK ist konservativer, d.h., es ist schwieriger, signifikante Unterschiede zu finden. Die kritischen Werte für SNK werden in der Regel als Q bezeichnet.

Kritischer Wert	Anzahl Werte, die im Vergleich erfaßt werden					
	2	3	4	5	6	7
Duncan	2,87	3,04	3,13	3,20	3,25	3,29
SNK	2,87	3,46	3,81	4,07	4,26	4,42

Wir multiplizieren den kritischen Wert mit dem Standardfehler 3,643 und erhalten den kleinsten signifikanten Unterschied.

Signifikanter Unterschied	Anzahl Werte, die im Vergleich erfaßt werden					
	2	3	4	5	6	7
Duncan	10,46	11,07	11,37	11,66	11,84	11,99
SNK	10,46	12,60	13,88	14,83	15,52	16,10

Wir bestimmen nun den Unterschied zwischen dem höchsten und dem tiefsten Mittelwert, d.h., 71,3–49,6 = 21,7. Der Vergleich umfaßt sieben Stufen, und der gemessene Wert (21,7) ist höher als der kleinste signifikante Unterschied (11,99 für Duncan, 16,10 für SNK). Wir verwerfen deshalb die Nullhypothese, daß alle sieben Werte identisch sind. Als nächstes vergleichen wir den zweithöchsten Wert mit dem tiefsten Wert (67,6–49,6 = 18) und vergleichen den Unterschied mit der kritischen Distanz für sechs Stufen (11,84 und 15,52). Wir setzen das fort, bis wir einen Unterschied finden, der unter der kritischen Distanz liegt. Mit Duncans Test tritt das zuerst beim Vergleich zwischen dem tiefsten und zweittiefsten Wert auf (58,1–49,6 = 8,5 < 10,53). Diese beiden Werte sind deshalb nicht signifikant verschieden. Mit dem SNK Test finden wir einen nichtsignifikanten Unterschied bereits beim Vergleich von D und A: 61,5–49,6 = 11,9 < 13,88.

Dann beginnen wir wieder von vorne: wir vergleichen den höchsten mit dem zweittiefsten Wert (71,3–58,1 = 13,2). Der Unterschied übersteigt die kritische Distanz des Duncan Tests für sechs Werte (11,84) und wir verwerfen die Nullhypothese. Wir berechnen die Distanz zwischen dem zweithöchsten und dem zweittiefsten Wert, usw., bis wir wieder einen nichtsignifikanten Wert finden. Sobald das geschieht, betrachten wir alle Werte in diesem Bereich als identisch, und darin liegende Werte werden nicht weiter miteinander verglichen. Mit dem SNK Test geschieht dies bereits beim Vergleich von G und B, und wir führen deshalb keine weiteren Vergleiche durch.

Typischerweise werden Mittelwerte, die sich nicht voneinander unterscheiden, durch eine gemeinsame Linie unterstrichen. Für Duncans Test erhalten wir das folgende Resultat:

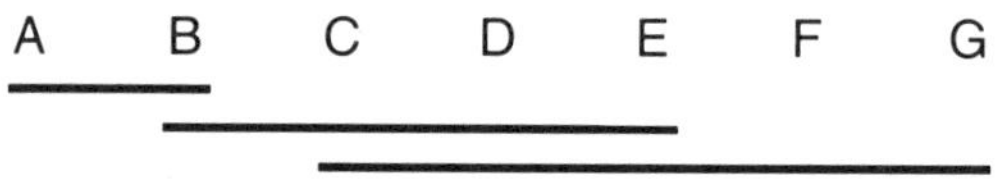

Der SNK Test ist konservativer, wir finden deshalb weniger signifikante Unterschiede:

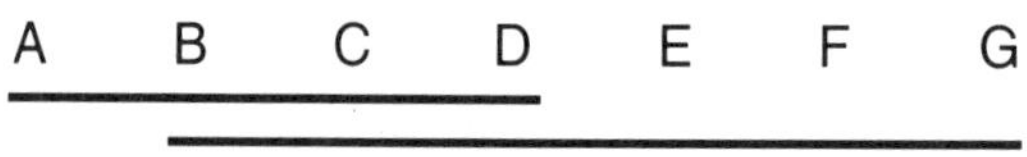

Wir können nichtsignifikante Mittelwerte auch dadurch kennzeichnen, daß wir sie mit dem gleichen Index versehen. Mit dem Duncan Test erhalten wir A_a B_{ab} C_{abc} D_{bc} E_{bc} F_c G_c und für den SNK Test A_a B_{ab} C_{ab} D_{ab} E_b F_b G_b.

Tukeys Test

Für den Duncan- und den SNK-Test hängt unsere kritische Distanz von der Anzahl Werte ab, die durch den Vergleich erfaßt werden. In Tukeys Test verwenden wir für alle paarweisen Vergleiche dieselbe Distanz. Wir berechnen sie mit dem Q-Wert für die Gesamtzahl der Mittelwerte. Für obiges Beispiel würden wir deshalb stets die Distanz von 16,10 als kritisch betrachten: übersteigt der Unterschied zwischen zwei beliebigen Paaren diesen Betrag, betrachten wir ihn als signifikant. Natürlich verringern wir dadurch die Wahrscheinlichkeit, einen Fehler 1. Art zu machen (allerdings erhöhen wir gleichzeitig die Wahrscheinlichkeit eines Fehlers 2. Art). Der Test ist deshalb auch als „honestly significant difference test" oder als „wholly significant different test" bekannt. Eine Variation des Tukey-Tests wird zur Bestimmung von linearen Kontrasten verwendet.

Lineare Kontraste

Mit den bisher beschriebenen Verfahren vergleichen wir jeweils zwei Mittelwerte miteinander. Tukey und Scheffé entwickelten Methoden, die komplexere Vergleiche ermöglichen, z.B. eine Kontrolle gegen mehrere neue Medikamente [H_0: $\mu_1 = (\mu_2+\mu_3+\mu_4)/3$], oder einen Test zwischen Untergruppen [H_0: $(\mu_1+\mu_2+\mu_3)/3 = (\mu_4+\mu_5)/2$]. Das Verfahren nach Tukey ist sensitiver, dafür weniger vielseitig als jenes von Scheffé. Ein drittes Verfahren nach Gabriel, SS-STP genannt (sum of squares simultaneous test procedure; Sokal & Rohlf 1981) liefert Kontraste zwischen den Einzelwerten und allen möglichen Kombinationen. Interessieren wir uns nur für die Kontraste zwischen einem Kontrollwert und allen möglichen Kombinationen der andern Werte (aber nicht für Vergleiche ohne Kontrolle), ist ein Verfahren nach Dunnett am geeignetsten.

Die Vielfalt der Vergleichsmethoden erschwert die Auswahl. Die folgende Zusammenstellung (nach Motulsky 1995) kann die Entscheidung erleichtern:

1. Sind die Stufen eines Faktors in einer natürlichen Folge angeordnet, z.B. in regelmäßigen zeitlichen Abständen? Dann lohnt es sich möglicherweise, eine Regressionanalyse durchzuführen (Kapitel 9).
2. Geht es um relativ komplexe Vergleiche oder Kontraste? Dann empfiehlt es sich, Tukeys oder Scheffés Test zu verwenden. Scheffés Test ist flexibler, aber auch konservativer.
3. Wollen wir einen Kontrollwert gegen alle anderen Mittelwerte oder Kombinationen d avon vergleichen? Das Verfahren nach Dunnett ist dafür am geeignetsten.
4. Wollen wir nur ein paar bestimmte Einzelwerte miteinander vergleichen? Dann verwenden wir den t-Test mit Bonferronis Anpassung. Wir müssen aber die Vergleiche schon vor dem Versuch bestimmen und dürfen auf keinen Fall nachträglich besonders extreme Paare auswählen. Für komplexere a-priori-Analysen empfehlen sich orthogonale Vergleiche.
5. Wollen wir alle möglichen Paare von Einzelwerten vergleichen? Dann stehen uns Bonferronis t-Test, Tukey, SNK und Duncan zur Verfügung.

Bonferroni ist am einfachsten durchzuführen, ist aber sehr konservativ, vor allem wenn wir mehr als 3–4 Werte vergleichen. Eine Variation, der **sogenannte sequentielle Bonferoni-Test** wurde von Holm (1979) beschrieben. Als erstes wählen wir α (z.B. 0,05). Dann ersetzen wir Teststatistiken (z.B. Abstände zwischen Gruppendurchschnitten) durch ihren p-Wert (z.B. beruhend auf t-Test). Falls der kleinste dieser Werte geringer als α/k (k = Anzahl Vergleiche) ist, betrachten wir den betreffenden Unterschied als signifikant. Dann gehen wir zum nächstkleineren p-Wert und vergleichen ihn mit $\alpha/(k-1)$; ist er kleiner, betrachten wir auch diesen Unterschied als signifikant. Wir fahren so weiter, bis $p_n > \alpha/(k-n)$; dieser und alle folgenden Unterschiede sind nicht mehr signifikant. Durch diese stufenweise Anpassung wird der Bonferroni-Test weniger konservativ, aus dem gleichen Grunde, weshalb der SNK-Test weniger konservativ als der Tukey-Test ist.

Von den übrigen drei ist Tukey am meisten und Duncan am wenigsten konservativ. Unsere Wahl wird davon abhängen, ob wir eher einen Fehler 1. Art oder 2. Art riskieren wollen.

8.3.3. Konfidenzintervalle

Ein signifikanter F-Test oder multiple Vergleiche sagen nichts aus über die praktische Bedeutung des Faktoreffektes. Für diesen Zweck sind Konfidenzintervalle in der Regel aufschlußreicher. Konfidenzintervalle sind nur sinnvoll für Mittelwerte, die signifikant von allen andern verschieden sind (Zar 1998). Bevor wir also in einem Experiment mit vier Faktorenstufen ein Konfidenzintervall für μ_1 berechnen, sollten wir uns davon überzeugen, daß $\mu_1 \neq \mu_2$, $\mu_1 \neq \mu_3$ und $\mu_1 \neq \mu_4$.

Zur Erinnerung, ein Konfidenzintervall ist definiert als (S. 43 ff):

Durchschnitt ± t* Standardfehler des Durchschnittes

Falls die Varianzen homogen sind (S. 70), erweist sich die Varianz des Restfehlers (im Beispiel von S. 86: 3,833) als sinnvoll (bei ungleichen Varianzen würden wir separate Varianzen für die verschiedenen Faktorenstufen berechnen). Um den Standardfehler eines Stufendurchschnittes zu erhalten, teilen wir die Varianz durch die Anzahl Wiederholungen pro Stufe und ziehen die Quadratwurzel ($\sqrt{3{,}833/4} = 0{,}979$). Dann gehen wir gleich vor wie auf S. 44. Das Konfidenzintervall für Stufe D beträgt also 12,5± t*0,979. Für ein α von 0,05 ist t = 2,179 (für 12 FG des Restfehlers).

Von größerem Interesse ist vermutlich das Konfidenzintervall eines Unterschiedes zwischen zwei Faktorstufen, z.B. zwischen Stufe A und D (20 und 12,5). Das Konfidenzintervall umfaßt den Bereich

Unterschied ± t*Standardfehler des Unterschiedes

Der Unterschied beträgt 7,5. Für t müssen wir 12 FG nehmen (FG des Restfehlers); die Varianz eines Unterschiedes (oder einer Summe) zweier Messungen entspricht der Summe der Varianzen der beiden Messungen (Zar 1998). Für die Varianzen unserer Messungen nehmen wir deshalb zweimal die Varianz des Restfehlers (wieder unter der Voraussetzung von homogenen Varianzen). Der Standardfehler des Unterschiedes ist folglich die Quadratwurzel aus [(3,833/4)+(3,833/4)] = 1,38. Das Konfidenzintervall erstreckt sich von 4,5 bis 10,5, d.h., in 95 % aller Fälle finden wir den wahren Wert des Unterschiedes in diesem Bereich.

Die meisten Statistikprogramme führen solche Berechnungen automatisch aus.

8.4. ANOVA mit 1 Faktor: Modell II

Eine Firma produziert pH-Meßgeräte. Zeigen sie den richtigen Wert an? Wir nehmen eine Zufallsprobe von vier Geräten und führen mit jedem Gerät 5 Messungen aus.

	Gerät 1	Gerät 2	Gerät 3	Gerät 4
Meßwert 1	6,8	6,4	6,8	6,8
Meßwert 2	6,7	6,5	7,2	7,0
Meßwert 3	6,9	6,6	6,4	6,7
Meßwert 4	6,5	6,4	6,7	6,7
Meßwert 5	6,5	6,7	6,8	6,5
Durchschnitt	6,68	6,52	6,78	6,74

Unsere ANOVA-Tabelle sieht wie folgt aus:

Variationsquelle	FG	SQ	MQ	F
Behandlung	3	0,1960	0,0653	1,59
Fehler	16	0,6560	0,0410	
Total	19	0,8520		

Der F-Wert ist nicht signifikant (p = 0,2310). Das bedeutet, daß die Varianz zwischen den Geräten nicht signifikant von der Varianz innerhalb der Geräte abweicht.

Wir können uns vorstellen, daß wir in unserem Labor genau vier Geräte haben und untersuchen wollen, ob sie gleiche Messungen liefern. In diesem Falle würden wir einen festen Effekt untersuchen, da wir bei einer Wiederholung dieselben vier Geräte verwenden müßten. Die Berechnungen wären identisch; wir würden schließen, daß sich die Messungen, die uns die vier Geräte geben, nicht signifikant unterscheiden.

Varianzanalyse mit zufälligen Effekten sind wichtig wenn wir bestimmen möchten, in welchem Maße ein bestimmtes Merkmal vererbbar ist (wir vergleichen die Varianz dieses Merkmals zwischen und innerhalb Individuen). Oder sie kann uns bei der Versuchsplanung unterstützen: wir nehmen fünf Bodenproben und unterteilen sie je in drei Unterproben. In jeder Unterprobe bestimmen wir die Bakterienzahl. Ist die Varianz größer zwischen den Proben? Dann lohnt es sich, mehr Proben zu sammeln und weniger Unterproben zu nehmen. Die Anwendung von ANOVA Modell II auf Versuchsplanung wird ausführlich in Sokal & Rohlf (1981) beschrieben.

Natürlich sind multiple Vergleiche bei zufälligen Effekten nicht sinnvoll.

8.5. ANOVA mit Blöcken (gemischtes Modell)

8.5.1. Ein fester und ein zufälliger Effekt

Bei einem Vergleich von zwei Proben läßt sich häufig die Reststreuung durch Paarung verringern (S. 76). Wir können dasselbe Prinzip bei der Varianzanalyse anwenden. So kann es vorkommen, daß eine Versuchsfläche mit vier Weizensorten (fester Effekt) an einem Hang liegt (Beispiel von S. 84). Dadurch entsteht ein Gradient: höher liegende Flächen unterschieden sich vielleicht in Temperatur, Lichteinstrahlung oder Feuchtigkeit, was den Wachstum des Weizens beeinflussen könnte. Wir versuchen diesen Anteil der Varianz aus dem Restfehler zu entfernen, indem wir unsere Gesamtfläche in vier Blöcke unterteilen, die parallel zur Hanglage laufen (zufälliger Effekt). Jede Weizensorte muß einmal in jedem Block vorkommen; innerhalb des Blockes werden die vier Sorten zufällig verteilt. Wir verwenden dieselben Daten wie in Beispiel auf S. 84, nehmen jedoch an, daß 1 – 4 den Blöcken entsprechen.

	A	B	C	D	Mittelwert
1	21	18	19	14	18
2	22	16	19	13	17,5
3	19	15	16	12	15,5
4	18	13	14	11	14
Mittelwert	20	15,5	17	12,5	16,25

Wir erstellen wieder ein Modell, jedoch mit einem zusätzlichen Faktor, dem Blockeffekt:

Beobachteter Wert = Gesamtmittel + Faktoreneffekt + **Blockeffekt** + Restfehler

Der Blockeffekt wird wie der Faktoreneffekt berechnet. Für Block 1 erhalten wir folglich (18–16,25) = +1,75. Für Blöcke 2–4 sind die entsprechenden Werte +1,25, –0,75, –2,25.

Für die Kombination von Weizensorte A im Block 1 ergibt sich der folgende Erwartungswert:

Gesamtmittelwert + Faktoreneffekt + Blockeffekt = 16,25 + 3,75 + 1,75 = 21,75

Wir bestimmen nun zusätzlich die Summe der quadierten Abweichungen vom Blockeffekt und erweitern unsere ANOVA-Tabelle wie folgt (k = Anzahl Weizensorten, l = Anzahl Blöcke):

Variationsquelle	FG	SQ	MQ	F
Weizensorte	K–1 = 3	117	39	70,1
Block	L–1 = 3	41	13,667	24,6
Restfehler	N–k–l = 9	5	0,556	
Total	N–1 = 15	163		

Wir können zwei F-Werte bestimmen. Für den Faktor (Weizensorte) erhalten wir 39/0,0556 = 70,1 und für den Block = 13,667/0,556 = 24,6. Beide sind hoch signifikant ($p < 0{,}0001$).

In diesem Beispiel konnten wir einen großen Teil der Fehlervarianz extrahieren und den Blöcken zuschreiben. Allerdings verliert der Restfehler dabei Freiheitsgrade (im Beispiel sinken sie von 12 auf 9), was den Nenner verringert und möglicherweise seine mittlere Quadratsumme erhöht. Außerdem verlieren wir natürlich Freiheitsgrade für den F-Wert selber; der kritische Wert wird ja von α und den Freiheitsgraden für den Faktor und den Restfehler bestimmt (S. 86). Weniger Freiheitsgrade bedeuten einen höheren kritischen Wert, und es wird schwieriger, Signifikanz zu finden. Bei unüberlegter Wahl von Blöcken kann der Test deshalb an Sensitivität verlieren. Nach Zar (1998) hat sich die Blockbildung gelohnt, wenn F mindestens einen Wert von 1 erreicht.

Blöcke sollten nur gebraucht werden, wenn wir keine Wechselwirkungen (S. 96) erwarten (Zar 1998). In unserem Beispiel läßt sich das gar nicht überprüfen, da wir für jede Kombination der zwei Faktoren (Block und Weizensorte) nur einen Meßwert haben.

Wichtige Anwendungen der Blockbildung finden wir in der Medizin: wir vergleichen z.B. den Blutdruck eines Patienten vor und nach verschiedenen Behandlungen (wiederholte Messungen am gleichen Objekt bezeichnet man auf Englisch als ANOVA with repeated measures). Dabei stellen die Patienten einen zufälligen Effekt (Blockeffekt) und die Medikamente einen festen Effekt (Faktoreffekt) dar. Oder wir planen eine sehr große Untersuchung, die wir nicht an einem Tag oder in einem Labor durchführen können. Die verschiedenen Tage oder Labors können wir dann ebenfalls als zufällige Faktoren interpretieren.

8.5.2. Ein fester und zwei zufällige Effekte: lateinisches Quadrat

Obiges Beispiel enthielt einen festen und einen zufälligen Faktor ohne Wiederholungen. Die Stufen des zufälligen Faktors nennen wir Blöcke. In seltenen Fällen können wir zwei Quellen der Variabilität durch Blöcke extrahieren. Eine solche Anordnung nennen wir **lateinisches Quadrat** (engl.: Latin Square). Jede Stufe des festen Effekts kommt einmal in jeder Kombination der beiden Blöcke vor. Ein Beispiel eines 4x4-Quadrates könnte wie folgt aussehen (insgesamt gibt es 576 mögliche Anordnungen in einem 4x4 Quadrat):

A	B	C	D
B	C	D	A
C	D	A	B
D	A	B	C

Lateinische Quadrate können in landwirtschaftlichen Versuchen wichtig sein, wenn wir nicht wissen, in welcher Richtung mögliche Gradienten laufen (z.B. Wasser, natürliche Bodenfruchtbarkeit). Die Hypothese, die uns interessiert, ist Gleichheit zwischen den Stufen des festen Faktors. Auch hier nehmen wir an, daß keine Wechselwirkungen bestehen. Da wir keine Wiederholungen haben, können wir diese Voraussetzung allerdings nicht prüfen.

8.6. Mehrfaktorielle ANOVA (Modell I)

Häufig interessiert uns mehr als ein fester Faktor. Zuerst ein Beispiel mit zwei Faktoren: wir bestimmen das Wachstum von drei Weizensorten (Stufen A, B, C) unter dem Einfluß von zwei Pestiziden (Stufen 1, 2). Für jede Kombination messen wir vier Ansätze. Ein Vorteil des faktoriellen Ansatzes ist seine Effizienz: obwohl wir nominell vier Wiederholungen haben, erhalten wir 8 Werte für jede Weizensorte und 12 Werte für jedes Pestizid.

Es ist von Vorteil, wenn die mehrfaktorielle ANOVA balanziert ist, d.h., jede Kombination sollte dieselbe Anzahl Messungen enthalten. Ist das nicht der Fall, müssen die Berechnungen angepaßt werden, und das Verfahren verliert an Effizienz. Die meisten Computerprogramme führen diese Umstellung automatisch aus.

Wir messen die folgenden Werte für unser Experiment:

	A	B	C
1	13, 12, 11, 14	15, 16, 14, 17	17, 17, 19, 20
2	16, 15, 18, 15	22, 24, 25, 21	22, 24, 23, 21

Wir stellen drei Fragen:

1. Hat der Faktor Weizensorte einen Effekt auf den Ertrag?
2. Hat der Faktor Pestizide einen Effekt auf den Ertrag?
3. Bestehen Wechselwirkungen (engl.: interactions) zwischen den beiden Faktoren?

Der Begriff **Wechselwirkung** ist neu. *Ohne* Wechselwirkungen reagieren die Weizensorten gleich auf die beiden Pestizide. Das heißt, die Unterschiede zwischen den Erträgen der Sorten sind konstant, unabhängig davon, welches Pestizid wir verwenden. Trifft das zu, sind die beiden Faktoren additiv. Abb. 8.1 zeigt die Beziehungen für unsere Daten. Der Unterschied zwischen den beiden Pestiziden ist nicht konstant. Ob die Abweichung signifikant ist, untersuchen wir mit dem Wechselwirkungs-Term in ANOVA.

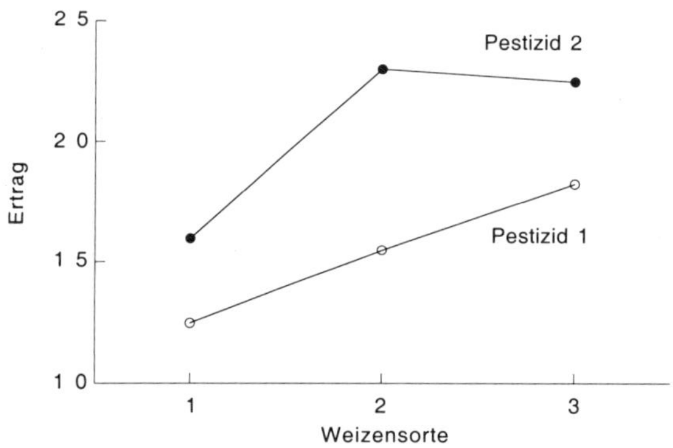

Abb. 8.1. Haben Weizensorte und Pestizid einen additiven Effekt? Wäre das der Fall, müßte der Abstand der beiden Linien konstant sein.

Wir gehen von unserem ursprünglichen Modell aus:

Beobachteter Wert = Gesamtmittel + Faktoreneffekt + Restfehler

Wir berechnen zuerst die totale SQ und zerlegen sie in SQ_{Faktor} und $SQ_{Restfehler}$. SQ_{Faktor} können wir durch Subtraktion erhalten ($SQ_{total} - SQ_{Restfehler}$), oder indem wir unser Experiment als einfaktorielle ANOVA mit 6 Stufen (5 FG) interpretieren. Jede Stufe entspricht einer Kombination von Weizen und Pestizid. Wir erhalten die folgenden Tabelle:

Variationsquelle	FG	SQ	MQ	F	p
Behandlung	5	343,20	68,64	40,55	<0,001
Restfehler	18	37,75	2,097		
Total	23	380,95			

Als nächstes unterteilen wir den Faktoreneffekt in drei Komponenten

Faktoreneffekt = Effekt von Faktor A + Effekt von Faktor B + Wechselwirkungseffekt

Die Summe der quadrierten Abweichungen (SQ) und Anzahl Freiheitsgrade (FG) müssen dabei auf beiden Seiten der Gleichung erhalten bleiben. Insgesamt haben wir 3*2 Behandlungskombinationen, also (6–1) = 5 FG. Für den Faktor Weizensorte (3 Stufen) brauchen wir 2 FG und für den Faktor Pestizid (2 Stufen) 1 FG. Es bleiben uns (5–2–1) = 2 FG für die Wechselwirkung der beiden Faktoren. Wir erhalten dasselbe Resultat, wenn wir die Freiheitsgrade der beiden Faktoren multiplizieren 2*1 = 2 (mathematisch gesehen sind die beiden Ansätze identisch).

Um die Quadratsumme (343,2) aufzuspalten, berechnen wir zuerst die Variabilität, die auf Faktor A (Weizen) zurückzuführen ist. Dazu ignorieren wir einfach die Unterscheidung in die beiden Pestizide und interpretieren die Daten als einfaktorielle ANOVA mit drei Stufen (Weizensorten) und je acht Wiederholungen. Wir erhalten $SQ_A = 170{,}08$. Mit dem gleichen Ansatz bestimmen wir die Summe für den zweiten Faktor (Pestizide) und erhalten $SQ_B = 155{,}04$. Zurück bleibt $SQ_{Wechselwirkung} = 343{,}2 - 170{,}08 - 155{,}04 = 18{,}08$. Diese Summe läßt sich auch direkt durch eine Erweiterung des Ansatzes (Beobachteter Wert – Erwarteter Wert) berechnen. Der Vorgang wird aber bei mehreren Faktorstufen sehr schnell komplex und wird am besten dem Computer überlassen.

Die vollständige ANOVA Tabelle sieht wie folgt aus:

Variationsquelle	FG	SQ	MQ	F	p
A (Weizensorte)	2	170,08	85,04	40,55	<0,001
B (Pestizid)	1	155,04	155,04	73,93	<0,001
A*B (Wechselwirkung)	2*1 = 2	18,08	9,04	4,31	0,03
Restfehler	18	37,75	2,097		
Total	23	380,95			

Wir schließen daraus, daß sowohl Weizensorte wie Pestizid einen signifikanten Effekt auf das Wachstum haben, und daß nicht alle Weizensorten identisch auf die beiden Pestizide reagieren. Für weitergehende Interpretationen müssen wir unsere biologischen Kenntnisse einsetzen.

Wir können die Varianzanalyse auf drei oder mehr Faktoren ausdehnen. Wichtig ist, daß die Gesamtsumme für FG und SQ (in Tabelle als Total bezeichnet) stets mit der Summe der Werte für Behandlung und Restfehler übereinstimmt. Bei mehr als zwei Faktoren erhalten wir auch mehr Terme für Wechselwirkungen: wir müssen jede mögliche Kombination der Faktoren berücksichtigen. Mit drei Faktoren wären das A*B, A*C, B*C und A*B*C. Die Ausdruck A*B charakterisiert mögliche Wechselwirkungen zwischen A und

B, wenn C konstant gehalten wird. Mit A*B*C untersuchen wir, ob Additivität besteht, wenn wir alle Faktoren variieren lassen.

Für ein dreifaktorielles Experiment mit zwei Stufen für A, drei Stufen für B und vier Stufen für C (A_2*B_3*C_4) und jeweils drei Messungen beträgt die Gesamtzahl Freiheitsgrade (2*3*4*3 – 1) = 71. Wir erhalten die folgende Tabelle:

Variationsquelle	FG
Faktor A	1
Faktor B	2
Faktor C	3
A*B	1*2 = 2
A*C	1*3 = 3
B*C	2*3 = 6
A*B*C	1*2*3 = 6
Restfehler	54
Total	71

8.7. Fortgeschrittene Modelle

8.7.1. Hierarchische Modelle

Die bisher besprochenen ANOVAs nennen wir „gekreuzt" (engl.: crossed), weil wir alle möglichen Kombinationen der Faktorstufen untersuchen. Das muß nicht immer der Fall sein: es gibt eine ganze Reihe sogenannter **hierarchischer Modelle** (engl.: nested models). Dabei werden gewisse Stufen eines Faktors nur mit ausgewählten Stufen eines zweiten Faktors kombiniert. Ausführliche Übersichten über solche Modelle findet man in Sokal & Rohlf (1981) und Zar (1998); Kirby (1993) beschreibt, wie man sie in SYSTAT lösen kann.

Ein einfaches Beispiel: wir interessieren uns für den Erfolg zweier Lehrmethoden. Wir wählen sechs Schulen, drei für Methode A und drei für Methode B. In jeder Schule bestimmen wir zufällig zwei Klassen.

	Methode A	Methode B
Schule 1	1,2	
Schule 2	3,4	
Schule 3	5,6	
Schule 4		7,8
Schule 5		9,10
Schule 6		11,12

Wir interessieren uns in erster Linie dafür, ob die beiden Methoden zu signifikant verschiedenen Lernerfolgen führen. Zusätzlich wollen wir wissen, ob verschiedene Schulen oder Klassen den Lernerfolg beeinflussen. Die Methode entspricht einem festen Effekt; Schule und Klasse entsprechen zufälligen Effekten.

8.7.2. MANOVA

In der Regel untersuchen wir *eine* sogenannte abhängige Variable, sei es nun Gewicht, Wachstum, usw. und und eine oder mehrere unabhängige Variablen (Faktoren oder Behandlungen). Es kann vorkommen, daß wir am Einfluß einer Behandlung auf mehr als eine meßbare Variable interessiert sind. Wir untersuchen etwa den Effekt der Nahrung auf Wachstum, Blutdruck, Muskulatur, usw. Wir könnten mehrere separate Varianzanalysen durchführen. Allerdings erhielten wir dann sehr viele Daten, die schwierig zusammenzufassen und zu interpretieren wären. Ein anderes Problem besteht darin, daß Werte, die wir am gleichen Objekt messen (z.B. Wachstum, Muskulatur), häufig miteinander korreliert sind (Kapitel 9). Das heißt, wir messen möglicherweise verschiedene Manifestationen desselben Mechanismus. Um solche Korrelationen zu isolieren und dadurch den Informationsgewinn zu optimieren, verwendet man eine sogenannte **MANOVA**: Multivariate Analysis of Variance.

8.7.3. Kovarianzanalyse: ANCOVA

Kovarianzanalyse verbindet Regression (siehe Kap. 9) mit ANOVA. In einer einfachen ANOVA verwenden wir das folgende Modell:

$$Y_{ij} = \mu_i + e_{ij}$$

wobei Y_{ij} dem Wert j in der Klasse I entspricht; e_{ij} ist der Restfehler. Falls wir eine zusätzliche Variable messen, X_{ij}, die linear mit Y_{ij} verknüpft ist, gilt:

$$Y_{ij} = \mu_i + b(X_{ij} - \overline{X}) + e_{ij}$$

wobei b = Regressionskoeffizient von Y auf X. Falls das Modell eine gute Anpassung beschreibt, sollte e_{ij} kleiner werden. ANCOVA wird vor allem in den folgenden Umständen verwendet:

1. Erhöhte Präzision in randomisierten Experimenten: ein frühes Beispiel stammt von Fisher. Er untersuchte die Produktivität von Teepflanzen in Abhängigkeit von verschiedenen Düngungsprotokollen. Da die Produktivität individueller Pflanzen von Jahr zu Jahr relativ konstant bleibt, kann durch ANCOVA die ursprüngliche Variabilität zwischen den Pflanzen entfernt werden.

2. Anpassung für systematische Verzerrungen in Beobachtungsstudien: Wir untersuchen die Beziehung zwischen Übergewicht und physischer Aktivität in verschiedenen Berufen. Übergewicht ist zusätzlich vom Alter abhängig. Falls diese Abhängigkeit linear ist, können wir sie durch ANCOVA „entfernen“ und erhalten dadurch einen geringeren Restfehler

3. Aufklärung des Wirkungsmechanismus: mit einem Pestizid beobachten wir einen Zurückgang der Anzahl Nematoden (Pflanzenschädlinge) und erhöhte Pflanzenproduktivität. Frage: ist der Produktivitätsanstieg eine direkte Folge der geringeren Nematodenzahl oder bestehen zusätzliche Mechanismen?

4. Wir beobachten eine lineare Beziehung zwischen einem Faktor und einem Effekt. Wir wiederholen das Experiment mit einem anderen Organismus und finden wieder eine lineare Beziehung. Frage: sind die beiden Regressionen identisch (dieselbe Steigung und Achsenabschnitt)? Ein Beispiel wird auf S. 127 besprochen.

8.8. Powerberechnungen

Wie in Kapitel 6 erklärt wurde, können wir von statistischer Signifikanz nicht auf praktische Bedeutung schließen. Dafür sind Konfidenzintervalle besser geeignet. Andrerseits könnten wir ein nichtsignifikantes Resultat einfach deshalb erhalten, weil unser Test zu wenig sensitiv war (hoher β-Wert). Powerberechnungen können uns da weiterhelfen. In der Regel geht es wieder um Variationen der folgenden Frage: Wir haben k Stufen eines Faktors A. Wieviele Wiederholungen müssen wir einsetzen, damit wir mit den Fehlerwahrscheinlichkeiten $\alpha = 0{,}05$ und $\beta = 0{,}1$ eine bestimmte Effektgröße identifizieren können? Als Effektgröße f in ANOVA definierte Cohen (1988) die Quadratwurzel aus der Varianz zwischen Gruppen geteilt durch Varianz innerhalb Gruppen.

Die Beziehungen zwischen α, β, Stufen- und Probenzahl und Effektgröße sind komplex. Eine Einführung (für Modell I) findet man in Zar (1998); für vertieftes Studium ist Cohens Text (1988) zu empfehlen.

G*Power (vgl. S. 61) ist ein Programm, das uns diese Berechnungen erleichtert. Dazu ein Beispiel aus Zar (1998): das Wachstum von Pflanzenwurzeln bei vier chemischen Behandlungen (vier Stufen eines Faktors, je 10 Wiederholungen) betrug 8, 8, 9 und 12 mm. Die Varianz zwischen den Stufen war 7,5888. Wie groß war die Power $(1-\beta)$ bei einem α-Wert von 0,05? Wir berechnen zuerst die Effektgröße. Nach Cohens Definition beträgt sie:

$$f = \sqrt{\frac{\frac{1}{4}(10{,}75)}{7{,}588}} = 0{,}595$$

Wir setzen die Werte für α, Probenzahl, Stufenzahl und Effektgröße ein und erhalten für $(1-\beta)$ einen Wert von 0,8624. Die Wahrscheinlichkeit, daß wir H_0 richtigerweise verwerfen, beträgt 86 %. Natürlich besteht auch hier wieder das Problem darin, daß wir in der Regel nicht alle nötige Informationen haben. Am hilfreichsten wären solche Berechnungen vor dem Experiment. Dann kennen wir die Varianzen in der Regel nicht und können weder die Größe der nötigen Probenzahl noch $(1-\beta)$ abschätzen. Außerdem entscheidet natürlich bei ANOVA ein Quotient zwischen zwei Varianzen, ob wir ein signifikantes Resultat finden oder nicht. Dieser Ausdruck läßt sich nicht ohne weiteres in Unterschiede zwischen den Durchschnittswerten von Faktorenstufen übersetzen. In der Regel sind es aber gerade diese Unterschiede, die uns interessieren.

8.9. Voraussetzungen für ANOVA

Theorie und Durchführung der Varianzanalysen sind komplex, und Fehler sind deshalb häufig. Underwood (1981) untersuchte insgesamt 151 Arbeiten in Meeresbiologie (publiziert zwischen 1969 und 1978), in denen die Daten mit ANOVA ausgewertet wurden. Er fand, daß nur 12 % der Autoren die Analyse fehlerfrei angewendet hatten! Was er in seinem Artikel allerdings nicht untersuchte, ist die Frage, inwieweit durch diese Fehler wissenschaftlich falsche Schlußfolgerungen erzielt wurden. Trotzdem ist Underwoods Arbeit wichtig und lesenswert. Sie gibt eine gute Zusammenfassung der Voraussetzungen, auf denen die Varianzanalyse beruht.

Wenn nicht alle Voraussetzungen erfüllt sind, haben wir im Prinzip zwei Alternativen: (1) Wir können die Daten umwandeln (transformieren). Die umgewandelten Daten erfüllen häufig die Voraussetzungen. (2) Wir können nichtparametrische oder verteilungsfreie Methoden verwenden. Die wichtigsten dieser Methoden beruhen auf Permutationstests (S. 104), wobei die ursprünglichen Daten durch Ränge ersetzt wurden.

Allerdings ist die Entscheidung, ob alle Voraussetzungen erfüllt sind, nicht immer einfach. Es gibt zwar mehrere Methoden, mit denen wir die Verteilung unserer Daten untersuchen können (sie werden in den folgenden Abschnitten kurz diskutiert). Sie sind aber besonders bei kleinen Datenmengen wenig sensitiv. Mit anderen Worten, die Wahrscheinlichkeit, einen Fehler 2. Art zu machen, ist groß. Bei sehr großen Datenmengen werden dieselben Methoden häufig *zu* sensitiv. Wir können ja davon ausgehen, daß unsere Messungen nie genau der Normalverteilung folgen; bei genügend hoher Datenzahl läßt sich jede noch so geringe Abweichung diagnostizieren. Nun ist es leider gerade bei kleinen Proben wichtiger, daß die Voraussetzungen erfüllt sind. Mit erhöhtem Probenumfang wird die ANOVA „robust", d.h., wir erhalten auch bei verletzten Voraussetzungen ein annähernd richtiges Resultat (Cochran 1947, Eisenhart 1947). Als robust gilt z.B. ein errechneter p-Wert von 0,04 – 0,07, anstatt des korrekten Wertes von 0,05.

8.9.1. Zufällige Probenauswahl

Eine fundamentale Voraussetzung der ANOVA ist die zufällige Wahl der Versuchsobjekte aus einer definierten Population. Das bevorzugte Verfahren wäre, alle Objekte in der Population zu numerieren, die Nummern aufzuschreiben, zu mischen und daraus blind die gewünschte Zahl Proben entnehmen. Häufig ist das aus praktischen Gründen nicht möglich. Bei Laborversuchen machen wir selten eine Zufallswahl von allen möglichen Tieren oder Pflanzen. Im Feld untersuchen wir häufig Bäche oder Teiche, die besonders günstig zu erreichen sind. Bei einer Verletzung der Zufallswahl können wir unsere Schlußfolgerung nicht auf die gesamte Population der Versuchstiere oder Fließgewässer ausdehnen. Probleme entstehen vor allem dann, wenn unsere Versuchsobjekte homogener sind als die Gesamtpopulation (d.h., geringere Varianz aufweisen). Unsere Fachkenntnisse helfen uns bei der Entscheidung, in wieweit die Resultate unseres Versuchs verallgemeinert werden können.

8.9.2. Unabhängigkeit

Eine wichtige Folge der zufälligen Probenwahl ist die Unabhängigkeit des Restfehlers von den Werten in den verschiedenen Gruppen. Diese Voraussetzung kann verletzt werden, wenn wir z.B. alle Proben der Gruppe 1 und 2 durch den Laboranten A, und jene der Gruppen 3 und 4 durch Laboranten B auswerten lassen. Oder es könnte vorkommen, daß Gruppen 1 und 2 am Vormittag und Gruppen 3 und 4 am Nachmittag gesammelt werden. Das kann ebenfalls zu Korrelationen zwischen Restfehler und Gruppendurchschnitt führen.

Unabhängigkeit bedeutet auch, daß die Anwesenheit eines Objektes in einer bestimmten Gruppe keinen Einfluß auf die Verteilung der übrigen Objekte hat. Voraussetzung dafür ist wieder Zufallswahl.

Schließlich dürfen sich die Daten in einer Gruppe nicht gegenseitig beeinflussen. Ein typisches Beispiel, wo diese Unabhängigkeit nicht gewährleistet ist, wäre das Einordnen von Studenten in eine Rangordnung durch verschiedene Lehrer. Jeder Lehrer kann z.B. die Ränge 1–5 vergeben; durch jede Besetzung eines Ranges verringert sich die Zahl möglicher Ränge für die übrigen Studenten.

8.9.3. Normalverteilung der Restfehler

Die Restfehler, mit denen wir arbeiten, müssen annähernd normal verteilt sein. Das bedeutet nicht unbedingt, daß die Population selber normal verteilt ist (eine normalverteilte Population schließt jedoch normalverteilte Restfehler ein). Es gibt mehrere Methoden, wie wir unsere Daten auf Normalität prüfen können. Für kleine Zahlenmengen empfiehlt sich im allgemeinen eine graphische Darstellung (Boxplot, Stem-and-Leaf, Wahrscheinlichkeitsnetz: S. 12 ff). Falls die Verteilung ausgesprochen asymmetrisch ist (links- oder rechtsgipflig), können wir oft durch eine logarithmische Transformation Abhilfe schaffen. Treten in den ursprünglichen Daten Nullwerte auf, addieren wir zuerst eine Konstante (z.B. 1).

Die Abweichung von der Normalverteilung kann auch rechnerisch durch einen χ^2-Test oder durch den Kolmogorov-Smirnow-Test beurteilt werden (S. 155). Allerdings sind beide Methoden bei kleinen Datenmengen nicht sehr zuverläßig. Mehrere Computerprogramme führen automatisch eine Überprüfung auf Normalität durch, und warnen uns, wenn zuwenig Daten dafür vorhanden sind.

Unter Umständen wissen wir jedoch von vornherein, daß unsere Daten nicht normal sind. Das trifft z.B. für Proportionen oder Prozentzahlen zu, besonders wenn $p < 0{,}3$ oder $> 0{,}7$. Durch die $\arcsin\sqrt{p}$ Transformation (Winkel, dessen Sinus der Quadratwurzel von Proportion p entspricht) können die Werte der Normalverteilung angepaßt werden. Eine gründliche Diskussion der statistischen Auswertung von Prozentzahlen findet man in Linder & Berchtold (1976).

Arbeiten wir mit ganzen Zahlen, z.B. mit dem Vorkommen von Insekten auf Wirtspflanzen oder Blutzellen auf einem Präparat, handelt es sich häufig um eine Poisson-Verteilung (S. 41). Hier empfiehlt es sich, die Quadratwurzeln der ursprünglichen Werte für die statistische Auswertung zu verwenden. Wenn einer der ursprünglichen Werte 0 beträgt, erhöht man vor der Transformation alle Daten um 0,5. Diese Transformation hilft uns gleichzeitig, die Heterogenität der Varianzen zu mildern (8.9.4).

8.9.4. Homogenität der Varianzen

Die Varianzen der miteinander verglichenen Populationen müssen gleich (homogen) sein. Das bedeutet, daß die Behandlung die Varianz nicht verändert oder daß Behandlung und Restfehler additiv sind. Ist diese Voraussetzung nicht erfüllt, dürfen wir z.B. für die Konfidenzintervalle keine gepoolte Fehlervarianz verwenden (S. 92). Es besteht auch die Gefahr, daß wir zuviele signifikante F-Werte finden (die α-Wahrscheinlichkeit erhöht sich).

Ungleiche Varianzen entstehen z.B. bei der Verwendung von Insektiziden. Bei hoher Konzentration sterben fast alle Insekten, und die Varianz ist deshalb klein. Bei geringeren Konzentrationen tritt immer mehr die natürliche Variabilität der Sterberaten hervor und die Varianz nimmt zu. Die Varianz ist deshalb mehr oder weniger proportional zur durchschnittlichen Überlebensrate (identisch, wenn es sich um eine Poisson-Verteilung handelt). Ein erster Test zur Homogenität der Varianzen ist deshalb eine Korrelationsanalyse (Kapitel 9). Bei signifikanter Korrelation hilft oft eine Quadratwurzel-Transformation (8.9.3).

Mehrere andere Methoden existieren, um die Homogenität der Varianzen zu überprüfen, bevor man die ANOVA durchführt. Nicht alle Stastistiker sind jedoch vom Wert dieses Vorgehens überzeugt. So schrieb Box (1953): „To make the preliminary test on variances is rather like putting to sea in a rowing boat to find out whether conditions are sufficiently calm for an oceanliner to leave port.“ Damit wollte er ausdrücken, daß die Methoden bei kleinen Datenmengen zu wenig sensitiv sind, empfindlicher als die ANOVA auf Abweichungen von der Normalverteilung reagieren, und daß bei großen Datenmengen die Varianzanalyse robust gegenüber heterogenen Varianzen ist.

Häufig wird der sogenannte Bartlett-Test verwendet. Da er aber empfindlich auf Abweichungen von der Normalverteilung reagiert, rät z.B. Zar (1998) davon ab.

Am einfachsten ist der F_{max}-Test nach Hartley. Dazu verwenden wir den Quotienten der größten zur kleinsten Varianz, die wir in den verschiedenen Stufenkombinationen finden. Durch einen F-Test untersuchen wir, ob F_{max} einen kritischen Wert übersteigt. Als Beispiel nehmen wir ein zweifaktorielles Experiment mit je zwei Stufen und vier Wiederholungen pro Stufe. Wir erhalten die vier Varianzen 30,5, 22,1, 14,2 und 11,9. Daraus berechnen wir $F_{max} = 30{,}5/11{,}9 = 2{,}56$. Als kritischen Wert bestimmen wir $F_{(\alpha)(k,\, n-1)} = 9{,}12$ (wobei $\alpha = 0{,}05$, k = Anzahl verglichene Varianzen = 4 und [n–1] = [Wiederholungen – 1] = 3). Wir behalten die Nullhypothese, daß die Varianzen identisch sind. Als Faustregel gilt ein Verhältnis von größter zu kleinster Varianz von < 5 als akzeptabel. Der F_{max}-Test ist etwas konservativ.

Zum Teil wird das Verfahren nach Levene empfohlen (z.B., Kirby 1993). Dazu bestimmen wir in jeder Gruppe die absoluten Abweichungen der Einzelwerte von den Gruppenmedianen. Mit einer ANOVA untersuchen wir, ob sich die durchschnittlichen Abweichungen zwischen den Gruppen unterscheiden. Wenn ja, verwerfen wir die Nullhypothese von homogenen Varianzen.

8.9.5. Addivitität

In zwei- oder mehrfaktoriellen Varianzanalysen ohne Wiederholungen müssen wir voraussetzen, daß die Faktoreneffekte additiv sind. Nehmen wir ein einfaches Beispiel: der Gesamtmittelwert sei μ. Fügen wir Faktor A, Stufe 1, hinzu, erwarten wir einen Wert von $\mu + A_1 + \sigma$. Für Faktor B, Stufe 1, erhalten wir $\mu + B_1 + \sigma$. Kombinieren wir die beide Faktoren und sind sie additiv, ist der erwartete Wert $\mu + A_1 + B_1 + \sigma$. Trifft das nicht zu, weil zwischen A und B Wechselwirkungen auftreten, wird unsere Analyse unzuverläßig.

Falls wir Wiederholungen haben (und das wird in der Regel der Fall sein), entdecken wir das Fehlen von Additivität durch signifikante Wechselwirkungen. Ein nächster Schritt wäre dann eine Untersuchung, wie die Beziehung zwischen den Funktionen aussieht. Unter Umständen würden wir ein Regressionsmodell mit quadratischen Termen (also A^2, B^2) verwenden. Dabei müssen wir uns von unseren Sachkenntnissen leiten lassen (Kapitel 9).

Manchmal können wir durch eine einfache logarithmische Transformation Addivität herstellen. Zum Beispiel könnten wir eine multiplikative Beziehung haben (Faktoren A und B, je zwei Stufen):

	A_1	A_2
B_1	1	5
B_2	3	15

Der Unterschied zwischen B_1 und B_2 beträgt 2 auf Stufe A_1 und 10 auf Stufe A_2. Durch eine logarithmische Transformation erhalten wir die folgenden Werte:

	A_1	A_2
B_1	0	0,699
B_2	0,477	1,176

Jetzt beträgt derselbe Unterschied für beide Stufen 0,699.

8.10. Verteilungsfreie (nichtparametrische) Alternativen

Falls unsere Grundpopulationen nicht normalverteilt sind, können wir statt dessen verteilungsfreie Methoden verwenden (Zufallsauswahl und Unabhängigkeit müssen in der Regel weiterhin erfüllt sein). Sie beruhen fast alle auf Permutationstests, bei denen wir die ursprünglichen Daten durch Ränge ersetzt haben (S. 62). Dadurch verlieren wir Information, und nichtparametrische Methoden sind deshalb im allgemeinen weniger sensitiv (d.h., β ist größer). Der Verlust ist jedoch gering: nach Siegel (1956) beträgt $(1-\beta)$ für verteilungsfreie Verfahren in der Regel 0,95 des klassischen Tests. Verwenden wir die ursprünglichen Daten für die Permutationen, ist dieser Wert im Prinzip 100 %.

Die Entscheidung, ob wir einen traditionellen oder einen verteilungsfreien Test verwenden wollen, ist nicht immer eindeutig. Eine Grauzone liegt vor allem dort, wo wir zuwenig Daten haben, um die Voraussetzungen zu überprüfen. Einige Statistiker empfehlen in solchen Fällen den parametrischen Test, weil wir nicht sicher sind, daß die Bedingung der Normalität verletzt ist. Andere empfehlen einen nichtparametrischen Test, weil wir nicht sicher sind, ob die Bedingung der Normalität erfüllt ist. Da heute sehr leistungsstarke Mikrocomputer verfügbar sind, ist eine dritte Gruppe der Auffassung, daß eine computerintensive Methode (Permutationstests mit ursprünglichen Daten, oder Bootstrap, oder Monte-Carlo-Simulationen) vorzuziehen sei. Der letztere Ansatz hat den Vorteil, daß wir nicht an traditionelle Teststatistiken gebunden sind.

8.10.1. Ein Faktor: Kruskal-Wallis-Test

Der Kruskal-Wallis-Test entspricht einer einfaktoriellen ANOVA. Die Voraussetzung der Normalverteilung fällt weg; die untersuchten Populationen sollten jedoch „ähnlich“ sein, z.B. ähnlich schief. Wir verwenden dasselbe Beispiel wie in 8.3.1 (wir können den F-Test der konventionellen Varianzanalyse stets durch Kruskal-Wallis ersetzen; das Gegenteil stimmt nicht). Die Daten haben hier eine dritte geltende Ziffer. Damit vermeiden wir geteilte Ränge. Wenn mehr als 25 % der Werte identisch sind, müssen wir einen Korrekturfaktor verwenden.

A bis D entsprechen den vier Stufen eines Faktors. Für jede Stufe berechnen wir die Summe und ihre Abweichung vom Gesamtdurchschnitt.

	A	B	C	D
1	21,0	18,3	19,3	14,7
2	22,1	16,7	19,4	13,5
3	19,0	15,7	16,2	12,6
4	18,5	13,9	14,1	11,2
Summe	**80,6**	**64,6**	**69**	**52,0**

Als erstes führen wir die Daten in Ränge über (bei identischen Werten verwenden wir durchschnittliche Ränge). Es spielt keine Rolle, ob wir dem höchsten oder tiefsten Wert den Rang 1 geben. Wir bestimmen die Rangsummen der einzelnen Faktorestufen

	A	B	C	D
1	2	7	4	11
2	1	8	3	14
3	5	10	9	15
4	6	13	12	16
Summe	**14**	**38**	**28**	**56**

Mit der folgenden Formel bestimmen wir die Teststatistik H:

$$H = \frac{12}{N(N+1)} \sum_{i=1}^{k} \frac{R_i^2}{n_i} - 3(N+1)$$

wobei:

N = Gesamtzahl Daten (hier 16)
R_i = Rangsumme in Stufe i (14, 38, 28, 56)
k = Anzahl Stufen (4)

Im Beispiel beträgt H 10,32. Wir vergleichen diesen gemessenen Wert mit dem kritischen Wert H, der von α, Anzahl Gruppen und Wiederholungen abhängt. Für unser Beispiel wäre das 7,235; wir verwerfen H_0, daß die Verteilung der Ränge auf die vier Faktorstufen zufällig erfolgt. Ein Computerprogramm (SYSTAT oder InStat) liefert uns einen p-Wert von 0,016.

Die Formel zur Bestimmung von H ist etwas undurchsichtig. Wir erhalten den gleichen Wert, wenn wir $SQ_{zwischen}$ durch Totale MQ teilen (234/22,66). Kritische Werte wurden aus der Verteilung dieses Quotienten berechnet (wobei für jede Kombination von α, k und n eine andere Verteilung bestimmt werden mußte).

Mit Resampling Stats können wir problemlos den Kruskal-Wallis-Test nachvollziehen. Die Teststatistik H können wir zu $SQ_{zwischen}$ vereinfachen (der Unterschied besteht im wesentlichen darin, daß wir nicht durch einen konstanten Wert, Totale MQ, teilen. Für die Verteilung der Teststatistik spielt das keine Rolle). Für die ursprünglichen Daten erhalten wir $[(-20)^2+(+4)^2+(+6)^2+(22)^2]/4 = 234$. Nun permutieren wir die Daten, berechnen jedesmal den Wert für $SQ_{zwischen}$ und bestimmen, wie oft der ursprüngliche Betrag von 234 erreicht oder übertreten wird. Wir erhalten einen p-Wert von 0,003 (50.000 Simulationen). Verwenden wir die ursprünglichen Daten, sinkt er auf 0,002. Obwohl sie auf demselben Ansatz beruhen, sind beide Werte wesentlich kleiner als 0,016 (Computerwert für Kruskal-Wallis-Test). Das liegt daran, daß für kleine Datenmengen (hier insgesamt 16 Messungen) die berechnete Verteilung für die Teststatistik H nicht sehr genau ist. Unter diesen Umständen kann der β-Wert für den klassischen Test deutlich zunehmen, und wir riskieren, fälschlicherweise H_0 beizubehalten. Zum Vergleich: eine klassische Varianzanalyse derselben Daten liefert einen p-Wert von 0,0019 (ursprüngliche Werte) respektive 0,0023 (Ränge). Für praktische Zwecke sind diese Resultate identisch mit dem Permutationstest.

8.10.2. Ein Faktor mit Blockbildung: Friedman-Test

Laubblätter sind eine wichtige Nahrungsquelle für wirbellose Tiere in Fließgewässern. Wir wollen untersuchen, ob *Gammarus fossarum* (Bachflohkrebs) zwischen verschiedenen Blattarten unterscheiden kann. Wir bereiten fünf Schalen (Wiederholungen) vor, in jeder Schale bieten wir den Tieren Ahorn-, Erlen- und Ulmenblätter an. Nach ein paar Stunden schätzen wir, wieviel von den verschiedenen Blättern gefressen worden ist. Wir erhalten die folgenden Resultate (wir nehmen an, daß Blätter in Kontrollschalen ohne Tiere kein Gewicht verlieren):

	Erle	Ulme	Eiche
Schale 1	20	10	0
Schale 2	25	5	0
Schale 3	10	10	10
Schale 4	15	10	5
Schale 5	15	10	5
Durchschnitt	17	9	4
Gesamtdurchschnitt		**10**	

Unsere Nullhypothese ist, daß Nahrungswahl zufällig erfolgt, d.h., *G. fossarum* unterscheidet nicht zwischen den drei Blattarten. Wie können wir das überprüfen? Eine konventionelle ANOVA ist hier nicht angebracht, da wir annehmen müssen, daß Konsumation der einen Blattart Konsumation der beiden anderen Blattarten beinträchtigt. Die Werte in Schale 1 sind also *nicht* voneinander unabhängig, und wir können sie nicht mit den Werten der anderern Schalen austauschen.

Die einfachste Lösung ist ein Permutationstest. Wir nehmen die drei Konsumationswerte in einer individuellen Schale als gegeben an. Was wir jedoch variieren können, ist die Verteilung dieser drei Werte auf die Blattarten. Unsere Frage lautet: ist das gehäufte Vorkommen von hohen Konsumationswerten von Erlenblättern zufällig? Als Teststatistik können wir z.B. die Summe der quadrierten Abweichungen vom globalen Durchschnitt benützen. Für die ursprünglichen Daten beträgt diese Summe $(17–10)^2 + (9–10)^2 + (4–10)^2 =$

86. Dann permutieren wir unsere Daten *in den Schalen* systematisch, und berechnen jedesmal den neuen Wert der Teststatistik. Die beiden ersten Permutationen sind hier aufgeführt:

	Erle	Ulme	Eiche
Schale 1	**20**	**0**	**10**
Schale 2	25	5	0
Schale 3	10	10	10
Schale 4	15	10	5
Schale 5	15	10	5
Durchschnitt	**17**	**7**	**6**

Wert der Teststatistik = $(17–10)^2 + (7–10)^2 + (6–10)^2 = 74$

	Erle	Ulme	Eiche
Schale 1	**10**	**20**	**0**
Schale 2	25	5	0
Schale 3	10	10	10
Schale 4	15	10	5
Schale 5	15	10	5
Durchschnitt	**15**	**11**	**4**

Wert der Teststatistik = $(15–10)^2 + (11–10)^2 + (4–10)^2 = 62$

Für den exakten Permutationstest berechnen wir alle möglichen Werte, welche die Teststatistik annehmen kann. Dann bestimmen wir, wie extrem unser ursprünglicher Wert in dieser Gesamterteilung liegt. Liegt er außerhalb der zentralen 95 %, verwerfen wir die Nullhypothese.

Im Beispiel gibt es pro Schale 3! = 6 verschiedenen Anordnungen; berücksichtigen wir alle Schalen, erhalten wir 6^5 = 7776 Permutationen. Insgesamt ergeben 36 dieser Anordnungen eine Teststatistik, die einen gleich großen Wert hat wie die ursprüngliche Anordnung (86; in diesem Beispiel ist kein größerer Wert möglich). Das ergibt einen p-Wert von 36/7776 = 0,0046. Mit größeren Datenmengen steigt die Zahl der Permutationen sehr schnell an, und wir berechnen deshalb in der Regel einen angenäherten p-Wert. Mit Resampling Stats erhielt ich 0,0047 (50.000 Simulationen).

Derselbe Ansatz steckt hinter dem Friedman-Test (1937). Allerdings werden dabei die ursprünglichen Daten wieder durch Ränge ersetzt. Diese Ränge können aber sinnvollerweise nur in einer Schale permutiert werden (oder verallgemeinert, in einem Block). Dadurch bleiben gegenseitige Abhängigkeiten bewahrt.

	Erle	Ulme	Eiche
Schale 1	1	2	3
Schale 2	1	2	3
Schale 3	2	2	2
Schale 4	1	2	3
Schale 5	1	2	3
Rangsumme	6	10	14

Als Teststatistik verwendet Friedman die Summe der quadrierten Abweichungen vom mittleren Rang. Für die ursprünglichen Daten wäre das $(1,2-2)^2 + (2-2)^2 + (2,8-2)^2 = 1,28$. Die Verteilung der Teststatistik wird durch die folgende χ^2-Formel annähernd beschrieben:

$$\chi^2 = \frac{12}{Nk(k+1)} \sum_{i=1}^{k} (R_i)^2 - 3N(k+1)$$

wobei:

N = Anzahl Schalen
k = Anzahl Blattarten
R_i = Rangsumme in Spalte i

Im Beispiel erhalten wir einen χ^2-Wert von 6,4. Wir vergleichen wieder mit einem kritischen Wert, der von α (z.B. 0,05) sowie N (Blöcke oder Wiederholungen) und k (Anzahl Stufen) abhängig ist. Oder wir lassen uns den p-Wert durch ein Computerprogramm ausrechnen. Mit SYSTAT erhielt ich einen Wert von 0,04. Auch hier gilt, daß bei kleinen Datenmengen und bei identischen Rängen (siehe Schale 3) die Annäherung nicht sehr genau ist. Ein Permutationstest ist vorzuziehen.

Einige Computerprogramme führen den Friedman-Test mit Abweichungen vom Medianwert und nicht vom arithmetischen Mittel durch. Das kann zu etwas anderen p-Werten führen.

8.10.3. Mehrere Faktoren mit Interaktionen

Der Permutationsansatz läßt sich problemlos auf multifaktorielle Analysen ausdehnen. Dabei kann man sich, wenn man will, eng an die konventionelle Analyse anlehnen. Die Gesamtvarianz des ursprünglichen Datensatzes kann also in Faktoren, Interaktionen und Restfehler unterteilt werden. Dann permutiert man die Daten systematisch und berechnet erneut die Varianzen. Wiederholt man diesen Vorgang ein paar 10.000male, erhält man die mögliche Verteilung der verschiedenen Varianzen beruhend auf den ursprünglichen Daten. Die Frage lautet dann, wie extrem sind die ursprünglichen Varianzen, verglichen mit der Population aller möglichen Permutationen? Wenn sie mindestens so extrem sind wie z.B. 0,05 (oder 0,01), lehnen wir die Nullhypothese ab. Der große Vorteil besteht darin, daß wie keine Normalverteilung voraussetzen müssen. Außerdem können wir leicht Besonderheiten unserer Versuchsanordnung berücksichtigen und andere Teststatistiken verwenden. Weiterführende Diskussionen dieses Ansatzes findet man in Manly (1997) und Good (1994).

8.10.4. Multiple Vergleiche

Natürlich können wir auch nach einer nichtparametrischen Analyse untersuchen, welche Durchschnittswerte voneinander verschieden sind. Es stehen Methoden zur Verfügung, die auf vereinfachten Modellen mit Rängen beruhen (Wilcoxon-Wilcox oder Dunn Test). Oder wir können eine Anzahl paarweise Vergleiche nach Mann-Whitney (S. 79) durchführen und den p-Wert mit der Bonferroni-Anpassung (S. 91) korrigieren.

Als Alternative können wir signifikante Abstände zwischen zwei beliebigen Werten durch einen Permutationstest oder durch den Bootstrap abschätzen. Dabei gehen wir analog zu konventionellen multiplen Vergleichen vor (S. 87). Zuerst reproduzieren wir durch systematisches Neukombinieren der Daten die Verteilung der Abstände zwischen den beiden Extremwerten. Ist der tatsächlich gefundene Abstand ein Extremwert (z.B. ≥ 95 % der möglichen Abstände)? Dann verwerfen wir die Nullhypothese, daß die beiden Werte zur selben Population gehören. Als nächstes vergleichen wir den Abstand zwischen tiefstem und zweithöchstem Wert. Ist dieser ebenfalls signifikant, gehen wir zu tiefstem und dritthöchstem Wert über, usw. Das Vorgehen ist in Westfall & Young (1993) beschrieben.

8.11. Weitere Beispiele

1. Nach einer ANOVA führen wir eine Serie von 5 t-Tests aus, um bestimmte Durchschnittswerte miteinander zu vergleichen. Die entsprechenden p-Werte sind 0,01, 0,012, 0,015, 0,02 und 0,4. Welche dieser Werte können wir als signifikant akzeptieren?

2. Können Sie die folgende ANOVA-Tabelle vervollständigen, oder brauchen Sie dazu zusätzliche Information? Wieviele Wiederholungen wurden verwendet?

Variationsquelle	FG	SQ	MQ	F	p
Faktor A	3	120	?	?	?
Faktor B	2	20	?	?	?
A*B	?	?	?	?	?
Restfehler	?	48	?		
Total	35	224			

3. Sie untersuchen den Effekt von zwei Faktoren A (drei Stufen) und B (2 Stufen). Die Gesamtzahl Freiheitsgrade sei 5. Was schließen Sie daraus? Können Sie die Signifikanz der Wechselwirkung A*B bestimmen?

9. Regression und Korrelation

In früheren Kapiteln haben wir die Auswirkungen von verschiedenen Behandlungen oder Faktoren (z.B. Weizensorten, Dünger) auf eine Variable (z.B. Wachstum) untersucht. Unsere Nullhypothese war, daß alle Stufen eines Faktors denselben Effekt haben. Häufig messen wir jedoch mehr als eine Variable am selben Individuum oder Objekt, oder wir möchten die Beziehung zwischen diesen Variablen mathematisch modellieren. Dazu verwenden wir Regressions- und Korrelationsanalysen.

Bei Regressionen unterscheiden wir zwischen der unabhängigen Variablen X und der abhängigen Variablen Y. Wir möchten z.B. den Einfluß von Wasser (X) auf Pflanzenwuchs (Y) bestimmen, oder die Beziehung zwischen Alter (X) und Blutdruck (Y). Das Ziel ist eine mathematische Gleichung, welche die Form dieser Beziehung quantitativ beschreibt.

Bei Korrelationsberechnungen bestimmen wir, in welchem Maße Änderungen zweier Variablen miteinander verknüpft sind. In der Regel hat es keinen Sinn, zwischen abhängiger und unabhängiger Variable zu unterscheiden: z.B. messen wir bei denselben Individuen gleichzeitig die Länge der Arme und Beine. In der Regel erwarten wir, daß beide miteinander variieren, d.h., sie sind miteinander korreliert. Es wäre jedoch sinnlos anzunehmen, daß längere Beine die Ursache von längeren Armen sind. Bei Korrelationen bezeichnen wir zwei Variablen häufig mit X_1 und X_2. Weder bei Regressions- noch bei Korrelationsanalysen können wir von einem signifikanten Resultat auf einen kausalen Zusammenhang schließen (dazu mehr auf S. 140).

9.1. Einfache lineare Regression

Im einfachsten Fall untersuchen wir, ob zwischen einer unabhängigen Variablen X und einer abhängigen Variablen Y ein linearer Zusammenhang besteht. Das würde bedeuten, daß die XY-Wertepaare im Koordinatennetz auf einer Geraden liegen. Ein erster Schritt sollte deshalb immer eine graphische Darstellung sein (vgl. Beispiele auf S. 119).

Die Regressionanalyse wurde von Sir Francis Galton (1821–1911) entwickelt. Er vermutete, daß die Körpergröße von Kindern mit der Körpergröße ihrer Eltern zunimmt (d.h., große Eltern haben große Kinder; kleine Eltern haben kleine Kinder). Dazu untersuchte er insgesamt 928 erwachsene Nachkommen von 205 Elternpaaren (Bernstein 1996). Wie erwartet, spielt Genetik eine Rolle: große Eltern hatten i.A. große Kinder. Zu seiner Überraschung fand er jedoch, daß die Nachkommen etwas weniger „extrem“ waren als die Eltern, d.h., sowohl große wie kleine Eltern hatten Kinder, deren Körpergröße näher beim Populationsdurchschnitt waren. Er bezeichnete dieses Phänomen als „regression or reversion to the mean“, also Regression zum Durchschnitt und beschrieb es wie folgt: „Reversion is the tendency of the ideal filial type to depart from the parental type, reverting to what may be roughly and perhaps fairly desribed as the average ancestral type“.

9.1.1. Ein Beispiel: Cholesterin und Turnübungen

Wir interessieren uns dafür, ob körperliche Betätigung einen Einfluß auf den Cholesteringehalt im Blut hat. Da diese Beziehung vermutlich von vielen Faktoren abhängig ist, müssen wir uns zuerst für eine relative homogene Untergruppe entscheiden. Das könnten Frauen zwischen 30–40 Jahren mit ähnlichem Körpergewicht sein. Idealerweise würden wir zuerst die Gesamtmenge dieser Frauen erfassen und daraus zufällig 25 Individuen bestimmen. Wir unterteilen sie in fünf Gruppen, die pro Tag zwischen 5 und 25 Minuten Turnübungen ausführen. Nach drei Monaten messen wir den Cholesteringehalt aller 25 Frauen:

Gymnastik in min	Cholesterin (mg/dl)
5	224
5	221
5	210
5	195
5	224
10	209
10	194
10	182
10	195
10	177
15	183
15	175
15	166
15	193
15	178
20	176
20	165
20	163
20	173
20	169
25	166
25	156
25	145
25	165
25	159

Wie bei der Varianzanalyse stellen wir wieder ein Modell auf. Wir postulieren eine lineare Beziehung zwischen Turnübungen (unabhängige Variable X) und Cholesteringehalt (abhängige Variable Y). Für jedes Wertpaar XY gilt:

$$Y = a + b \cdot X + \text{Restfehler}$$

Mit einem Programm für lineare Regression findet wir jene Werte für a (Achsenabschnitt) und b (Steigung), welche die „beste Anpassung“ (engl.: best fit) an die Daten liefern (was das bedeutet, und wie wir sie von Hand ausrechnen können, wird im nächsten Abschnitt erklärt).

Wir erhalten die folgende Gleichung, die in Abb. 9.1 graphisch dargestellt ist:

$$Y = 223{,}1 - 2{,}71 \cdot X$$

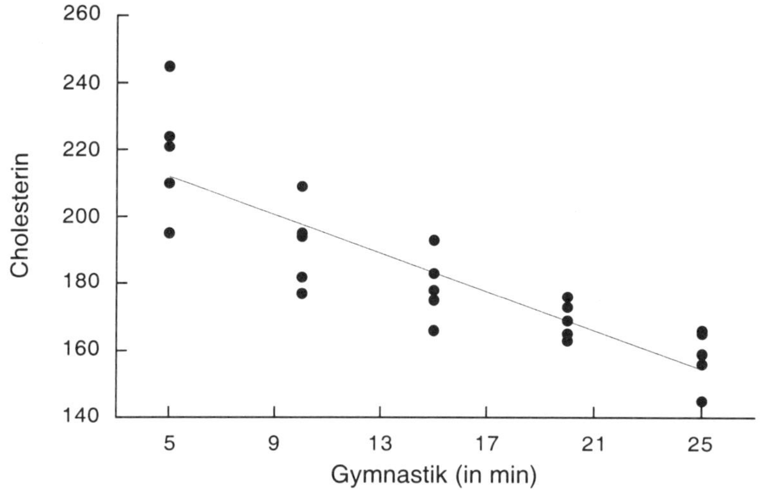

Abb. 9.1. Beziehung zwischen Cholesterin und Gymnastik mit Regressionsgerade

9.1.2. Beste Anpassung an Daten: Methode der kleinsten Quadrate

Wir bestimmen jene Linie, bei der die Summe der quadrierten Unterschiede zwischen Modell und beobachteten Daten am geringsten ist. Veröffentlicht wurde die Methode zuerst durch Legendre in 1805. Allerdings behauptete Gauß, er hätte dieselbe Methode schon 10 Jahre früher verwendet. Der Ansatz kann wie folgt begründet werden:

1. Durch die Quadrierung vermeiden wir negative Werte.
2. Weshalb nehmen wir nicht absolute Abweichungen? Wir ziehen es vor, zwei Punkte ziemlich nahe bei der Linie zu haben (z.B. beide mit einem Abstand von 5), anstatt einen sehr nahen und einen sehr fernen Punkt zu haben (z.B. 1 und 9). Die Summe der absoluten Abweichungen wäre in den beiden Fällen identisch (10); die Summe der quadrierten Abweichungen ist im zweiten Fall höher (82 vs. 50). Man kann jedoch Regressionen mit kleinsten absoluten Abständen durchführen. Entwickelt wurde die Methode durch Boscovich (1711–1787). Wichtig ist sie z.B. bei der Bestimmung des kürzesten Weges zwischen mehreren Punkten (Verteilung der Post, Reisevertreter, etc.).
3. Wir können immer genau eine Linie bestimmen (mit absoluten Abständen ist das nicht immer der Fall).
4. Mit der Methode der kleinsten Quadrate erhalten wir eine Gleichung, die identisch ist mit jener, die wir durch Maximum-Likelihood-Berechnungen erhalten.

Der vierte Grund muß etwas ausführlicher erklärt werden. Für jedes Modell können wir die Wahrscheinlichkeit berechnen, eine bestimmte Datensammlung zu erhalten. Diese Wahrscheinlichkeit hängt von den Kennwerten des Modells ab; für eine lineare Regression sind das Achsenabstand a und Steigung b. Für jede Kombination der Kennwerte können wir die Wahrscheinlichkeit berechnen, gerade jene Werte zu finden, die wir in der Tat beobachtet haben. Wir tun dies mit der Maximum-Likelihood-Methode, die von R.A. Fisher entwickelt wurde (für Spezialfälle wurde sie schon von K.F. Gauß ausgearbeitet). Sie ist relativ komplex; wenn die Daten normalverteilt sind, liefert sie jedoch dasselbe Resultat wie die Methode der kleinsten Quadrate (das stimmt nicht allgemein, z.B. trifft es nicht für die logistische Regression zu).

Ein einfaches Beispiel zur Maximum-Likelihood-Methode (Fleiss 1981): während des zweiten Weltkrieges waren die Alliierten daran interessiert, das deutsche Raketenarsenal (N, Gesamtzahl der produzierten Raketen) zu schätzen. Sie wußten, daß die Raketen fortlaufend numeriert waren. Eine zufällige Probe von zehn Raketen, die auf englischem Boden gefunden wurden, hatte die folgenden Nummern: 77, 30, 5, 39, 28, 10, 27, 12, 73, 49. Was ist die wahrscheinlichste Zahl der bisher produzierten Raketen? Der einfachste Ansatz beruht auf einer Schätzung des arithmetischen Mittels μ. Für die Population beträgt $\mu = (N+1)/2$. Daraus folgt $N = 2\mu-1$. Als Schätzwert von μ verwenden wir den Probendurchschnitt (350/10); wir erhalten N = 2*35–1 = 69. Wir sehen gleich, daß dieser Wert zu klein ist, da eine Rakete die Zahl 77 trug. Das heißt, mindestens 77 Raketen sind bereits produziert worden. Mit der Maximum-Likelihood-Methode erhalten wir auch tatsächlich einen Wert von 77. Zusätzlich gibt sie uns ein Konfidenzintervall; es besteht z.B. eine kleine Wahrscheinlichkeit, daß der wahre Wert 90 oder sogar 100 Raketen beträgt (ein dritter Ansatz geht von der größten und kleinsten bisher beobachteten Ziffer aus. Im Beispiel sind das 5 und 77. Wir nehmen an, daß die Wahrscheinlichkeit für Zahlen > 77 gleich groß ist wie jene für Zahlen < 5. Dann wäre N, die Gesamtzahl, gleich weit von 77 entfernt wie 5 von 1, die kleinste mögliche Zahl. Daraus schätzen wir N = 5 + 77 – 1 = 81).

9.1.3. Bestimmung von Achsenabschnitt und Steigung

Die Geradengleichung lautet Y = a + b*X (für den Spezialfall, daß die Gleichung durch den Nullpunkt gehen soll, müssen spezielle Methoden verwendet werden; Zar 1998). Wir müssen also die beiden Konstanten a und b bestimmen. Dabei entspricht a dem **Achsenabschnitt** auf der Y-achse (engl.: intercept) und b = kennzeichnet die **Steigung** der Geraden (Abb. 9.2).

Zur Berechnung der beiden Kennwerte verwenden wir die folgenden zwei Formeln (Computer oder elektronische Rechenmaschinen nehmen uns heute diese Arbeit ab):

$$b = \frac{\sum (X_i - \overline{X}) \cdot (Y_i - \overline{Y})}{\sum (X_i - \overline{X})^2}$$

$$a = \overline{Y} - b \cdot \overline{X}$$

Dabei entsprechen X_i und Y_i den Werten des i-ten Paares, und mit $\overline{X}, \overline{Y}$ bezeichnen wir das arithmetische Mittel aller X- resp. Y-Werte.

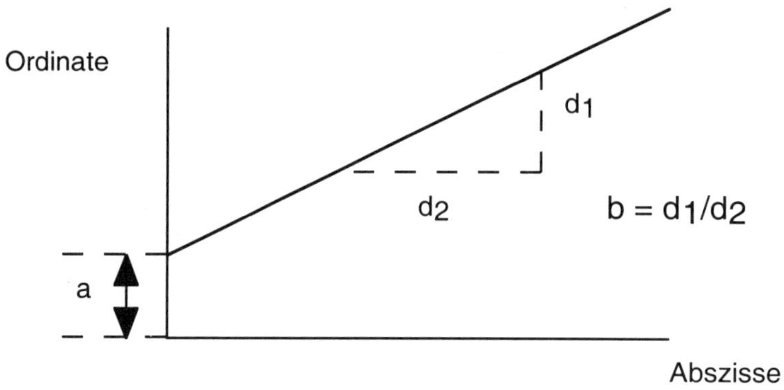

Abb. 9.2. Eine Gerade mit Achsenabschnitt a und Steigung b. Die unabhängige Variable X wird in der Regel auf der Abszisse und die abhängige Variable Y auf der Ordinate aufgetragen.

9.1.4. Überprüfung des Modelles

Zur Erinnerung: unser Modell lautet $Y = a + b \cdot X +$ Restfehler. Wir bestimmen wieder die Gesamtvarianz und den Anteil der Varianz, die wir der linearen Beziehung zwischen X und Y zuteilen können. Zur Illustration verwenden wir ein Beispiel mit fünf Wertepaaren X, Y (1,2; 2,5; 3,7; 4,9; 5,11). Der Durchschnittswert von Y beträgt 6,8 und die Gesamtvarianz folglich $(2–6,8)^2 + (5–6,8)^2 + 7–6,7)^2 + (9–6,8)^2 + (11–6,8)^2 = 48,8$. Dargestellt ist diese Beziehung in Abb. 9.3.

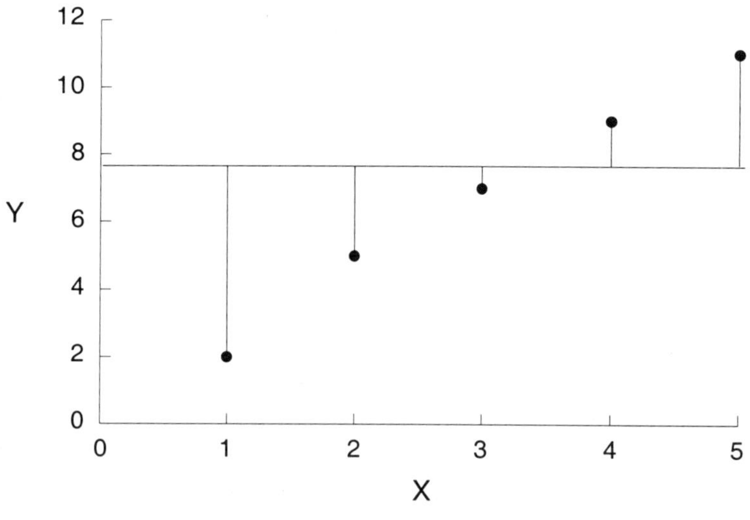

Abb. 9.3. Die Gesamtvarianz besteht aus der Summe der quadrierten Abweichungen vom Durchschnittswert von Y.

Die Regressionsgleichung lautet Y = 0,2 + 2,2*X. Der Vergleich von beobachteten und erwarteten Werten (basierend auf Regressionsgleichung, Abb. 9.4) erlaubt uns, die Varianz der Restfehler auszurechnen. Sie beträgt 0,4.

X	1	2	3	4	5
Beobachtetes Y	2,0	5,0	7,0	9,0	11,0
theoretisches Y	2,4	4,6	6,8	9,0	11,2
Restfehler	–0,4	+0,4	+0,2	0,0	–0,2
Quadrierte Fehler	0,16	0,16	0,04	0,0	0,04

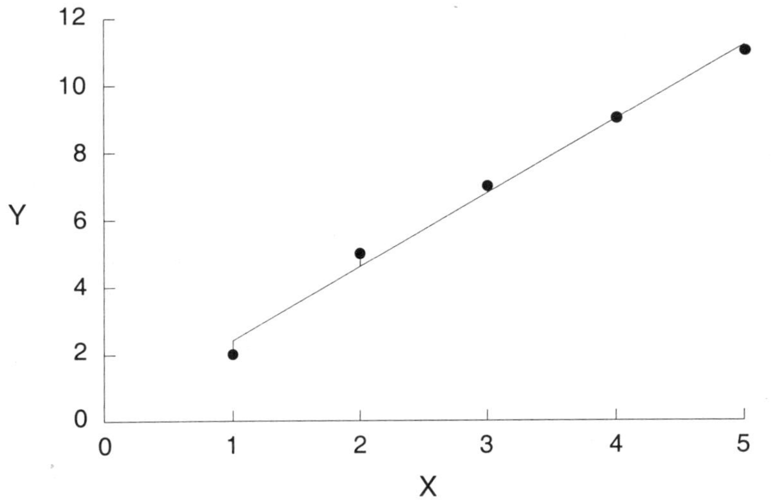

Abb. 9.4. Die Fehlervarianz ist die Summe der quadrierten Abweichungen von der Regressionsgleichung. Hier sind die Abweichungen offensichtlich sehr gering, d.h., die Gleichung liefert eine sehr gute Beschreibung der Beziehung zwischen X und Y.

Nun können wir die ANOVA-Tabelle vervollständigen. Die SQ der linearen Regression entspricht der Differenz zwischen SQ_{total} und $SQ_{Restfehler}$; wir können sie auch direkt berechnen als die Summe der quadrierten Abweichungen zwischen Gesamtdurchschnitt und den theoretischen Werten: $(2{,}4–6{,}8)^2 + (4{,}6–6{,}8)^2 + (6{,}8–6{,}8)^2 + (9–6{,}8)^2 + (11{,}2–6{,}8)^2 = 48{,}4$.

Variationsquelle	FG	SQ	MQ	F	p
Lineare Regression	1	48,4	48,4	360,1	0,0003
Restfehler	3	0,4	0,1333		
Total	4	48,8			

Da wir einen sehr geringen p-Wert erhalten (0,0003), schließen wir, daß Veränderungen von X und Y signifikant miteinander verknüpft sind. In anderen Worten, die Steigungskonstante b ist verschieden von 0.

Statt dessen können wir auch durch einen t-Test überprüfen (S. 70), ob die Steigung b signifikant von einer vorgegebenen Steigung b_0 abweicht:

$$t = \frac{|b - b_0|}{\sqrt{\frac{MQ_{Restfehler}}{SQ_X}}}$$

wobei

$MQ_{Restfehler} = 0{,}1333$

SQ_X = Summe der quadrierten Abweichungen der X-Werte, hier 10

Für $b_0 = 0$ erhalten wir t = 2,2/√(0,1333/10) = 19,1. Der kritische t-Wert für $\alpha = 0{,}05$ und drei FG (n–2) ist 3,18 (S. 200); wir verwerfen deshalb die Nullhypothese, daß b = 0 ist.

Weiter unten werden wir sehen, wie wir die Linearität dieser Beziehung überprüfen können.

9.1.5. Korrelationskoeffizient und Bestimmtheitsmaß

In der Regel möchten wir wissen, wie gut die Übereinstimmung zwischen Modell und beobachteten Werten ist. Dazu verwenden wir den sogenannten Korrelationskoeffizienten r; er kann Werte zwischen – 1 und + 1 annehmen. Das Vorzeichen beschreibt die Steigung der Geraden: wenn X und Y miteinander zunehmen, ist r positiv. Wenn eine Zunahme von X mit einer Abnahme von Y verknüpft ist, wird r negativ.

Den quadrierten Wert von r (r^2) bezeichnet man als Bestimmtheitsmaß (engl.: coefficient of determination). Er zeigt uns, welcher Bruchteil der Gesamtvariation durch das lineare Modell erklärt wird. Definiert ist r^2 als SQ_{Modell}/SQ_{total} (diese Definition ist intuitiv leicht zu erfassen: wir teilen die dem Modell zuzuschreibende Variation durch Gesamtvariation). Im Beispiel entspricht das 48,4/48,8 = 0,9918 = 99,18 %. In anderen Worten, 99,18 % der Variation werden durch das Modell erfaßt.

Falls unser Computerprogramm nur r^2 berechnet, ziehen wir einfach die Quadratwurzel und erhalten r, im Beispiel 0,9959. Dieser Wert kann ebenfalls dazu benutzt werden, um auf Signifikanz zu prüfen (der einzige Unterschied zwischen F und r besteht in der Division durch die Anzahl FG des Restfehlers). In Tabellen mit kritischen r-Werten müssen wir darauf achten, daß wir n–2 Freiheitsgrade verwenden (n = Anzahl Wertepaare; ein Auszug aus einer solchen Tabelle steht auf S. 202).

9.1.6. Konfidenzintervalle

Durch Umstellen der Gleichung für den t-Wert können wir wieder ein Konfidenzintervall für die Steigungskonstante b bestimmen:

$$b \pm t \cdot \sqrt{\frac{MQ_{Restfehler}}{SQ_X}}$$

Für obiges Beispiel gilt $MQ_{Restfehler} = 0{,}1333$; SQ_X = Summe der quadrierten Abweichungen der X-Werte = 10.

Das Konfidenzintervall des Wertes Y_i wird wie folgt berechnet:

$$Y_i \pm t \cdot \sqrt{MQ_{\text{Restfehler}} \cdot (1 + \frac{1}{n} + \frac{(X_i - \overline{X})^2}{SQ_X})}$$

Aus der Formel folgt unmittelbar, daß das Konfidenzintervall um so größer wird, je weiter X_i vom Durchschnitt entfernt ist. Das ist sinnvoll: überschreiten wir die Region, die durch unsere Meßwerte abgedeckt ist, haben wir keine zuverlässige Information mehr. Je mehr wir uns dieser Grenze nähern, um so weniger sicher werden unsere Werte.

Wenn wir Konfidenzintervalle für alle Punkte der Regressionsgeraden machen, erhalten wir zwei gekurvte Linien. Solche Konfidenzlinien können von den meisten Graphikprogrammen automatisch berechnet werden. Ein Beispiel ist in Abb. 9.5 gezeigt. Hier wurden für jeden X-Wert drei unabhängige Y-Werte bestimmt. In der Graphik wurde jeweils der Mittelwert mit Standardabweichung der gemessenen Werte aufgetragen. Die Konfidenzlinien geben den Bereich, wo wir in 95 % aller Fälle den wahren Y-Wert erwarten.

Mit dem Konfidenzintervall können wir unter anderem untersuchen, ob der Achsenabschnitt signifikant von 0 verschieden ist. Wir setzen X = 0 und bestimmen Y_0 mit dem entsprechenden Intervall. Liegt 0 außerhalb dieses Bereiches, können wir annehmen, daß der Achsenabschnitt nicht 0 ist. Dieser Wert dient häufig als wichtiger Kontrollwert, z.B. für die Reaktion eines Patienten ohne Behandlung.

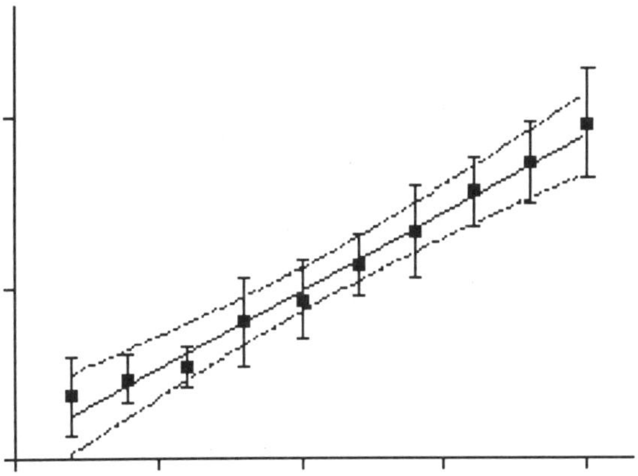

Abb. 9.5. Lineare Regression mit 95 % Konfidenzlinien.

9.1.7. Prüfung auf Linearität

Durch die bisher vorgestellten Methoden beantworten wir im wesentlichen die Frage, ob X und Y miteinander zu- oder abnehmen, d.h., wir prüfen die Nullhypothese, daß b = 0 ist. Wir können zusätzlich untersuchen, ob der Zusammenhang zwischen den beiden Variablen tatsächlich linear ist. Wir unterscheiden zwei Fälle: entweder haben wir für jeden X-Wert mehrere, unabhängige Messungen von Y (mit Wiederholungen), oder wir haben jeweils nur eine Messung (ohne Wiederholungen).

9.1.7.1. Mit Wiederholungen

Als Beispiel nehmen wir die Daten von 9.2. Für jede Stufe von X haben wir mehrere, unabhängige Messungen von Y. Wir wollen wissen, ob eine signifikante Abweichung vom linearen Zusammenhang zwischen X und Y besteht. Das Vorgehen ist einfach. Zuerst führen wir eine lineare Regressionsanalyse durch. Wir erhalten das folgende Resultat:

Variationsquelle	FG	SQ	MQ	F	p
Regression	1	9166,6	9166,6	88,1	<0,001
Restfehler	23	2393,6	104,1		
Total	24	11560,2			

Dann machen wir eine ANOVA mit einem Faktor (Faktor: Gymnastik, mit 5 Stufen).

Variationsquelle	FG	SQ	MQ	F	p
Gymnastik	4	9510,6	2377,7	23,0	<0,001
Restfehler	20	2049,6	102,5		
Total	24	11560,2			

Damit vergleichen wir die Varianz zwischen den Gruppen mit der Varianz innerhalb der Gruppen (eine Gruppe besteht aus den fünf Messungen für jeden X-Wert). Als wichtige Kontrolle versichern wir uns davon, daß SQ_{total} und FG_{total} erhalten bleiben. Wir haben jetzt zwei Werte für die Varianz zwischen Gruppen: die Gesamtvarianz von der ANOVA (9510,6) und die Varianz (9166,6), die wir dem Regressionsmodell zuschreiben können. Als nächstes bestimmen wir den Anteil der Varianz zwischen Gruppen, die wir *nicht* der linearen Regression zuordnen ist (9510,6–9166,6 = 344,0) und bestimmen deren F-Wert (114,7/2049,6 = 0,056):

Variationsquelle	FG	SQ	MQ	F
Zwischen Gruppen	4	9510,6		
Regression	1	9166,6		
Abweichung von Regression	3	344,0	114,7	0,056
Innerhalb Gruppen	23	2049,6		
Total	24	11560,2		

Das beobachtete F liegt weit unter dem kritischen Wert: $F_{(0,05;\ 3,23)} = 3,75$. Wir schließen daraus, daß keine signifikante Abweichung von der linearen Regression vorliegt.

9.1.7.2. Ohne Wiederholungen

Häufig haben wir für jeden X-Wert nur einen entsprechende Y-Wert. Die oben erklärte Methode ließe sich zwar auf diesen Fall ausdehnen, die Berechnungen sind jedoch komplex (Zar 1998). Statt dessen untersucht man die Verteilung der Restfehler. Diese sollten normal um die Regressionsgerade verteilt sein. Ein wichtiger, erster Schritt ist immer eine graphische Darstellung der XY-Paare. Wie irreführend eine rein rechnerische Behandlung von Daten sein kann, zeigt das folgende Beispiel von Anscombe (1973). $X_{1,2,3}$ ist dabei die unabhängige Variable für Y_1, Y_2 und Y_3 und X_4 jene für Y_4.

$X_{1,2,3}$	X_4	Y_1	Y_2	Y_3	Y_4
10	8	8,04	9,14	7,46	6,58
8	8	6,95	8,14	6,77	5,76
13	8	7,58	8,74	12,70	7,71
9	8	8,81	8,77	7,11	8,84
11	8	8,33	9,26	7,81	8,47
14	8	9,96	8,10	8,84	7,04
6	8	7,24	6,13	6,08	5,25
4	19	4,26	3,10	5,39	12,50
12	8	10,84	9,13	8,15	5,56
7	8	4,82	7,26	6,42	7,91
5	8	5,68	4,74	5,73	6,89

Für alle vier Datensätze erhalten wir dieselbe Regressionsgleichung Y = 3,00 + 0,5*X mit demselben r^2 von 0,667 und einem p von 0,002. Wie unterschiedlich die vier Beziehungen sind, zeigt uns die graphische Darstellung (Abb. 9.6).

Unsere Intuition sagt uns, daß nur die erste Beziehung einer linearen Funktion entspricht. Aber wie können wir das formal entscheiden? Eine wichtige Methode besteht darin, daß wir die Anzahl „Runs“ (Serien, Sequenzen) in den Restfehlern bestimmen. Für alle Restfehler bestimmen wir zuerst, ob sie oberhalb (+) oder unterhalb (–) der Regressionsgeraden liegen (wir können das von der Graphik ablesen, oder uns von den meisten Programmen die Restfehler ausdrucken lassen). Dann bestimmen wir die Anzahl Runs (Gruppen mit gleichem Vorzeichen). Dazu ein paar Beispiele

+ + – – + – + + + – – + = 7 Runs
+ + + – + + – + + + – – = 6 Runs
+ + + – + – – – + + + + = 5 Runs

Wenn die Daten wirklich einer linearen Funktion gehorchen, sollten die Vorzeichen zufällig verteilt sein. Wir können deshalb die erwartete Zahl der Runs berechnen. Stimmen die Daten nicht mit unserem Modell überein, werden die beobachteten Daten über gewisse Strecken entweder stets zu hoch oder zu tief liegen. Das würde die Anzahl der Serien mit gleichem Vorzeichen reduzieren. Unsere Frage lautet deshalb: wie groß ist die Wahrscheinlichkeit, daß wir *höchstens* soviele Runs finden, wie wir beobachtet haben, wenn das Modell zutrifft? Falls die Wahrscheinlichkeit gering ist, nehmen wir an, daß wir keinen linearen Zusammenhang haben. Auch hier gibt es wieder Tabellen mit kritischen Werten (die von der Anzahl + und – abhängen); man kann natürlich die Verteilung ohne weiteres selber simulieren. Mit derselben Methode können wir die Anpassung auf andere, nichtlineare Modelle untersuchen.

Die Funktionen mit Y_3 und Y_4 demonstrieren den Einfluß, den ein einzelner Wert haben kann. Wir bezeichnen solche Punkte als Ausreißer. Es besteht immer die Möglichkeit, daß es sich dabei um eine verunglückte Messung handelt. Andrerseits könnte gerade dieser Punkt von besonderem Interesse sein. Bei der Beurteilung müssen wir uns von unserem Fachwissen leiten lassen.

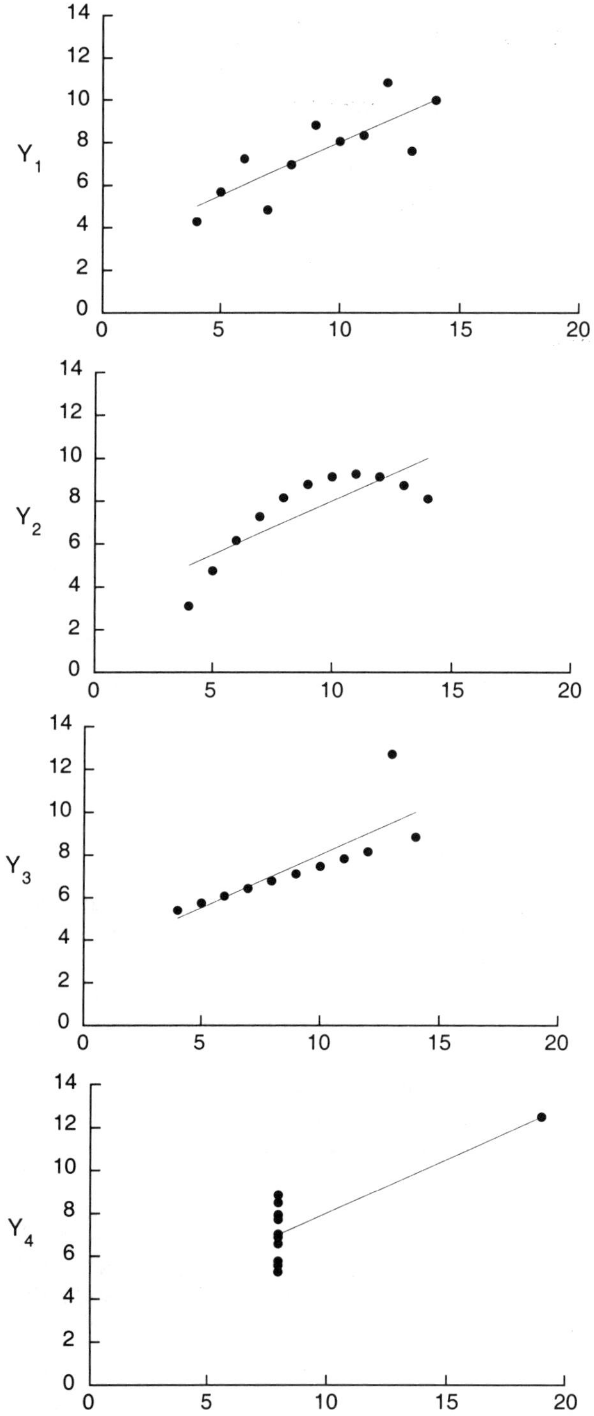

Abb. 9.6. Graphische Darstellung von Datensätzen mit identischer Regressionsgeraden

Einige Programme geben uns die interessante Möglichkeit, den Einfluß der individuellen Werte auf den Korrelationskoeffizienten r zu untersuchen. Als Beispiele sind zwei Graphiken von Y_1 und Y_3 gezeigt (mit SYSTAT; Abb. 9.7). Im ersten Fall haben alle Wertepaare annähernd den gleichen Einfluß auf die Gleichungsparameter; im zweiten Fall überwältigt ein einzelner Punkt alle andern. Der Einfluß ist definiert als der Betrag, um den sich der Koeffizient verändern würde, wenn man den betreffenden Wert weglassen würde.

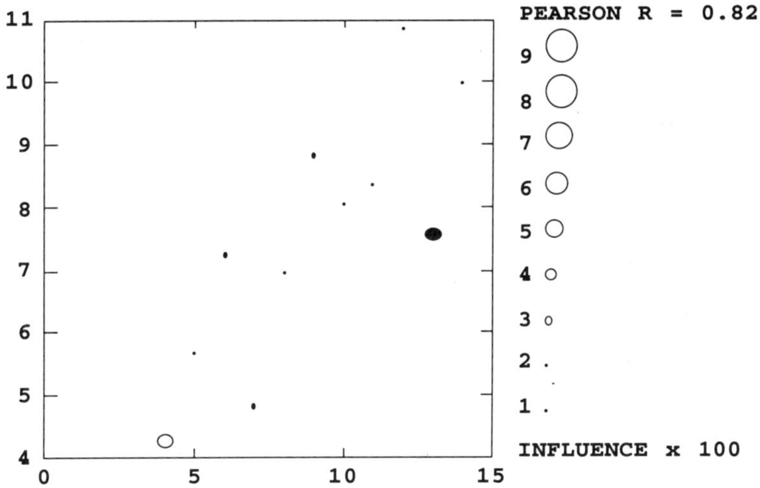

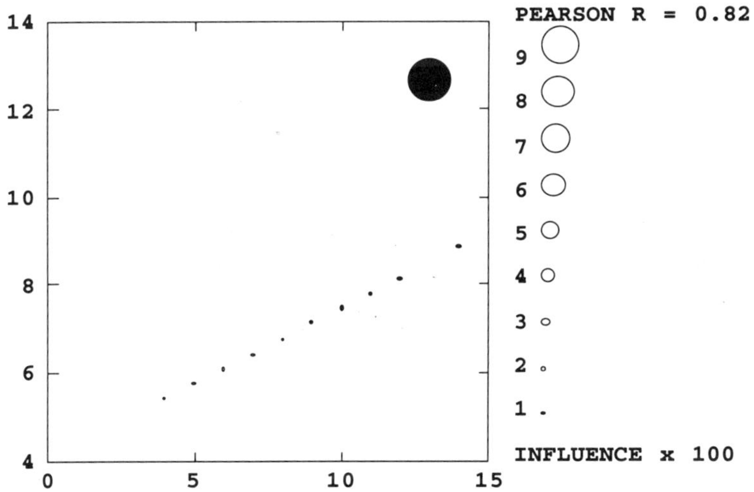

Abb. 9.7. Wie einflußreich sind die einzelnen Werte? Das Programm SYSTAT liefert dazu eine Graphik, in der Einfluß durch die Größe eines Kreises symbolisiert wird. Hohle Kreise bedeuten einen größeren und gefüllte Kreise einen kleineren Koeffizienten.

9.1.8. Voraussetzungen der linearen Regression

1. In keinem natürlichen Beispiel liegen die Beobachtungen genau auf der Regressionsgeraden. Falls wir für jeden X-Wert mehrere Y-Werte bestimmen, sollten sie einer Normalverteilung folgen und homogene Varianzen besitzen (wir testen diese Voraussetzungen mit Methoden, die auf S. 71 und 155 besprochen sind).
2. Die Restfehler (Abweichungen von der Regressionsgeraden) müssen ebenfalls normal verteilt sein.
3. Die gemessenen Werte müssen voneinander unabhängig sein.
4. Im Regressionsmodell I werden die X-Werte von Anfang an festgelegt (vgl. feste Effekte in ANOVA) und sollten also frei von Zufallsschwankungen sein. Allerdings kann es vorkommen, daß wir Meßfehler machen (z.B. bei der Verwendung von abgestuften Dosen). Wir können trotzdem das Modell I verwenden, falls wir uns von vornherein auf feste Werte festlegen.
5. Im Regressionmodell II werden die X-Werte zufällig bestimmt (entspricht zufälligen Effekten der ANOVA). Dies kann zu einer Verzerrung der geschätzten Steigungskonstante b und des Korrelationskoeffizienten r führen. Je nach Zweck der Analyse müssen wir unsere Berechnungen modifizieren. Falls wir daran interessiert sind, von einem gemessenen X-Wert einen Y-Wert abzuschätzen, geht man i.A. wie bei Modell I vor. Eine ausführliche Diskussion der beiden Modelle findet man in Sokal & Rohlf (1981).

9.2. Korrelation

9.2.1. Allgemeine Voraussetzungen

1. Bei Korrelationsberechnungen bestimmen wir, in welchem Maße Änderungen zweier Variablen X und Y (oder X_1 und X_2) miteinander verknüpft sind. Wir unterscheiden nicht zwischen einer abhängigen und einer unabhängigen Variablen (obwohl die Möglichkeit eines Kausalzusammenhanges besteht).
2. Die Wertepaare X,Y (X_1,X_2) müssen zufällig und unabhängig voneinander gewählt werden. Das bedeutet, daß wir weder für X noch für Y einen festen Effekt haben.
3. Die erste Variable darf nicht ein Bestandteil der zweiten Variablen sein. Das wäre etwa der Fall, wenn eine Gesamtnote eine Note für eine Zwischenprüfung enthält. Dann wäre es irreführend, eine Korrelation zwischen Teilnote und Gesamtnote zu bestimmen.

9.2.2. Korrelationskoeffizient nach Pearson

Wir verwenden Pearsons Korrelationskoeffizienten r, wenn wir annehmen können, daß die beiden Variablen normal verteilt sind. Das bedeutet, daß die Daten zumindest intervallskaliert sein müssen (S. 7). Zusätzlich vermuten wir einen linearen Zusammenhang: erhöhen wir X um einen bestimmten Betrag, nimmt Y um einen konstanten Wert ab (negative Korrelation) oder zu (positive Korrelation). Anstatt Korrelationskoeffizient sagt man auch

Maßkorrelationskoeffizient oder Produkt-Moment-Korrelationskoeffizient. Definiert wird r als:

$$r = \frac{\sum(X_i - \overline{X})(Y_i - \overline{Y})}{\sqrt{\sum(X_i - \overline{X})^2 \cdot \sum(Y_i - \overline{Y})^2}}$$

wobei X_i, Y_i den gemessenen Werten und $\overline{X}, \overline{Y}$ den Durchschnittswerten entsprechen. Numerisch ist dieser Wert identisch mit dem r, das wir für die lineare Regression definiert haben (S. 116), und seine Signifikanz kann ebenfalls mit einer Tabelle von kritischen Werten überprüft werden (S. 202). Der quadrierte Wert, r^2, gibt an, welche Proportion der Gesamtvarianz wir der linearen Beziehung zwischen X und Y zuschreiben können.

Auch hier besteht die Gefahr, daß ein einzelnes Wertepaar einen überdurchschnittlich hohen Einfluß hat. Es empfiehlt sich deshalb, als erstes eine graphische Darstellung zu machen. Wir können auch systematisch jeweils ein Wertepaar aus der Berechnung von r weglassen und so bestimmen, welches den größten Einfluß hat (S. 121). Oder wir können unsere Daten auf ihre innere Konsistenz überprüfen, indem wir sie zufällig zwei Gruppen zuteilen (häufig mit gleich vielen Wertepaaren). Mit den Werten der ersten Gruppe berechnen wir den Koeffizienten und untersuchen dann, wie gut er den Zusammenhang in der zweiten Gruppe beschreibt. Diese und ähnliche Methoden sind als „Cross Validation" und „Jackknife" bekannt (Efron 1982).

9.2.3. Rangkorrelationskoeffizient nach Spearman

Die Voraussetzungen zur Verwendung des Spearmanschen Koeffizienten sind weniger restriktiv. Die Daten müssen in eine logische Rangfolge eingeordnet werden können (Ordinalskala, S. 7) und die Beziehung zwischen den beiden Variablen muß monoton zu- oder abnehmen. Ein Beispiel: in Nordamerika wird die Zulassung an Universitäten häufig von der Abschlußnote am Gymnasium (Highschool) abhängig gemacht. Wir fragen uns: besteht eine Korrelation zwischen der Abiturnote (in % ausgedrückt) und dem Erfolg an der Universität, gemessen durch die Durchschnittsnote nach dem ersten Studienjahr (in Buchstaben ausgedrückt, wobei A die beste und F die schlechteste Note ist; wir haben jeweils drei Stufen, also A^+, A und A^-).

	Highschool		Universität	
Student	Note	Rang	Note	Rang
A	92	1	A+	1
B	90	2	A	2,5
C	87	3	B	7
D	85	4	A–	4,5
E	76	5	A–	4,5
F	75	6,5	B+	6
G	75	6,5	A	2,5
H	70	8	B–	8
I	68	9	C+	9
J	64	10	C–	10

Es ist ganz klar, daß unsere Daten nicht normal verteilt sind. Als erstes verwandeln wir sie deshalb in Ränge und zwar separat für Highschool und Universität (haben zwei oder mehr Studenten dieselbe Note, nehmen wir wieder den Durchschnitt der betroffenen Ränge).

Wir hätten eine perfekte Korrelation, wenn für jeden Studenten die beiden Ränge an Highschool und Universität identisch wären, also $X_i = Y_i$. Es liegt nahe, den Unterschied zwischen den beiden Rängen $d = (X_i - Y_i)$ als Maß der Abweichung zu benutzen. Wir verwenden wieder quadrierte Abweichungen; ihre Summe (Σd^2) gibt uns ein Maß für die Übereinstimmung mit einer linearen Korrelation.

Zur Ausrechnung des Spearmanschen Korrelationskoeffizienten verwenden wir dieselbe Formel wie für Pearsons Koeffizienten, nur setzen wir statt der gemessenen Werte die Ränge ein. Durch Umformung erhalten wir:

$$r_S = 1 - \frac{6\sum_{i-1}^{N} d_i^2}{N^3 - N}$$

wobei:

r_S = Spearmanscher Rangkorrelationskoeffizient
N = Anzahl untersuchter Objekte oder Individuen

Der Wert von r_s variiert wieder zwischen –1 (perfekte negative Korrelation) und +1 (perfekte positive Korrelation) und wir können die Signifikanz mit einer Tabelle kritischer Werte überprüfen. Diese Tabellenwerte beruhen auf vereinfachenden Annahmen und sind nie ganz genau. Für das Beispiel erhalten wir einen errechneten r_s von 0,80 (mit einer Korrektur für geteilte Ränge erhalten wir 0,7982). Eine Tabelle gibt uns dafür einen p-Wert von 0,0056. Der exakte p-Wert (beruhend auf allen möglichen Permutationen, mit InStat berechnet) beträgt 0,0072. Die Effizienz des Spearman-Tests erreicht etwa 91 % des Pearson-Tests, d.h., für jede 100 Fälle, bei denen wir mit Pearson korrekt eine signifikante Korrelation identifizieren, finden wir nur 91 mit dem Spearman.

9.2.4. Rangkorrelationskoeffizient nach Kendall

Zur Bestimmung des Kendall Koeffizienten τ (tau) verwenden wir wie für den Spearmanschen Koeffizienten Ränge, und die Effizienz der beiden Tests ist identisch (d.h., sie geben die gleiche Wahrscheinlichkeit, eine falsche Nullhypothese zu verwerfen). Allerdings besteht keine einfache mathematische Beziehung zwischen den beiden Tests, und wir müssen separate Tabellen kritischer Werte benützen. Der Vorteil von τ besteht darin, daß er zu partiellen Koeffizienten verallgemeinert werden kann. Das ist wichtig, wenn eine Korrelation zwischen zwei Variablen dadurch entsteht, daß beide mit einer dritten Variablen korreliert sind. Mit dem Kendall Koeffzienten können wir den Effekt dieser dritten Variablen rechnerisch eliminieren.

9.2.5. Konkordanzkoeffizient nach Kendall

Wir brauchen diesen Koeffizienten W, wenn wir mehrere Gruppen von Rängen beurteilen wollen. Es werden z.B. mehrere Konkurrenten im Eiskunstlauf durch verschiedene Schiedsrichter beurteilt. Wie groß ist insgesamt die Übereinstimmung der Beurteilungen?

Wir könnten alle paarweisen Korrelationen bestimmen und deren Durchschnitt nehmen. Der Wert des Konkordanzkoeffizienten steht in einer linearen Beziehung mit diesem Durchschnitt, ist aber einfacher zu berechnen (was vor der Erfindung von Rechenmaschinen und Computern von großer praktischer Bedeutung war).

9.2.6. Permutationstests

Bei allen Rangkorrelations-Tests handelt es sich um Permutationstests, wobei die ursprünglichen Daten durch Ränge ersetzt werden (was natürlich einen Verlust an Information bedeutet). Zusätzlich wurden zumindest bei der Formulierung dieser Tests die Verteilung der kritischen Werte unter vereinfachenden Annahmen geschätzt, d.h., nicht exakt bestimmt.

Mit den heutigen Mikrocomputern können wir diesen Ansatz problemlos mit den Originaldaten oder ihren Rängen nachvollziehen. Für den Spearmanschen Koeffizienten bestimmen wir also die Summe der quadrierten Abweichungen zwischen den beiden Rängen (Σd^2, siehe oben). Das gibt uns die Teststatistik. Wir permutieren nun die Anordnung der beiden Rangreihen (Rang in Highschool und Rang in Universität) systematisch. Für jede neue Anordnung bestimmen wir den Wert von Σd^2. Wie oft wird dabei der ursprüngliche Wert dieser Teststatistik erreicht oder überschritten? Diese Proportion gibt uns wieder einen p-Wert.

Aus der allgemeinen Definition eines Korrelationskoeffizienten r (S. 123) sehen wir, daß sich bei Permutationen der X_iY_i-Werte nur der Zähler verändert. Er besteht aus der Summe der Kreuzprodukte. Dieser Wert erreicht ein Maximum, wenn wir perfekte Übereinstimmung zwischen den beiden Rangreihen haben und ein Minimum, wenn die Reihenfolge zwischen den beiden Reihen genau umgekehrt ist (also höchster Rang in Highschool entspricht tiefstem Rang an Universität). Für das Beispiel sind diese beiden Extremwerte 383,5 und 221. Die Tabelle zeigt die Berechnung für die ursprünglichen Daten:

Student	Highschool	Universität	Kreuzprodukt
A	1	1	1
B	2	2,5	5
C	3	7	21
D	4	4,5	18
E	5	4,5	22,5
F	6,5	6	39
G	6,5	2,5	16,25
H	8	8	64
I	9	9	81
J	10	10	100
Summe	55	55	367,75

Wir können die Wahrscheinlichkeit, daß wir durch Zufall einen Wert von 367,75 erhalten, durch das folgende einfache Programm bestimmen:

```
REPEAT 10000
MAXSIZE CRSUMS 15000
SHUFFLE (1 2 3 4 5 6.5 6.5 8 9 10) HIGH
SHUFFLE (1 2.5 7 4.5 4.5 6 2.5 8 9 10) UNI
MULTIPLY HIGH UNI CROSS
SUM CROSS CRSUM
SCORE CRSUM CRSUMS
END
COUNT CRSUMS >=367.75 RES
PRINT RES
HISTOGRAM CRSUMS
```

Ich erhielt einen p-Wert von 0,00365 (50.000 Simulationen). Falls die Zuordnung der beiden Ränge zufällig erfolgt, erhalten wir nur in 0,365 % aller Fälle eine Statistik, die mindestens so groß ist wie jene der ursprünglichen Daten.

Abb. 9.8 zeigt die Verteilung der Werte für unsere Teststatistik. Wir sehen, daß sie symmetrisch ist. Kleine Werte bedeuten negative Korrelation. In unserem Beispiel ist es zwar sehr unwahrscheinlich, daß hohe Abitursnoten mit tiefen Universitätsnoten verknüpft sind. In der Regel würden wir aber wieder den zweiseitigen Test durchführen. Wegen Symmetrie können wir den Wert von 0,00365 einfach verdoppeln und erhalten 0,0073. Das ist sehr nahe bei 0,0072, den wir mit dem exakten Spearman-Test erhalten haben (S. 124). Der kleine Unterschied beruht darauf, daß InStat alle möglichen Permutationen auflistet; Resampling Stats entnimmt zufällige Proben aus der Gesamptpopulation der Permutationen.

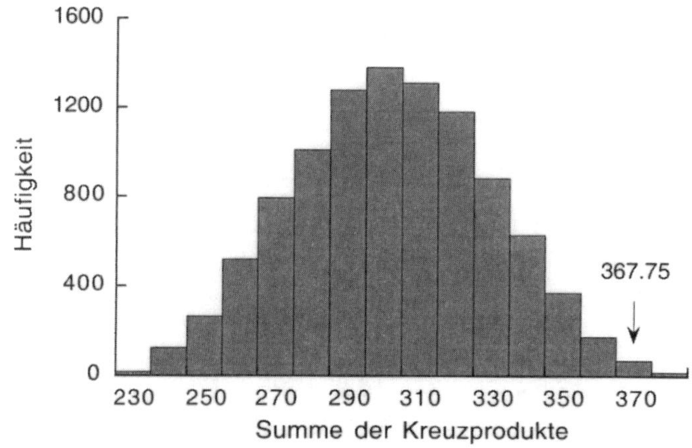

Abb. 9.8. Verteilung der Teststatistik (Summe der Kreuzprodukte), die wir durch Permutationen der beiden Rangreihen erhalten. Der Pfeil zeigt den Wert für die ursprünglichen Daten.

9.3. Powerberechnungen

Der Korrelationskoeffizient r (oder das Bestimmtheitsmaß r^2) liefert uns eine leicht interpretierbare Ziffer, um die Stärke einer linearen Korrelation oder Regression abzuschätzen. Er eignet sich deshalb zur Charakterisierung der Effektgröße (Zar 1998, Cohen 1988). Der wahre Koeffizient der Population wird als ρ (rho) bezeichnet; von unserer Probe erhalten wir dafür einen Schätzwert r. Wir testen H_0: $\rho = 0$Wir suchen (1–β), d.h., die Wahrscheinlichkeit, H_0 zu verwerfen, wenn der wahre Korrelationskoeffizient um einen vorgegebenen Betrag von 0 abweicht, also H_A: $\rho = \rho_A$. Da r nicht normal verteilt ist, müssen wir als erstes seinen Wert in Fishers z-Wert tranformieren. Dafür gibt es Tabellen, oder wir können die folgende Formel verwenden:

$$z = 0,5 \ln\left(\frac{1+r}{1-r}\right)$$

Für eine post-hoc Analyse bestimmen wir z für den beobachteten und für den kritischen Wert von r (wobei wir natürlich ein α wählen müssen) und erhalten $z_{kritisch}$ und $z_{beobachtet}$.

$$Z_{\beta(1)} = \left(z_{beobachtet} - z_{kritisch}\right) \cdot \sqrt{n-3}$$

Dabei entspricht n der Anzahl Wertepaare. Die Power des Tests ist definiert als [1–β(1)]. Für β(1) nehmen wir die einseitige Wahrscheinlichkeit von Z.

Dazu ein Beispiel: wir haben 10 Messungen (d.h., FG = 8) und beobachten ein r von 0.8. Wir wählen eine α-Wahrscheinlichkeit von 0,05. Wir fragen nach der Wahrscheinlichkeit (1–β), unter diesen Bedingungen eine vorhandene Korrelation mit einem r von 0,8 korrekt zu identifizieren. Aus einer Tabelle bestimmen wir den kritischen Wert von r (8 FG, α = 0,05) als 0,632. Mit der Formel berechnen wir $z_{kritisch} = 0,745$ und $z_{beobachtet} = 1,099$. Daraus ergibt sich $Z_{\beta(1)} = (1,099–0,745)\sqrt{7} = 0,937$. Das entspricht einer einseitigen Wahrscheinlichkeit von 0,175 (Z-Tabelle). Die Power betrug deshalb (1–0,175) = 0,825. Das heißt, unter den vorgegebenen Bedingungen haben wir eine Wahrscheinlichkeit von 82,5 %, eine Korrelationskoeffizienten von 0,8 korrekt als signifikant zu klassifizieren.

9.4. Vergleich mehrerer Regressionen: ANCOVA

Häufig interessieren wir uns dafür, ob sich die Regressionen zweier Datensammlungen signifikant voneinander unterscheiden. Eine gründliche Übersicht der verschiedenen Ansätze gibt Zar (1998); eine leichtverständliche Einführung findet man in Motulsky & Ransnas (1987).

Nehmen wir an, wir untersuchen den Abbau von Laubblättern (diese bilden eine wichtige Nahrungsgrundlage für wirbellose Tiere im Boden und in Bächen). Wir bestimmen, wie groß die zurückbleibende Masse von Ahorn- und Buchenblättern nach verschiedenen Zeitpunkten ist. Wir finden die folgenden Daten:

	Masse (%)	
Zeit (Tage)	Ahorn	Eiche
0	100	100
7	85	95
14	72	92
21	65	88
28	57	87
35	53	80
42	45	73

Wir bestimmen für die beiden Blätter separate lineare Regressionen und machen eine Graphik (Abb. 9.9). Für Abbauprozeße würden wir in der Regel eine exponentielle Zerfallskurve wählen und unter Umständen Linearität durch logarithmische Transformation erzielen (S. 134). Der Einfachheit halber nehmen wir hier die ursprünglichen Werte. Wir erhalten die folgenden Regressionsgeraden:

Ahorn: Masse = 94,3 – 1,24*Zeit; $r^2 = 0{,}95$
Buche: Masse = 100,3 – 0,59*Zeit; $r^2 = 0{,}96$

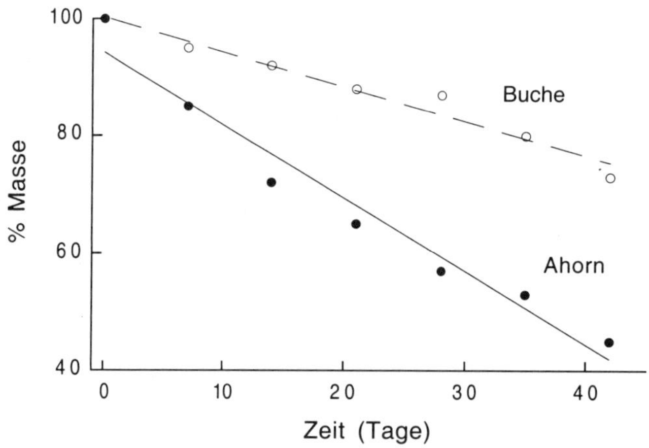

Abb. 9.9. Zurückbleibende Masse von Laubblättern als Funktion der Zeit in einem Bach, mit Regressionsgeraden.

Ahornblätter scheinen deutlich schneller abgebaut zu werden, aber wie bestimmen wir, ob dieser Unterschied statistisch signifikant ist? Der einfachste Ansatz wäre, dasselbe Experiment mehrmals zu wiederholen und dann die Abbaurate (Steigung) für die beiden Blätter mit einem t-Test zu vergleichen. Diese Methode ist etwas konservativ.

Falls uns wie hier nur die Daten eines Experimentes zur Verfügung stehen, gibt es drei Möglichkeiten (Motulsky & Ransnas 1987):

1. Wir vergleichen die beiden Steigungen mit einem t-Test. Wir verwenden dabei die Formeln von S. 71 (Unterschied der beiden Werte geteilt durch den Standardfehler des Unterschiedes). Wir erhalten einen t-Wert von 5,28 mit (7+7–4) = 10 FG. Der kritische Wert für $\alpha = 0{,}01$ beträgt 3,169. Wir verwerfen deshalb die Nullhypothese, daß die beiden Steigungen identisch sind.

2. Wir führen zwei separate Regressionanalysen für Ahorn und Buche aus und bestimmen jeweils die Summe der quadrierten Restfehler ($QS_A + QS_B = QS_{separat}$; damit messen wir die Abweichung von der linearen Regression). Dann machen wir eine lineare Regressionanalyse mit den kombinierten Daten und bestimmen wieder die Summe der quadrierten Restfehler ($QS_{zusammen}$). Je unterschiedlicher die separaten Regressionen sind, desto größer wird der Unterschied zwischen $QS_{zusammen}$ und $QS_{separat}$. Wir prüfen die Signifikanz mit dem folgenden Ausdruck:

$$F = \frac{\left(QS_{zusammen} - QS_{separat}\right) / \left(FG_{zusammen} - FG_{separat}\right)}{QS_{separat} / FG_{separat}}$$

Im Beispiel erhalten wir

$$F = \frac{(1757{,}7 - 104{,}9)/(12 - 10)}{104{,}9/10} = 78{,}8$$

Auch dieser Wert ist hoch signifikant ($F_{0,01;\,2,10} = 7{,}56$).

3. Ein sehr flexibler Ansatz ist in Zar (1998) ausführlich beschrieben. Zuerst untersuchen wir, ob die Regressionsgeraden parallel sind (homogene Steigungen). Ist das der Fall, vergleichen wir die Achsenabschnitte. Die Rechnungen sind recht kompliziert, beruhen aber im wesentlichen wieder auf einem Vergleich von separaten und kombinierten Regressionsanalysen. Mehrere Computerprogramme haben eingebaute Routinen für solche Vergleiche; im allgemeinen findet man sie unter ANCOVA: Analysis of Covariance. Dabei ist die Kovariante jene Variable, die für den linearen Zusammenhang verantwortlich ist. Im Beispiel des Blattabbaues wäre das die Zeit. Mit SYSTAT sieht das Resultat des ersten Schrittes (Homogenität der Steigungen; engl.: slopes) wie folgt aus:

SOURCE	SUM-OF-SQUARES	DF	MEAN-SQUARE	F	P
ZEIT	2314,3	1	2314,3	220,7	0,000
BLATT	38,8	1	38,8	3,7	0,083
ZEIT*BLATT	**292,6**	**1**	**292,6**	**27,9**	**0,0004**
ERROR	104,9	10	10,5		

Die wichtige Zeile ist fettgedruckt: wir finden eine signifikante Wechselwirkung zwischen Zeit und Blatt, d.h., die Beziehung zwischen Zeit und verbleibender Blattmasse unterscheidet sich zwischen Ahorn und Buche.

9.5. Mehrfache lineare Regressionen

Mit der einfachen linearen Regressionsanalyse finden wir jene Gleichung, welche die beste Anpassung zwischen einer abhängigen Variablen Y und einer einzigen unabhängigen Variablen X gibt. Häufig wird Y jedoch von mehreren unabhängigen Variablen beeinflußt. Dann verwenden wir mehrfache (multiple) lineare Regression. Diese Methode wird typischerweise unter den folgenden Umständen angewendet:

1. Wir interessieren uns für den Effekt der unabhängigen Variablen X_1 auf Y und möchten den Einfluß von zusätzlichen Variablen (X_2, X_3, usw.) rechnerisch entfernen.
2. Unser Ziel ist die Voraussage von Y als Funktion mehrerer unabhängiger Variablen. Zum Beispiel wissen wir, daß der Blutdruck vom Alter, Pulsrate, Gewicht usw. abhängen kann.
4. Unsere Forschung befindet sich in einer Sondierungsphase. Wir messen eine abhängige Variable und gleichzeitig eine Anzahl unabhängiger Variablen, von denen wir vermuten, daß sie einen Einfluß auf Y haben. Die Regressionsanalyse identifiziert jene X-Variablen, die am stärksten mit Y korreliert sind. Allerdings kann dieses „blinde" Suchen nach Korrelationen sehr leicht in die Irre führen (S. 141)!

Voraussetzungen für multiple lineare Regression sind Normalverteilung und Homogenität der Varianzen der Y-Werte für jede Kombination der X-Variablen (vgl. S. 122). Ferner müssen die Y-Werte voneinander unabhängig sein, und wir setzen lineare Abhängigkeiten zwischen Y und allen X-Variablen voraus. Wichtig ist auch, daß keine Wechselwirkungen zwischen den unabhängigen Variablen existieren (d.h., die Erhöhung von X_1 um einen bestimmten Betrag hat stets denselben Effekt auf Y, unabhängig von den Größen der anderen X-Variablen).

Das Modell für multiple lineare Regression ist leicht als Verallgemeinerung der einfachen Regression zu verstehen:

$$Y = A + B*X_1 + C*X_2 + D*X_3 ... + \text{Restfehler}$$

Die Berechnungen für mehrfache Regressionen sind in der Regel sehr komplex und man wird kaum versuchen, sie von Hand auszuführen. Auch die Interpretation ist nicht immer einfach. Dieses Kapitel gibt nur eine oberflächliche Übersicht in ein paar wichtige Gesichtspunkte; bevor Sie versuchen, die eigenen Daten zu analysieren, sollten Sie sich gründlich in das Gebiet einarbeiten (z.B., Kirby 1993, Zar 1998) und mit Vorteil einen erfahrenen Statistiker zu Rate ziehen.

Ein Computerprogramm sucht jene Koeffizienten B, C, D..., welche die beste Anpassung liefern (zur Bestimmung des Koeffizienten für X_1 werden die anderen Variablen konstant gehalten). Wir erhalten einen Wert für das Bestimmtheitsmaß R^2 (in der Regel groß geschrieben für multiple Regressionen) des Modelles. Ein R^2 von 0,8 bedeutet, daß 80 % der Variabilität der Y-Daten durch unser Modell erfaßt wird. Verknüpft mit dem R^2 ist ein p-Wert; damit testen wir die Nullhypothese, daß *alle* Regressionskoeffizienten null sind, d.h., keine der unabhängigen Variablen hat einen signifikanten Einfluß auf Y.

Gleichzeitig gibt uns das Programm Schätzwerte für die Regressionskoeffizienten (A, B, C) mit Konfidenzintervallen. Für jeden Koeffizienten wird ein separater p-Wert ausgerechnet für die entsprechenden Nullhypothesen: A oder B oder C sind nicht signifikant von 0 unterschieden.

Um eine multiple Regression durchzuführen, muß man sich auf eine Strategie festlegen. Man kann z.B. die Berechnungen zuerst mit allen unabhängigen Variablen durchführen. Dann entfernt man eine Variable aus dem Modell (mit vier X-Variablen gibt das vier Untermodelle). Als nächstes entfernen wir zwei, drei, usw. Variablen und bestimmen jedesmal die Regression. Mit vier Variablen erhalten wir insgesamt 15 Modelle. Wir können diesen Prozeß auch in der umgekehrten Richtung ausführen: wir beginnen z.B. mit jener unabhängigen Variablen, welche zum größten R^2 führt. Dann fügen wir jeweils jene der verbleibenden Variablen bei, wodurch sich die Anpassung des Modells am meisten erhöht. Das Ziel ist, eine gute Anpassung mit möglichst wenig Variablen zu erhalten (je mehr Variable wir verwenden, desto teurer wird im allgemeinen das Sammeln unserer Daten). Diese Entscheidung ist natürlich von Fall zu Fall verschieden, und wir müssen uns dabei auf unsere Fachkenntnisse abstützen.

Eine Komplikation tritt dann auf, wenn zwei oder mehr unabhängige Variablen miteinander korreliert sind (Kollinearität). Das kann vorkommen, wenn zwei Variable z.T. identische Information enthalten (Redundanz). Zum Beispiel messen wir die Artenvielfalt von Pilzen in einem Bach und gleichzeitig Temperatur, pH und Ca^{2+}. Die letzten beiden Faktoren sind natürlich miteinander verknüpft. Ihre Informationsgehalte überdecken sich deshalb mindestens teilweise. Welche Faktoren sollten wir für unser Modell beibehalten? Auch diese Entscheidung hängt im wesentlichen von unserem spezifischen System ab und läßt sich nicht allgemein beantworten.

Schauen wir uns das folgende vereinfachte Beispiel an. In acht Bächen bestimmen wir Artenzahl, pH und Ca^{2+}-Gehalt (in mg L^{-1}):

Arten	pH	Ca^{2+}
10	8,0	55
15	7,0	42
25	6,7	23
35	6,5	19
12	8,4	61
18	7,2	37
22	6,9	28
17	8,3	45

Nach Kirby (1993) empfiehlt es sich in der Regel, schrittweise vorzugehen: Als erstes schauen wir uns graphische Darstellungen der Daten an, und zwar erstellt man alle möglichen bivariablen Vergleiche (also $Y*X_1$, $Y*X_2$, $Y*X_3$...; X_1*X_2, X_1*X_3....,etc.). Mehrere Programme (z.B. SYSTAT) produzieren automatisch solche sogenannte SPLOMs ((**S**catter**PLO**t **M**atrix). Für unseren Datensatz mit Arten, pH und Ca^{2+} sieht das so aus:

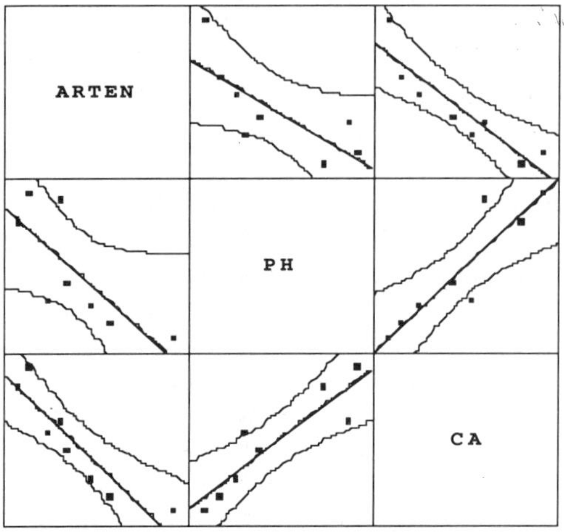

Die Artenzahl nimmt klar mit steigendem pH oder Ca^{2+}-Gehalt ab. Ca^{2+} und pH scheinen ebenfalls miteinander korreliert zu sein, was ein erster Hinweis auf mögliche Probleme ist.

Als nächstes berechnen wir lineare Regressionen aller möglichen Kombinationen, gefolgt von einer mehrfachen Regression. Wir erhalten die folgenden Resultate:

Modell	Regressionskoeffizienten	R^2	p
Arten vs. pH	–8,29	0,528	0,025
Arten vs. Ca	–0,49	0,808	0,001
pH vs. Ca	0,045	0,789	0,002
Arten vs pH + Ca	+3,29; –0,83	0,794	0,008

Falls wir daran interessiert sind, die Artenzahl vorauszusagen, ist offenbar die einfache Regression mit Ca^{2+}-Gehalt am aussagekräftigsten ($R^2 = 0{,}808$). Wenn wir zusätzlich pH-Werte berücksichtigen, sinkt wegen Kollinearität die Proportion der Variabilität, diewir durch das Modell erfassen (von 80,8 auf 79,4 %).

Perfekte Kollinearität ist dann vorhanden, wenn R zwischen zwei unabhängigen Variablen 1 (oder –1) beträgt. Wenn das eintritt, sind die Varianzschätzungen des Modells unzuverläßig, und Signifikanztests werden zu konservativ. Als Faustregel sollte man bei R-Werten $\geq |0{,}9|$ zwischen zwei unabhängigen Variablen eine davon aus dem Modell entfernen (Kirby 1993).

Ein anderes Maß für Kollinearität ist die sogenannte Toleranz. Sie wird für jede unabhängige Variable definiert als die Proportion der Varianz, die durch diese Variable zum Modell beigetragen wird. Bei zwei Variablen entspricht diese Summe $(1 - r^2)$, wobei r^2 dem quadrierten Pearson-Koeffizient entspricht. Auch hier gibt es wieder keine allgemeingültigen Regeln, aber im allgemeinen sollte die Toleranz mindestens 0,1 betragen.

Eine dritte Methode, den Effekt von Korrelationen zwischen X-Variablen zu charakterisieren, beruht auf sogenannten Konditions-Indizes. Das ist die zuverläßigste, aber auch komplizierteste Methode. Sie wird aufführlich in Kirby (1993) besprochen.

Eine Alternative zur multiplen Regression ist die sogenannte Pfad-Analyse (engl.: path analysis). Sokal & Rohlf (1981) geben eine kurze Einführung dazu.

9.6. Nichtlineare Regressionen

9.6.1. Polynomiale Gleichungen

Häufig ist die Beziehung zwischen zwei Variablen nicht linear. Es ist jedoch immer möglich, eine polynomiale Kurve zu finden, welche eine gute Anpassung an die Datenpunkte liefert. Die allgemeine Gleichung sieht wie folgt aus:

$$Y = A + B*X + C*X^2 + D*X^3 ...$$

Je nachdem, wieviele Glieder wir verwenden, sprechen wir von einer linearen, quadratischen, kubischen, usw. Funktion, oder von einer Funktion ersten, zweiten, dritten Grades. Wir erhalten Kurven, welche den Daten beliebig genau folgen. Nützlich ist dieser Ansatz, wenn wir für unbekannte Werte innerhalb des Messebereichs interpolieren wollen und keine Ahnung haben, wie die tatsächliche Beziehung zwischen den beiden Variablen aussieht. Es gibt jedoch wenige biologische oder chemische Prozeße, welche einer polynomialen Funktion folgen, und solche Kurven tragen deshalb selten zu einem vertieften Verständnis bei. Die weite Verbreitung von Kurvenanpassungs-Programmen (engl.: curve fitting programs) kann einen leicht dazu verführen, eine „attraktive“ Kurve zu berechnen und sie unkritisch für eine Extrapolation außerhalb des Meßbereiches zu mißbrauchen. Dazu ein Beispiel von SYSTAT: Krebsmedikamente sind häufig sehr giftig. In Vorversuchen wird deshalb zuerst die Todesrate bestimmt, die bei zunehmender Dosis eintritt. Die Tabelle zeigt Todesrate in Abhängigkeit der Dosis (wir verwenden in der Regel den natürlichen Logarithmus der Dosis). Für die Nulldosis wurde willkürlich der Wert –4 eingesetzt. Die Beziehung ist in Abb. 9.10 dargestellt.

Dosis	ln(Dosis)	Todesrate
0,00	–4,000	0,026
0,10	–2,303	0,120
0,25	–1,386	0,088
0,50	–0,693	0,169
1,00	0,000	0,281
2,50	0,916	0,443
5,00	1,609	0,632
10,00	2,303	0,820
25,00	3,219	0,852
50,00	3,912	0,852
100,00	4,605	0,879

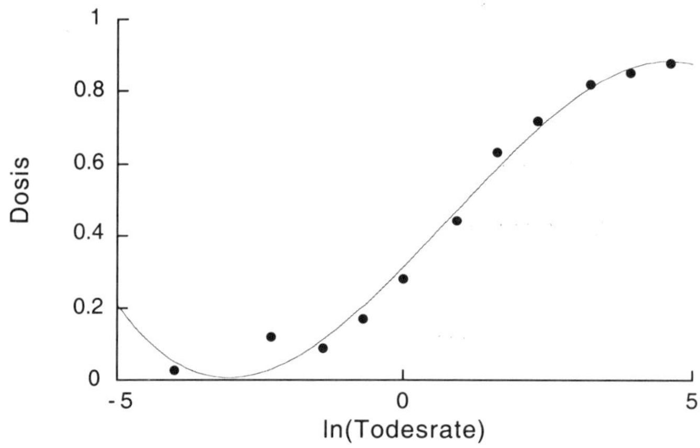

Abb. 9. 10. Todesrate als Funktion der Dosis. Die Regressionskurve entspricht einer kubischen Gleichung.

Es ist eindeutig, daß die Beziehung zwischen X und Y nicht linear ist, und die kubische Gleichung ausgezeichnet an die Daten angepaßt ist ($R^2 = 0{,}986$). Sie mag deshalb von Nutzen sein, um Mortalität innerhalb der gemessenen Daten zu interpolieren. Biologisch betrachtet ist diese Beziehung allerdings nicht sinnvoll. Sonst müßte man annehmen, daß bei sehr hohen Dosen die Todesrate wieder abnimmt und bei sehr niedrigen Dosen wieder zunimmt.

Eine Variation von polynomen Kurvenanpassungen besteht darin, daß wir für jedes Paar von benachbarten Punkten mehrere kubische Gleichungen aufstellen (engl.: cubic splines). Die Gesamtkurve setzt sich aus solchen Unterkurven zusammen, die wir aufgrund ihrer ersten und zweiten Ableitungen so auswählen, daß wir gerundete Übergänge erhalten. Solche Kurven gehen durch alle Meßpunkte.

9.6.2. Weitere nichtlineare Gleichungen

9.6.2.1. Exponentieller Zerfall

Im Idealfall haben wir eine klare Vorstellung, welcher Gleichung unsere Daten gehorchen sollten. Zerfallsprozeße (Atomzerfall, Abbau natürlicher Pflanzenreste wie Laubblätter, Holz) folgen häufig einer exponentiellen Kurve; Abb. 9.11):

$$M_{(t)} = M_{(0)} \cdot e^{-kt}$$

$M_{(t)}$ = übrigbleibende Masse zur Zeit t
$M_{(0)}$ = Masse zur Zeit 0
k = Zerfallskonstante
t = Zeit (je nach Vorgang in Stunden, Tagen, Wochen)

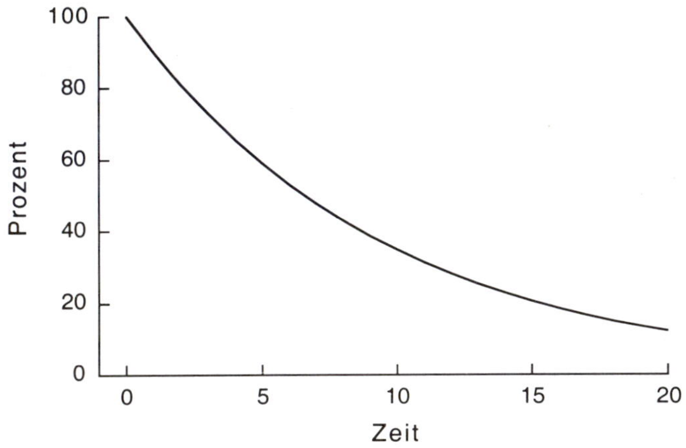

Abb. 9.11. Exponentieller Zerfall: zurückbleibende Masse (Y-Achse, in %) als Funktion der Zeit.

9.6.2.2. Exponentielles Wachstum

Bakterien- oder Hefekulturen in einer sterilen Nährlösung durchlaufen häufig eine Phase exponentiellen Wachstums (Abb. 9.12). Die Gleichung ist bis auf das Vorzeichen identisch mit jener für exponentiellen Zerfall:

$$N_{(t)} = N_{(0)} \cdot e^{rt}$$

$N_{(t)}$ = Population zur Zeit t
$N_{(0)}$ = Population zur Zeit 0
r = Zuwachsrate
n = Anzahl Generationen

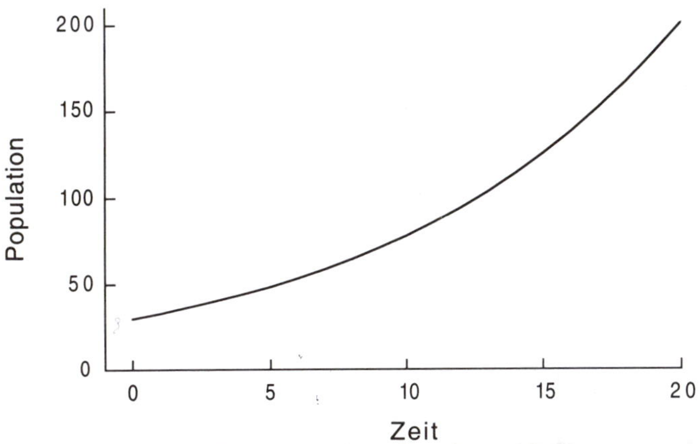

Abb. 9.12. Exponentielles Wachstum: Population (Anzahl Individuen) als Funktion der Zeit.

9.6.2.3. Logistisches Wachstum

Natürlich ist exponentielles Wachstum nur für kurze Zeit möglich: wegen Konkurrenz um Raum und Nahrung verlangsamt sich die Zunahme einer Population sehr bald. Man kann diese dichteabhängige Regulation durch die logistische Gleichung darstellen, die vor allem in Ökologie sehr wichtig ist (Abb. 9.13):

$$\frac{dN}{dt} = r \cdot N\left(\frac{K-N}{K}\right)$$

$$N = \frac{K}{1+e^{a-rt}}$$

K = Kapazität (carrying capacity), d.h. höchste Individuenzahl, die in einem System existieren kann
R = Zuwachsrate (Koeffizient von Malthus)
N = Anzahl Individuen
a = Integrationskonstante

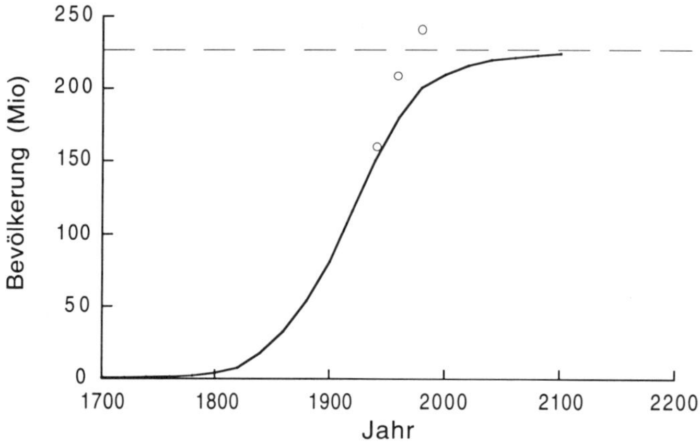

Abb. 9.13. Bevölkerung in den USA. Offene Zirkel zeigen tatsächlich gemessene Werte. Bis 1940 stimmten sie ziemlich genau mit einer logistischen Zunahme überein (solide Zirkel). Falls es dabei geblieben wäre, betrüge die Maximalbevölkerung rund 225 Mio.

9.6.2.4. Michaelis-Menten-Gleichung

Für die Beschreibung der Reaktionsgeschwindigkeit *V* einer einfachen enzymatischen Reaktion verwendet man die Michaelis-Menten-Gleichung (Abb. 9.14):

$$V = \frac{V_M \cdot S}{K_M + S}$$

V_M = maximale Reaktionsgeschwindikgeit
K_M = Michaelis Konstante
S = Substratkonzentration

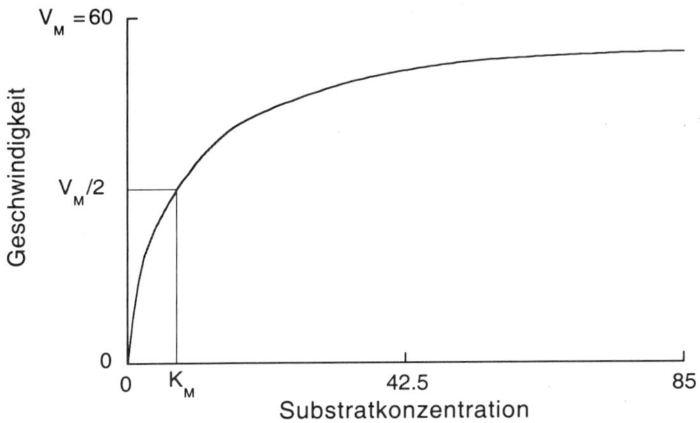

Abb. 9.14. Geschwindigkeit einer enzymatischen Reaktion als Funktion der Substratkonzentration. Bei einer Konzentration von K_M erreicht die Geschwindigkeit 50 % des maximalen Wertes.

9.6.2.5. Das Finden der besten Anpassung

Bevor billige und leistungsfähige Mikrocomputer zur Verfügung standen, waren nichtlineare Kurvenanpassungen nicht direkt durchführbar. Die einzige praktische Alternative war die Überführung der Funktion in eine lineare Form, gefolgt von einer linearen Regression. Für einen exponentiellen Abbauprozeß sieht das so aus:

$$M_{(t)} = M_{(0)} \cdot e^{-kt}$$

$$\ln\left(M_{(t)}\right) = \ln\left(M_{(0)} \cdot e^{-kt}\right) = \ln\left(M_{(0)}\right) - k \cdot t$$

$$Y = A - B \cdot X$$

Anstatt der gemessenen Werte (verbleibende Masse in %) verwenden wir also ihren natürlichen Logarithmus. Wir erhalten eine lineare Gleichung, deren Koeffizienten A und B wir durch Regression abschätzen. Bei guter Übereinstimmung sollte natürlich A dem Wert $\ln[M_{(0)}] = \ln(100) = 4{,}605$ entsprechen.

Für Berechnungen der Enzymkinetik wird häufig die folgende Umwandlung verwendet (Lineweaver-Burke, wobei $X = 1/V_M$):

$$V = \frac{V_M \cdot S}{K_M + S}$$

$$\frac{1}{V} = \frac{K_M + S}{V_M \cdot S} = \frac{K_M}{V_M} \cdot \frac{1}{S} + \frac{1}{V_M}$$

$$Y = B \cdot X + A$$

Eine Voraussetzung der linearen Regression ist, daß die Restfehler von wiederholten Messungen von Y nicht mit X oder Y korreliert sind. Häufig werden aber durch Transformationen die Fehler bei kleinen Y-Werten vergrößert. Das heißt, kleine Werte erhalten relativ mehr Gewicht. Durch diese Verzerrung wird unser Modell weniger zuverlässig (Motulsky & Ransnas 1987). Die heute bevorzugte Altnerative ist deshalb eine direkte Anpassung unserer Daten an ein definiertes Modell. Das Ziel ist wieder, die Summe der quadrierten Abweichungen möglichst klein zu halten, und wir setzen voraus, daß die Restfehler normal verteilt und weder mit X noch mit Y korreliert sind. Das Vorgehen ist iterativ. Zuerst müssen wir Schätzwerte für die verschiedenen Koeffizienten vorgeben. Das Computerprogramm variiert diese Werte systematisch in jener Richtung, die zu einer besseren Anpassung führt (charakterisiert durch R^2). Zur Beurteilung der Anpassung ist es auch hier wieder aufschlußreich, in einer Graphik gemessene mit theoretischen Werten zu vergleichen.

Zur Illustration vergleichen wir die Daten eines Abbauexperimentes mit Ahornblättern (drei Wiederholungen, $Y_1 - Y_3$):

Zeit (Tage)	Y_1	Y_2	Y_3
0	105	102	93
7	81	72	83
14	67	60	57
21	56	42	52
28	53	29	38
35	27	15	37

Durch direkte Anpassung an die ursprünglichen Daten erhalten wir einen geschätzten Achsenabschnitt von 100,34 und eine exponentielle Abbaurate von k = –0,0347 (Abb. 9.15).

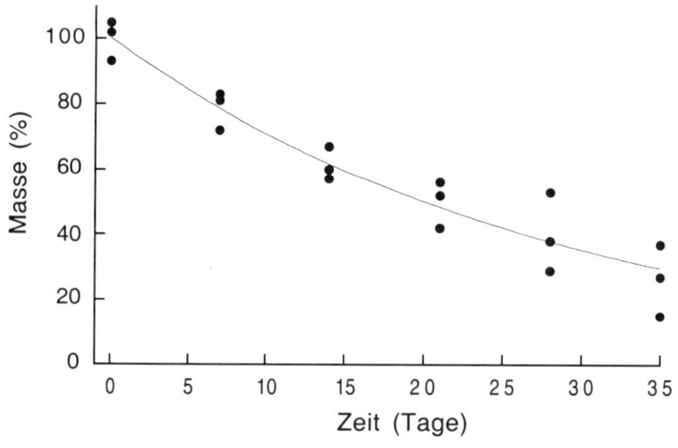

Abb. 9.15. Direkte Anpassung der Daten an eine exponentielle Zerfallskurve

Wenn wir statt dessen lineare Regression der ln-transformierten Werte durchführen, beträgt der geschätzte Achsenabschnitt 104,7 und die Abbaukonstante k –0,0380. In Abb. 9.16 sind beide Kurven illustriert.

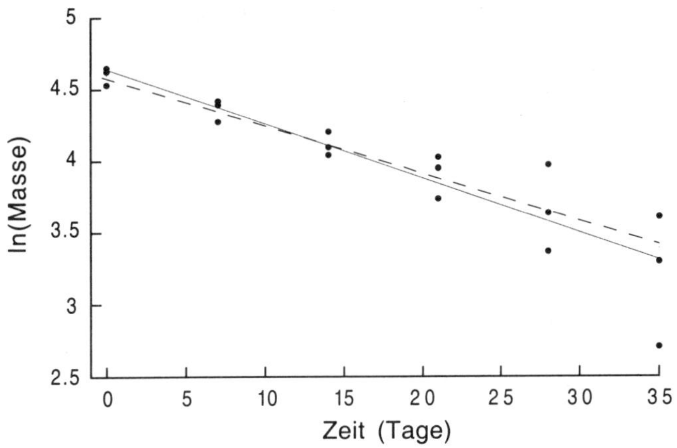

Abb. 9.16. Darstellung mit ln-transformierten Werten. Die Streuung nimmt bei kleinen Y-Werten zu. Als Folge davon hat die Regression basierend auf tranformierten Daten (solide Linie) eine größere Abbaukonstante.

Der Unterschied zwischen direkter Anpassung und Anpassung an transformierte Daten war in diesem Beispiel relativ bescheiden. Das ist nicht immer der Fall, besonders dann nicht, wenn wir wenig Messungen bei kleinen Y-Werten haben. Nichtlineare Regressionen sind praktisch immer robuster gegenüber zufälligen Schwankungen.

Bei enzymatischen Messungen stellt sich manchmal die Frage, ob ein einfaches oder komplexes Modell vorzuziehen sei (z.B. Bindung des Substrates an eine oder mehrere reaktive Stellen). Dann empfiehlt es sich, beide Modelle zu bestimmen. Falls das einfachere Modell eine bessere Übereinstimmung gibt, ziehen wir es vor. Tritt das Gegenteil ein, vergleichen wir die Summe der quadrierten Abweichungen vom Modell mit einem F-Test. Wir bestimmen die Wahrscheinlichkeit, durch Zufall Daten erhalten zu haben, welche besser an das komplexere Modell angepaßt sind (Motulsky & Ransnas 1987).

9.7. Logistische Regression

In den bisher besprochenen Regressionen nahmen wir an, daß die abhängige Variable Y im Prinzip jeden beliebigen Wert annehmen kann, d.h., eine kontinuierliche Verteilung hat. Das braucht nicht immer der Fall zu sein. Medizinische Untersuchungen liefern uns häufig sogenannte binäre Resultate (d.h., das Resultat kann nur zwei Werte annehmen). Wir interessieren uns z.B. für das Vorkommen oder Abwesenheit einer Krankheit, oder für das Eintreten eines Todesfalles oder Überleben. Wir versuchen diese Messungen mit Risikofaktoren (X_1, X_2, etc.) in Beziehung zu bringen. Risikofaktoren können kontinuierlich (Blutdruck, Alter) oder binär (Geschlecht, Operation) sein.

Die konventionellen Regressionsmethoden sind ungeeignet für eine binäre abhängige Variable. Statt dessen verwenden wir eine logistische Regression; als Spezialfall für sehr kleine Risiken eignet sich die Poisson-Regression (S. 171; weitergehende Literatur in McNeil 1996).

9.8. Wovor man sich bei Korrelation und Regression hüten muß

9.8.1. Korrelation bedeutet nicht Kausalzusammenhang

Dieser wichtige Grundsatz wird praktisch jeden Tag in der Tagespresse und leider auch durch Forscher verletzt. Man findet, daß eine Krankheit (z.B. hoher Blutdruck) mit einer Änderung im Metabolismus (z.B. hoher Salzgehalt im Blut) korreliert ist. Daraus wird gefolgert, daß diese Änderung die Krankheit verursacht und daß man sie folglich durch eine entsprechende Korrektur des Metabolismus verhindern kann. Es besteht immer die Möglichkeit, daß die Verursachung in der umgekehrten Richtung läuft, oder daß beide Meßgrößen durch eine dritte Variable kontrolliert werden. In der Regel können wir nur durch detaillierte Sachkenntnisse entscheiden, worauf die Korrelation beruht.

Es gibt viele Beispiele für solche irreführende Korrelationen. Relativ leicht durchschaubar sind jene, wo verschiedene Meßgrößen einfach eine Folge der Populationsgröße sind. Das bedeutet, daß die Anzahl Ärzte, Priester, Unfälle, Verbrechen, etc. in der Regel stark miteinander korreliert sind, obwohl man kaum einen kausalen Zusammenhang zwischen Ärzten und Verbrechen postulieren möchte.

Auch sogenannte Volksweisheiten beruhen z.T. auf falsch verstandenen Korrelationen. Ein amüsantes Beispiel wird von Huff (1954) berichtet: die Bewohner der Neuen Hebriden (Inselgruppe im Südpazifik) waren früher davon überzeugt, daß Läuse gut für die Gesundheit seien. Das beruhte auf der korrekten Beobachtung, daß kranke Leute in der Regel weniger Läuse hatten. Die Erklärung: bei Infektionskrankheiten wird wegen Fiebers die Körpertemperatur häufig zu warm für Läuse, die deshalb einen neuen Wirt suchen.

Wie man erwarten würde, besteht eine negative Korrelation zwischen Kindersterblichkeit und erhöhter ärztlicher Betreuung (Anzahl Besuche beim Arzt oder im Spital) vor der Geburt (McNeil 1996). Allerdings stimmt das nur für das erste Trimester der Schwangerschaft. Im dritten Trimester findet man paradoxerweise eine positive Korrelation: je mehr ärztliche Betreuung, desto höher die Kindersterblichkeit! Die Erklärung ist natürlich, daß intensivere Betreuung im dritten Trimester vor allem bei Komplikationen gesucht wird. Trotz intensiverer Betreuung erhöht sich in diesem Fällen die Mortalität.

9.8.2. Extrapolation außerhalb gemessener Werte

Strikt genommen gelten unsere Modelle nur für den Bereich, der durch Meßdaten abgedeckt ist. Bei Erweiterungen über diesen Bereich hinaus ist Vorsicht geboten. Ein klassisches Beispiel von gedankenloser Extrapolation wurde von Mark Twain beschrieben (Life on the Mississippi, ursprünglich 1874 veröffentlicht). Danach habe sich der Mississippi während 176 Jahren um 242 Meilen verkürzt, im Durchschnitt also 1,4 Meilen pro Jahr. Daraus könnte man extrapolieren, daß vor einer Million Jahren der Mississippi 1.4 Mio Meilen lang war und in 742 Jahren noch 1,75 Meilen lang sein wird. Twain schließt mit den folgenden berühmten Worten: „There is something fascinating about science. One gets such wholesale return of conjecture out of a trifling investment of fact.“

Allerdings gibt es Situationen, wo Extrapolationen in das Unbekannte durchaus sinnvoll, z.T. sogar wesentlich sind. Unwetter können enorme Schäden anrichten. So kam es nach dem Hurrikan Andrew 1992 zu Schadenersatzforderungen von 16 Milliarden $. Für Versicherungsgesellschaften kann es eine Überlebensfrage sein, zu schätzen, wie groß die Chance einer noch größeren Unwetterkatastrophe in den nächsten 10 Jahren ist. Wie können wir die Wahrscheinlichkeit eines Ereignisses voraussagen, das noch nie eingetreten ist? Hier hilft uns die Theorie der Extremwerte weiter (Extreme Value Theory; Smith 1990). Sie beruht auf der Annahme, daß auch extreme Vorgänge einer Verteilung gehorchen. Tritt ein neuer Extremwert auf, verändert sich zwar der Durchschnitt aller bisherigen Ereignisse; die allgemeine Form der Verteilung bleibt jedoch erhalten. Zusätzlich wird eine obere Grenze angenommen. Im wesentlichen gibt es drei Kurven, die sich so verhalten: die Gumbel-, Frechet- und Weibull-Verteilungen (jeweils nach Entdecker benannt). Sie erlauben eine präzise Beschreibung der etwas vagen Annahme, daß ein Ereignis um so seltener wird, je mehr es vom Durchschnitt abweicht. Eine Schwierigkeit besteht darin, daß mehrere hundert Beobachtungen nötig sind, um einigermaßen zuverlässige Schätzungen zu erhalten.

Die Methode wurde in Holland angewendet, um die Wahrscheinlichkeit extrem hoher Gezeiten zu bestimmen. Im Jahr 1570 wurde ein Maximum von 4 m beobachtet; 1953 ein solches von 3,85 m, was zum Tode von 1800 Leuten führte. Nach der Theorie der Extremwerte ist die Wahrscheinlichkeit einer Flut von 5 m pro Jahr etwa 1 in 10.000.

Mit derselben Methode wurde geschätzt, daß die maximale menschliche Lebensdauer zwischen 113 und 124 Jahre beträgt (beruhend auf holländischen Daten).

Bei einem neuen Weltrekord über 3000 m von 8 min 12,19 sec (durch Wang Junxia, China, in 1993; eine Verbesserung um 10,43 sec) entstand der Verdacht, daß leistungssteigernde Drogen verwendet worden waren. Durch Modelle der Extremwerttheorie zeigte sich jedoch, daß die vermutliche Bestzeit zwischen 8 min 3 sec und 8 min 17 sec liegt. Der neue Rekord lag also durchaus im Rahmen des Möglichen.

9.8.3. Das statistische Netz von Münchhausen

Wie mehrmals erwähnt, besteht in statistischen Berechnungen immer die Gefahr, eine falsche Entscheidung zu treffen. Für ein einzelnes Experiment oder Meßreihe können wir einen α-Wert definieren (S. 56). Führen wir mehrere Experimente durch, oder bearbeiten mehrere Gruppen dasselbe Problem, erhöht sich natürlich die Wahrscheinlichkeit, daß für mindestens ein Experiment die falsche Entscheidung getroffen wird. Wir müssen deshalb unsere kritischen Werte anpassen (Bonferroni, S. 88). Das ist relativ einfach, wenn wir wissen, wieviele Experimente nicht nur durch uns, sondern auch durch andere Gruppen durchgeführt worden sind. In der Regel ist das nicht der Fall.

Auch wenn die Untersuchung durch eine einzige Forschergruppe ausgeführt wird, ist die Versuchung groß, falsche Signifikanzen in die Daten hineinzulesen. Graham Martin (zitiert in Westfall & Young 1993) bezeichnet die Methode, wie man ein signifikantes Resultat von einer mißlungenen klinischen Untersuchung retten kann, als das statistische Netz von Münchhausen. Nehmen wir an, wir haben sehr vielen Patienten verschiedene Dosen eines Medikamentes verabreicht in der Hoffnung, deren Blutdruck zu senken. Die Korrelation ist leider nicht signifikant. Wir unterteilen die Patienten in fünf Altersgruppen und zwei Geschlechter und erhalten zehn Untergruppen, für die wir separate Regressionen erstellen. Jetzt ist die Wahrscheinlichkeit, daß wir für mindestens eine der zehn Untergruppen einen signifikanten Wert finden, bereits etwa 50 % (dies unter der Voraussetzung, daß das Medikament nutzlos ist)! Haben wir immer noch kein Glück gehabt, unterteilen wir die Daten z.B. in Skandinavier vs. Nichtskandinavier, Stadt- vs. Landbewohner, etc. So finden wir vielleicht, daß unser neues Medikament für 51–60jährige Skandinavierinnen einen signifikanten Effekt hat. Da es für diese Gruppe klappt, gilt derselbe Zusammenhang vermutlich auch für andere Patienten; es wäre rassistisch und sexistisch, die Vorteile des neuen Medikamentes nur den Skandinavierinnen zukommen zu lassen! Und damit haben wir ein mißlungenes Experiment (und eine wirkungslose Arznei) gerettet.

Der Mißbrauch von Statistik im obigen Beispiel ist relativ leicht durchschaubar. Leider sind aber ähnliche Fehler durchaus nicht selten. Man interessiert sich z.B. für Zusammenhänge zwischen bestimmten Krankheiten und Umweltsfaktoren. Je mehr Krankheiten oder Faktoren wir einbeziehen (je fleißiger und gründlicher wir sind), desto größer wird die Gefahr, daß wir irrtümlicherweise eine signifikante Korrelation postulieren. Die einzige Absicherung dagegen ist eine sorgfältige Anpassung des α-Wertes. Wir müssen uns ganz klar **vor dem Versuch** überlegen, wieviele unabhängige Korrelationen wir ausführen wollen.

Leider gibt es eine zusätzliche Komplikation. Denken wir an ein paar aktuelle Probleme: sind Krebsraten in der Nähe von Atomkraftwerken oder Hochspannungsleitungen erhöht? Senken gewisse Nahrungsmittel den Cholesterin-Gehalt? Natürlich werden sich viele Forschergruppen auf ein solches Problem stürzen. Auch bei Abwesenheit eines Effektes ist die Wahrscheinlichkeit groß, daß eine Gruppe aus Zufall ein statistisch signifikantes Resultat erhält. Die Forscher dieser Gruppe werden vermutlich die meiste Publizität (und finanzielle Unterstützung) erhalten. Kollegen mit negativen Resultaten werden häufig zögern, ihre „uninteressanten" Resultate zu veröffentlichen. Insgesamt wird sich die Forschungsaktivität auf diesem Gebiet intensivieren. Je mehr Gruppen daran arbeiten, desto mehr falsche positive Resultate können wir erwarten. Natürlich werden sich auch die korrekten negativen Befunde anhäufen. Eine Ereignis wird mit hoher Wahrscheinlichkeit auftreten: die Beteiligten werden mehr Geld zur Erforschung dieses hochaktuellen und wichtigen Themas fordern und auch erhalten.

Dazu ein Beispiel (Quellenangaben in Campion 1997): jedes Jahr werden in den USA etwa 2000 Kinder mit akuter lymphoblastischer Leukämie (ALL) diagnostiziert. Die Mortalität ist auch heute noch 30 %. In den letzten 20 Jahren ist die Häufigkeit von ALL um etwa 20 % angestiegen. Gleichzeitig hat sich während den letzten 50 Jahren der Verbrauch von elektrischer Energie um das 10fache erhöht. Zwei Forscher beobachteten 1979 in bestimmten Gebieten um Denver (Colorado) eine Anhäufung (Clusters) von ALL-Erkrankungen. Sie kamen zum Schluß, daß wegen der Nähe von Hochspannungsleitungen magnetische Felder erzeugt wurden, welche in den Kindern Krebs erzeugen. Ironischerweise sind diese künstlichen magnetischen Felder (3 –10 µteslas direkt unter der Stromleitung; 0,01–0,05 µteslas in Häusern) viel schwächer als das natürliche Feld der Erde (50 µteslas), und bis heute konnte niemand einen einleuchtenden biologischen Mechanismus vorschlagen, welcher zu Krebs führen könnte. Trotzdem explodierte die Forschung auf diesem Gebiet geradezu, und in Kürze wurden Dutzende von Arbeiten publiziert. Das Netz wurde verfeinert: man suchte Zusammenhänge mit ALL, Gehirnkrebs, Fehlgeburten, Fehlentwicklungen während der Schwangerschaft, Lymphoma, Brustkrebs in Männern (!), sogar Veränderungen in tierischen Verhaltensmustern. Es erstaunt nicht, daß tatsächlich mehrere „signifikante" Korrelationen gefunden wurden. Kritische Übersichten der Literatur kamen jedoch zum Schluß, daß in praktisch allen Studien mangelhafte Methoden (sowohl bei Datensammlung wie bei Auswertung) für positive Korrelationen verantwortlich waren. Campion (1997) schrieb deshalb, daß die enorme Summe, die für diese Forschung aufgewendet wurde (rund 500 Mio. $) im wesentlichen eine Verschwendung von Zeit und Geld darstellte und nichts zur Kenntnis oder Verhütung von Krebs beigetragen habe. Er hoffte, mit seinem Editorial im New England Journal of Medicine dieser Verschwendung von Ressourcen ein Ende zu setzen. Wie zu erwarten, gibt es aber auch heute noch eine einflußreiche medizinische Lobby, welche das verhindern will. Erleichtert werden ihre Bemühungen durch das Mißtrauen des Publikums gegenüber der „Skrupellosigkeit der Elektroindustrie, den Lügen des militärisch-industriellen Komplexes, der Korruption von Wissenschaftern, die sich ihre Forschung von Industrie und Staat bezahlen lassen“. Rund 33 % aller Amerikaner betrachten Starkstromleitungen heute als ernsthaftes Gesundheitsrisiko.

Wie können wir uns vor solchen falschen Schlußfolgerungen schützen? Ein relativ neuer Ansatz ist die sogenannte Meta-Analyse (Kapitel 12), womit wir mehrere voneinander unabhängige Studien zusammenfassen. Außerdem sollte sich jeder Forscher stets Youngs Regeln betreffend falsch positiver Resultate vor Augen halten (falsch positiv: ungerechtfertigte Verwerfung von H_0; Westfall & Young 1993):

1. Mit genügend Untersuchungen findet man stets falsch positive Resultate.
2. Daten von unserem Labor werden unseren falsch positiven Resultaten nicht widersprechen.
3. Gute Forscher finden stets eine plausible Erklärung für ein falsch positives Resultat
4. Falsch positive Resultate passieren nicht nur dem andern.

9.8.4. Regression zum Mittelwert

Wie Galton feststellte (S. 110), tendieren Extremwerte zurück zum Populationsdurchschnitt. Diese Beobachtung gilt für fast alle Gebiete des Alltages, der Wissenschaft, Wirtschaft und Politik. Unser körperliches Wohlbefinden fluktuiert täglich. Es ist deshalb wahrscheinlich, daß auf einen sehr schlechten Tage ein besserer Tag und auf einen sehr guten Tag ein schlechterer Tag folgt. Bei Krankheiten tritt deshalb eine Verbesserung am ehesten nach einer Schwächeperiode ein. Für Scharlatane mit einer neuen Wundermedizin empfiehlt es sich deshalb, vorwiegend „hoffnungslose“ Fälle zu behandeln: niemand erwartet einen Erfolg; die Chance ist aber recht groß, daß wegen natürlicher Variation zumindest vorübergehend eine leichte Besserung eintritt (zusätzlich spielt der Placebo-Effekt eine Rolle).

Viele andere Beispiele, vorwiegend aus der Wirtschaft, findet man in Bernstein (1996). Eine weitverbreitete Annahme ist heute, daß Belohnung eine bessere Motivation darstellt als Bestrafung. Zu ihrem Erstaunen fanden die beiden Psychologen Daniel Kahnemann und Amos Tversky (1982), daß Lob oder Tadel von Piloten der israelischen Luftwaffe nicht das gewünschte Resultat zeigten: wurde ein Pilot nach einem besonders erfolgreichen Einsatz gelobt, verschlechterte sich i.a. seine Leistung in den folgenden Tagen; umgekehrt verbesserte sich die Leistung von Piloten, welche wegen Fehler kritisiert wurden. Nach weiteren Untersuchungen kamen Kahnemann und Tversky zum Schluß, daß der dominierende Faktor Regression zum Durchschnitt war; in der Regel folgte auf eine extrem gute oder schlechte Leistung eine typischere Leistung. Zumindest kurzfristig spielte die Reaktion des Einsatzleiters kaum eine Rolle (natürlich kann über längere Perioden das Arbeitsklima die durchschnittliche Leistung klar beeinflussen).

Regression zum Durchschnitt läßt sich leicht mit simulierten Daten zeigen (nach einer Idee von Motulsky 1995). Nehmen wir an, wir untersuchen die Wirkung eines neuen Medikamentes auf den Blutdruck. Durch einen Zufallszahlengenerator bestimmen wir zweimal 100 Werte von einer Normalverteilung mit $\mu = 120$ und $\sigma = 5$. Die ersten 100 Werte interpretieren wir als Blutdruck vor der Behandlung, die übrigen Werte als Blutdruck nach der Behandlung. Abb. 9.17 zeigt ein Beispiel; wie erwartet, besteht keine Beziehung zwischen den beiden Datensätzen.

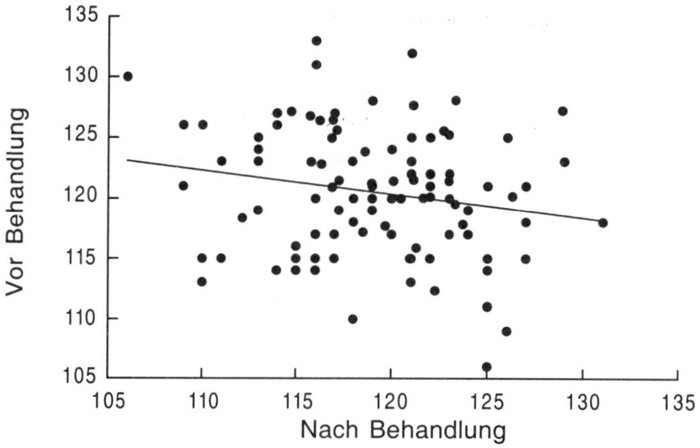

Abb. 9.17. Jeweils 200 zufällig gewählte Blutdruckwerte (mit $\mu = 120$, $\sigma = 5$) wurden als „vor" und „nach" Behandlung klassifiziert. Der Bestimmungsgrad der linearen Korrelation ist nicht signifikant ($r^2 = 0{,}034$).

Jetzt nehmen wir den Unterschied der beiden Werte (vor und nach Behandlung), und bestimmen die Korrelation zwischen diesem Unterschied und dem Wert nach der Behandlung (Abb. 9.18). Wir finden eine signifikante Korrelation. Sie beruht darauf, daß bei zufälligen Schwankungen ein hoher Wert eher abnimmt und ein tiefer Wert eher zunimmt (Regression zum Durchschnitt).

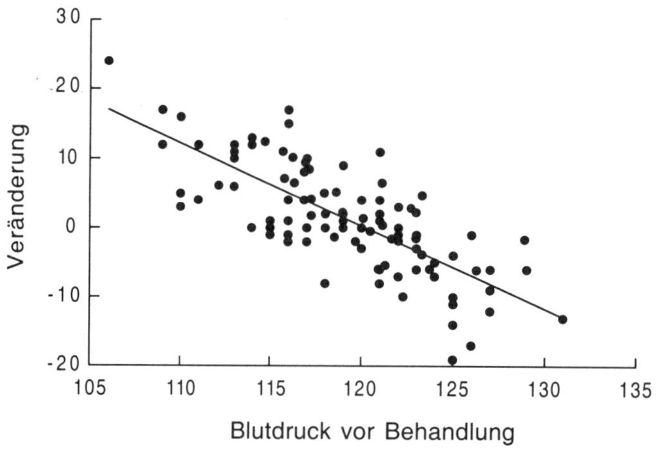

Abb. 9.18. Wir finden eine signifikante Korrelation zwischen der Veränderung des Blutdruckes und des Blutdruckes nach der Behandlung ($r^2 = 0{,}58$, $p < 0{,}001$).

9.8.5. Vermischung zweier oder mehrerer Populationen

Unter Umständen erhalten wir eine irreführende signifikante Korrelation, wenn wir zwei verschiedene Populationen miteinander vermischen. Das ist in Abb. 9.19 illustriert. Allerdings würde uns hier ein t-Test zeigen, daß die beiden Untergruppen signifikant verschieden sind.

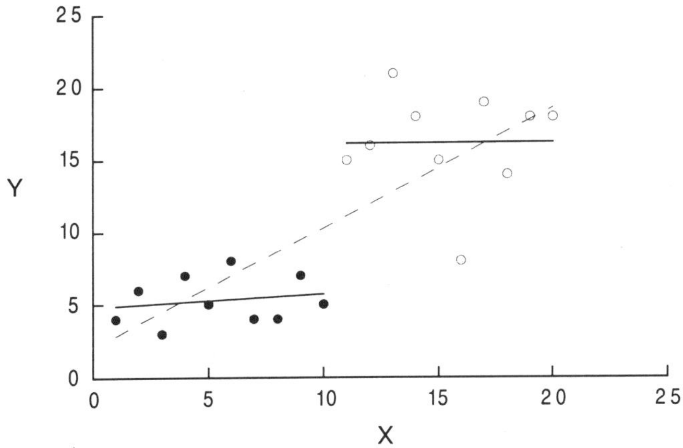

Abb. 9.19. Durch Vermischung zweier Populationen kann eine signifikante Regression vorgetäuscht werden. Separate Berechnungen geben r^2-Werte von 0,16 resp. 0,01; werden die Daten zusammengefaßt, erhalten wir $r^2 = 0{,}79$.

Auch der umgekehrte Effekt kann eintreten. Eltern wünschen, daß sich ihre Kinder in der Schule anstrengen und gute Noten heimbringen, um im späteren Leben mehr Erfolg zu haben. Besteht eine Beziehung zwischen Abschlußnote (Abitur oder Highschool) und dem Gehalt zehn Jahre nach Abschluß? Abb. 9.20 zeigt die Beziehungen für zwei Gruppen: Studenten, welche anschließend in der Autoindustrie arbeiteten und solche, welche einen wissenschaftlichen Beruf ergriffen (die Daten sind fiktiv, die Trends entsprechen aber einer kanadischen Untersuchung von 1970). Für zukünftige Wissenschafter ($r = 0{,}955$), aber nicht für Autoarbeiter ($r = 0{,}254$), besteht eine signifikante Korrelation zwischen Abschlußnote und späterem Erfolg. Mischen wir die beiden Gruppen, finden wir keine signifikante Korrelation ($r = 0{,}343$; die kritischen Werte für $r_{\alpha=0{,}05}$ betragen 0,632 für 8 FG und 0,444 für 18 FG). Die wahrscheinliche Erklärung: Autoarbeiter hatten eine starke Gewerkschaft, und ihr Lohn hing im wesentlichen von der Seniorität ab. Lohnerhöhungen waren deshalb mehr oder weniger automatisch und gleich für alle Mitglieder. Für eine erfolgreiche wissenschaftliche Karriere hingegen sind Initiative und Einsatz wesentlich; diese Eigenschaften sind in der Regel schon in der Mittelschule vorhanden und drücken sich in relativ hohen Noten aus.

Bei der Unterteilung oder Zusammenfassung von Daten muß man sich der Gefahren, die unter 9.8.3 diskutiert wurden, bewußt sein! Man sollte vor der statistischen Untersuchung überlegen, welche Daten zusammen gehören und welche man getrennt untersuchen will.

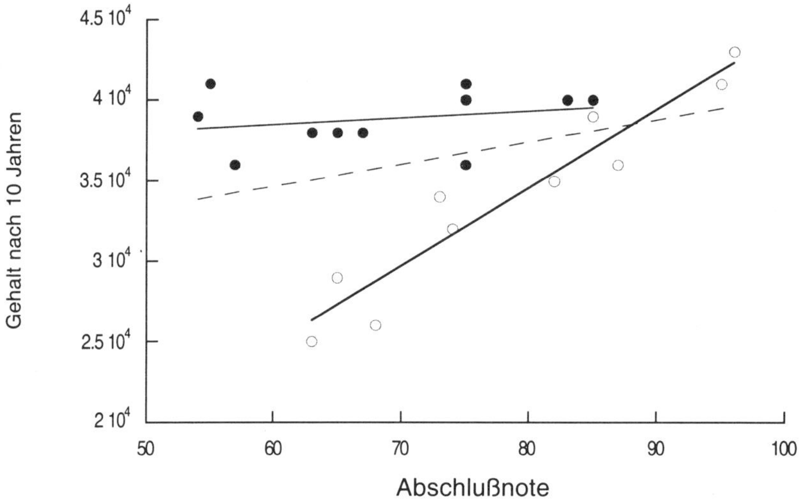

Abb. 9.20. Für gewisse Berufe (durch offenen Zirkel gekennzeichnet; steile Regressionsgerade) gibt die Abschlußnote der Mittelschule einen klaren Hinweise auf zukünftigen beruflichen Erfolg (hier durch Gehalt gemessen); in anderen Berufen fehlt dieser Zusammenhang (solider Zirkel). Durch Vermischung zweier Populationen können signifikante Korrelationen verloren gehen (gestrichelte Regressionsgerade).

9.8.6. Quotienten und Transformationen

Auf die Gefahr, daß durch linearisierende Transformationen von komplexen Funktionen Artefakte entstehen können, wurde schon in 9.6.2 hingewiesen. Ähnliche Probleme treten häufig auf, wenn wir unüberlegt Quotienten zwischen verschiedenen Meßdaten erstellen. Die wichtigsten Fallgruben wurden von Krambeck (1995), Packard & Boardman (1988) und Berges (1997) diskutiert. Daraus habe ich drei typische Beispiele gegriffen.

In limnologischen Untersuchungen finden wir häufig eine graphische Darstellung von partikulärem organischem Kohlenstoff (engl.: particulate organic carbon, POC) gegen Chlorophyll. In Abb. 9.21 wurden 100 zufällig erzeugte POC-Daten (50–150 µg/L) gegen 100 zufällige Chlorophyll-Werte (20–180 µg/L) aufgetragen. Wie erwartet, findet wir keine signifikante Korrelation.

Nun bestimmen wir für jedes Wertepaar das Verhältnis von POC zu Chlorophyll (POC/Chlorophyll) und tragen den neuen Wert gegen den logarithmisch transformierten Wert von Chlorophyll auf (Abb. 9.22). Wir erhalten eine signifikante negative Korrelation. Sie beruht ausschließlich darauf, daß dieselbe Information sowohl in der X- wie auch in der Y-Variablen enthalten ist.

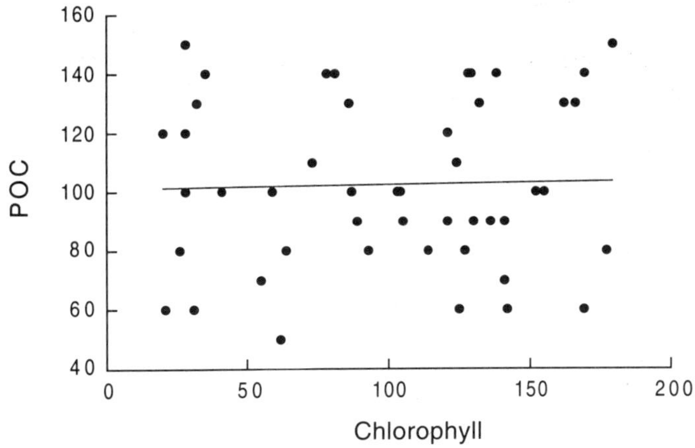

Abb. 9.21. Bei 100 zufällig erzeugten POC/Chlorophyll Datenpaaren finden wir keine signifikante Korrelation (r = 0,002)

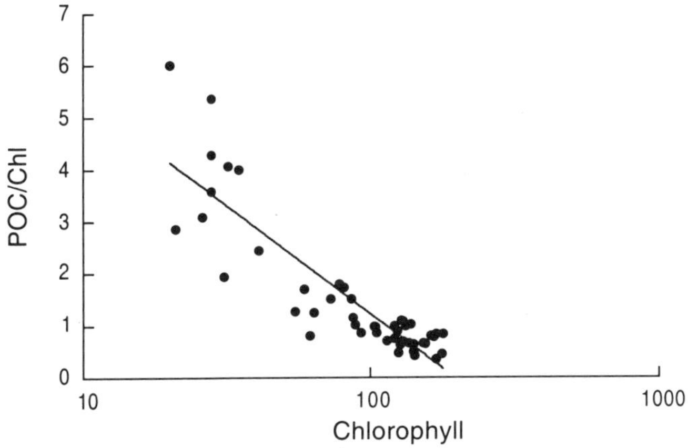

Abb. 9.22. Wir teilen alle Y-Werte in Abb. 19.21 durch den entsprechenden X-Wert und stellen Y/X gegen log(X) dar. Wir finden eine signifikante lineare Korrelation zwischen den neuen Variablen (r = 0,88).

Das zweite Beispiel beruht auf der Beziehung zwischen der Entwicklungszeit D von wirbellosen Tieren und der Wassertemperatur (T). Häufig finden wir die folgende Beziehung:

$$D = a \cdot T^b$$

Nun wurde kürzlich behauptet, daß a und b negativ miteinander korreliert sind, und daß diese Korrelation biologisch bedeutungsvoll sei. Durch logarithmische Umwandlung erhalten wir:

$$\ln(D) = \ln(a \cdot T^b) = b \cdot \ln(T) + \ln(a)$$

Das ist die Gleichung einer Geraden mit Steigung b und Achsenabschnitt ln(a). Für jede Gerade im ersten Quadranten gilt natürlich, daß eine Erhöhung der Steigung automatisch eine Verminderung des Achsenabschnittes herbeiführt und umgekehrt. Die negative Beziehung zwischen a und b ist deshalb eine elementare Konsequenz der Art und Weise, wie wir eine Gerade im Koordinatennetz darstellen und hat keinerlei biologische Bedeutung.

Die Verwendung von Quotienten in der Biologie ist weitverbreitet; wir drücken Produktion, Biomasse oder Anzahl Individuen häufig in relativen Größen aus (z.B. pro Fläche oder pro Zeiteinheit). Auch in physiologischen Untersuchungen können wir dadurch störende Variabilität entfernen. So wird die Atmungsrate zweifelsohne durch die Körpergröße beeinflußt; wir neigen deshalb dazu, Atmungsrate pro Gewicht zu verwenden. Allerdings ist das genau genommen nur dort gültig, wo die Beziehung zwischen Zähler und Nenner isometrisch ist (Abb. 9.23). Trifft das nicht zu (allometrische Beziehung), kann die Verwendung von Quotienten zu falschen Schlußfolgerungen führen, und Packard & Boardman (1988) empfehlen statt dessen eine Kovarianzanalyse (ANCOVA) mit dem Nenner (z.B. Körpergröße) als Kovariable.

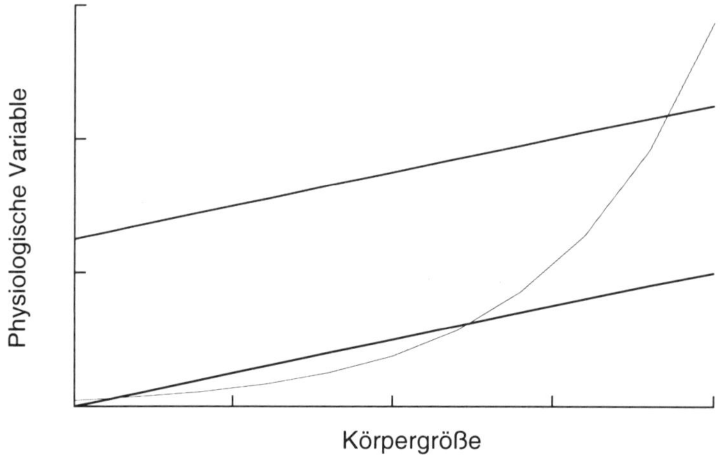

Abb. 9.23. Die isometrische Beziehung zwischen einer physiologischen Variablen und Körpergröße entspricht einer Geraden, die durch den Nullpunkt verläuft. Allometrische Beziehungen sind nicht linear oder gehen nicht durch den Nullpunkt.

9.9. Weitere Beispiele

1. Während des Zweiten Weltkrieges fanden Statistiker eine starke positive Korrelation zwischen der Genauigkeit der alliierten Bomber und der Zahl feindlicher Flugzeuge, welche die Bomber angriffen. Erhöhte sich die Treffgenauigkeit der alliierten Piloten

„unter Druck"? Konnte die Luftwaffe abschätzen, wenn die Bomber besonders gefährlich waren, und verstärkten sie dann ihre Angriffe?

2. Bomber, die von einem Angriff zurückkehrten, wurden auf Schäden untersucht. Es gab gewisse Stellen, wo besonders viele Schußlöcher beobachtet wurden; andere Stellen waren praktisch immer unversehrt. Welche Stellen würden Sie durch dickere Stahlplatten schützen?

3. Mutual Funds spezialisieren sich häufig auf einen bestimmten Aspekt der Wirtschaft. Sie investieren z.B. bevorzugt in „sicheren" Aktien (Firmen, deren Einkommen wenig schwankt, die aber kaum Aussichten auf große Kursgewinne haben). Die Publikation *Morningstar* verglich den durchschnittlichen Wertgewinn von sechs Typen von Mutual Funds während 5 Jahren. Basierend auf dieser Information, wie würden Sie Ihre eigenes Geld in den nächsten fünf Jahre investieren?

Schwergewicht	Wertgewinn
Internationale Investitionen	20,6 %
Dividenden	14,3 %
Dividenden + Wachstum	14,2 %
Wachstum	13,3 %
Kleine Firmen	10,3 %
Aggressives Wachstum	8,9 %
Durchschnitt	13.6 %

10. Beobachtete und erwartete Häufigkeiten: $\chi 2$-Test und verwandte Methoden

10.1. Berechnung und Voraussetzungen

Im allgemeinen haben Tiere gleich viele männliche wie weibliche Nachkommen. Wir bestimmen nun das Geschlecht von 100 frisch geschlüpften Amseln und finden 55 Männchen und 45 Weibchen. Ist diese Abweichung von der erwarteten Binomialverteilung mit $p_{männlich} = p_{weiblich} = 0{,}5$ (unsere Nullhypothese H_0) signifikant oder dem Zufall zuzuschreiben? Wir können die exakte Wahrscheinlichkeit berechnen (S. 31), einen Wert zu erhalten, der mindestens so extrem wie unsere Beobachtung ist (d.h., ein Geschlecht tritt mindestens 55-mal auf). Wir erhalten p = 0,460 und sehen keinen Grund, H_0 zu verwerfen.

Anstatt die genaue Wahrscheinlichkeit zu bestimmen, können wir einen χ^2-Test (sprich: **Chi-Quadrat**) oder **G-Test** (siehe Abschnitt 10.3) durchführen. Als Teststatistik χ^2 verwenden wir die Summe der quadrierten Abweichungen zwischen Beobachtungs- und Erwartungswert, geteilt durch den Erwartungswert. Je größer diese Summe, desto weniger gut ist natürlich die Übereinstimmung der Daten mit unserem Modell.

$$\chi^2 = \sum \frac{(Beobachtungswert - Erwartungswert)^2}{Erwartungswert}$$

$$\chi^2 = \sum \left(\frac{Beobachtungswert - Erwartungswert}{\sqrt{Erwartungswert}} \right)^2$$

Die zweite Darstellung der Formel zeigt ihre Herkunft: diskrete (ganze) Zahlen verteilen sich nach einer Poisson-Verteilung, und der Standardfehler eines Erwartungswertes entspricht der Quadratwurzel dieses Wertes (S. 41). Wir bestimmen also das Verhältnis der Abweichung zu ihrem Standardfehler. Für das Beispiel mit den Amseln erhalten wir $(55-50)^2/50 + (45-50)^2/50 = 1$. Wie üblich, vergleichen wir für einen Signifikanztest den errechneten Wert mit einer Tafel kritischer Werte (S. 203). Für ein α von 0,05 und einem Freiheitsgrad beträgt dieser 3,84; wir haben deshalb keinen Grund, H_0 zu verwerfen.

Die folgenden Voraussetzungen müssen erfüllt sein:

1. Wir verwenden stets gemessene Häufigkeiten und nie Proportionen oder Prozentsätze. Das Gesamttotal muß der Anzahl unabhängiger Meßdaten entsprechen. Je größer es ist, desto zuverläßiger sind unsere Schlußfolgerungen.

2. Alle Erwartungswerte sollten in der Regel mindestens 2 sein, und 80 % sollten mindestens 5 sein. Diese Voraussetzung ist nötig, weil χ^2 empfindlich auf kleine Abweichungen reagiert, wenn Erwartungswerte klein sind. Dadurch erhöht sich die Gefahr, daß wir einen Fehler 2. Art machen. Ist die Voraussetzung nicht erfüllt, können wir unter Umständen mehrere Klassen zusammenfassen. Andernfalls müssen wir mehr Daten sammeln. Diese Einschränkung gilt nicht für Fishers exakten Test.

3. Der errechnete χ^2-Wert beruht auf einer beschränkten Datenmenge und kann deshalb nur bestimmte Werte annehmen. Zur Bestimmung der Signifikanz wird er jedoch mit einer kontinuierlichen Verteilung verglichen. Bei kleinen Proben empfiehlt sich deshalb die

Stetigkeitskorrektur nach Yates. Für Fishers exakten Test ist diese Anpassung überflüssig.

10.2. Die Stetigkeitskorrektur nach Yates

Weder χ^2- noch G-Test werden im Gegensatz zu den bisher besprochenen Methoden für kontinuierliche Daten (Größe, Gewicht, Alter) verwendet. Statt dessen rechnen wir mit ganzen Zahlen (nominalskaliert, S. 7). Typischerweise bestimmen wir die Häufigkeiten in mindestens zwei Kategorien. Im besprochenen Beispiel waren es die beiden Geschlechter; andere Möglichkeiten wären Haarfarbe, Blutgruppen, Herkunftsland. Wir können kontinuierliche in nominalskalierte Daten überführen (der umgekehrte Vorgang ist nicht möglich), indem wir z.B. Körpergewichte in „leicht“ und „schwer“ unterteilen.

Die kritischen Werte wurden jedoch unter der Annahme einer kontinuierlichen Verteilung berechnet. Als Ausgleich können wir die **Yates-Korrektur** verwenden. Dazu werden von der absoluten Differenz zwischen Beobachtungs- und Erwartungswert jeweils 0,5 abgezogen:

$$\text{mit Yates Korrektur: } \chi^2 = \sum \frac{\left(|B-E|-0,5\right)^2}{E}$$

Analog dazu wird im G-Test von allen beobachteten Werten 0,5 abgezogen. Der Nachteil dieser Korrektur besteht darin, daß wir konservative Werte erhalten. Deshalb empfehlen sie einige Statistiker nur für Stichproben mit einem einzigen Freiheitsgrad.

Für Fishers exakten Test ist keine Korrektur nötig, da die kritischen Werte direkt aus den gemessenen Daten konstruiert werden.

10.3. Anwendungen und Alternativen

Für den χ^2-Test fassen wir die Daten in der Regel in einer Tafel zusammen. Falls sie nach einem einzigen Kriterium unterteilt werden, sprechen wir von einer **Einfach-Klassifizierung**. Sie enthält eine Zeile mit k Spalten, d.h. 1 x k (mit k–1 Freiheitsgraden). Im Beispiel mit den Amseln wäre das 1 x 2 (1 FG); wenn wir die Häufigkeiten von schwarzen, blonden und roten Haaren untersuchen, haben wir eine 1 x 3 Tafel (2 FG).

In einer **Zweifach-Klassifizierung** berücksichtigen wir zwei Kategorien. Beobachtete Häufigkeiten stehen dabei in h Zeilen und k Spalten (h x k) mit (h–1)(k–1) Freiheitsgraden. Mit zwei Geschlechtern und drei Haarfarben erhalten wir so eine 2 x 3 Tabelle mit 6 Kombinationen (2 FG). Solche Tafeln nennt man auch **Kontingenztafeln**. Wir können sie auf höhere Dimensionen erweitern und erhalten z.B. durch **Dreifach-Klassifizierung** h x k x l Tafeln. Das Vorgehen bleibt dabei gleich: als erstes bestimmen wir die Erwartungswerte und berechnen darauf einen χ^2-Wert. Zuerst untersuchen wir die Nullhypothese, daß keinerlei Assoziationen zwischen den drei Klassifikationen bestehen. Falls wir sie verwerfen, untersuchen wir als nächstes, wo die Abhängigkeiten liegen.

Für epidemiologische Untersuchungen mit Mehrfachklassifizierungen wird häufig der Mantel-Haenszel-Test verwendet. Er wird in Kapitel 11 kurz besprochen.

Wir verwenden den χ^2-Test vor allem für zwei Zwecke:

1. Wir prüfen, wie gut unsere gesammelten Daten mit einer theoretischen Verteilung übereinstimmen.
2. Wir untersuchen, ob zwei oder mehr Klassifizierungen voneinander unabhängig sind.

Anstatt von χ^2 können wir den **G-Wert** verwenden (Log-Likelihood-Test). Er ist einfacher zu berechnen (was allerdings bei der weiten Verbreitung von Computern heute kaum mehr eine Rolle spielt):

$$G = 2\sum_{i=1}^{n} E_i \cdot \ln \frac{E_i}{B_i}$$

E steht für Erwartungs- und *B* für Beobachtungswert.

Sokal & Rohlf (1984) empfehlen die Verwendung des G-Tests praktisch überall dort, wo heute der χ^2-Test verwendet wird. Nach Zar (1998) ist der G-Test sensitiver, andrerseits kann er zu Verzerrungen im α-Wert führen (Wahrscheinlichkeit, einen Fehler 1. Art zu machen). Der numerische Unterschied der beiden Werte in jedoch in der Regel gering, besonders bei großen Proben, und zur Beurteilung der Signifikanz verwenden wir die gleichen Tafeln kritischer χ^2-Werte.

Sowohl der χ^2- wie auch der G-Test sind Annäherungen. Wir erhalten genaue p-Werte mit **Fishers exaktem Test**. Das ist wieder ein Permutationstest. Das Prinzip, auf dem er beruht, ist einfach und wird weiter unten an einem Beispiel demonstriert. Die praktische Durchführung ist aber komplex und nur mit kleinen Probenzahlen von Hand berechenbar. Zum Glück gibt es mehrere Computerprogramme, welche uns diese Arbeit abnehmen. Nach Motulsky (1995) ist es sinnvoll, Fishers Test zu verwenden, wenn wir es mit kleinen (bis etwa 50) bis mittelgroßen Probenzahlen (bis etwa 500) zu tun haben. Bei größeren Zahlen sind die Unterschiede zwischen den p-Werten zu gering, um praktische Bedeutung zu haben.

In der medizinischen Forschung spielt der **McNemar-Test** eine wichtige Rolle. Er eignet sich zur Untersuchung von gepaarten Daten.

10.4. Güte der Anpassung

Wenn wir Daten nach einem einzigen Gesichtspunkt zusammenfassen (einfache Klassifizierung), können wir untersuchen, wie gut ihre Verteilung mit einem theoretischen Modell übereinstimmt. Die Anzahl Freiheitsgrade ist durch (n–1–a) gegeben, wobei n = Anzahl Klassen und a = Anzahl Parameter, die wir von unseren Daten geschätzt haben. Für diskrete Daten können wir direkt den χ^2- oder G-Test verwenden. Beide Verfahren eignen sich auch für kontinuierliche Daten, die allerdings zuerst in Häufigkeitsklassen zusammengefaßt werden müssen. Die bevorzugte Alternative zur Untersuchung kontinuierlicher Daten (z.B. Normalverteilung) ist jedoch heute der Kolmogorov-Smirnov-Test. Dieses Verfahren beruht auf dem Vergleich der kumulierten Häufigkeitskurven von beobachteten und erwarteten Daten. Es ist rechnerisch relativ aufwendig, ist aber in vielen Computerprogrammen enthalten.

10.4.1. Keine Parameter werden aus Daten geschätzt

In einem seiner Kreuzungsexperimente beobachtete Gregor Mendel 315 runde gelbe, 108 runde grüne, 101 runzlige gelbe und 32 runzlige grüne Erbsen. Aufgrund seines genetischen Modelles erwartete er eine Verteilung der Nachkommen im Verhältnis 9:3:3:1. Weichen die beobachteten Werte signifikant von den erwarteten Werten ab? Als erstes bestimmen wir die Erwartungswerte. Insgesamt haben wir 556 Daten. Die theoretische Verteilung in die vier Kategorien wäre deshalb 312,75:104,25:104,25:34,75.

	Beobachtet	Erwartet
Rund und gelb	315	312,75
Runzlig und gelb	101	104,25
Rund und grün	108	104,25
Runzlig und grün	32	34,75
Total	556	556

Daraus berechnen wir χ^2:

$$\chi^2 = \frac{(315-312,75)^2}{312,75} + \frac{(101-104,75)^2}{104,75} + \frac{(108-104,25)^2}{104,25} + \frac{(32-34,75)^2}{34,75} = 0,470$$

Da wir vier Kategorien verwendet haben, ist n = 4 und die Anzahl Freiheitsgrade FG = n–1=3. Der Tafel (S. 203) entnehmen wir den kritischen Wert für $\chi^2_{0,05;3FG}$; er beträgt 7,815. H_0 wird deshalb nicht verworfen.

Zum Vergleich führen wir den G-Test durch:

$$G = 2\sum_{i=1}^{n} E_i \cdot \ln\frac{E_i}{B_i}$$

$$= 2\left(315 \cdot \ln\frac{315}{312,75} + 101 \cdot \ln\frac{101}{104,25} + 108 \cdot \ln\frac{108}{104,25} + 32 \cdot \ln\frac{32}{34,75}\right)$$

$$= 0,48$$

G- und χ^2-Werte sind hier praktisch identisch, und da wir dieselbe Tafel der kritischen Werte verwenden, bleibt auch unsere Schlußfolgerung gleich (Beibehaltung von H_0).

Als zweites Beispiel untersuchen wir ein Experiment, wo vier Münzen gleichzeitig geworfen werden. Wir wiederholen den Versuch 1000mal und zählen jedesmal die Anzahl Köpfe. Wir erhalten:

Anzahl „Kopf“	Beobachtete Häufigkeit	Erwartete Häufigkeit
0	125	62,5
1	365	250
2	355	375
3	145	250
4	10	62,5

Falls unsere Münze fair ist, ist $p_{Kopf} = p_{Zahl} = 0{,}5$. Die erwarteten Häufigkeiten der fünf Fälle lassen sich dann mit Hilfe der Binomialverteilung berechnen. Wir erhalten eine χ^2-Wert von 204,7. Für den kritischen Wert benützen wir (n–1–a) Freiheitsgrade. Da wir keinen Parameter aus den Daten geschätzt haben, sind das (5–1) = 4. Der kritische Wert ist 9,49; wir verwerfen deshalb H_0, daß Kopf und Zahl gleich wahrscheinlich sind.

10.4.2. Parameter werden aus Daten geschätzt

10.4.2.1. Binomialverteilung

Wir untersuchen dasselbe Beispiel mit den vier Münzen, das wir soeben besprochen haben. Allerdings schätzen wir p_{Kopf} und p_{Zahl} aus unseren Daten. In 4000 Versuchen haben wir 1570mal Kopf geworfen, deshalb ist $p_{Kopf} = 1570/4000 = 0{,}3925$. Die Gegenwahrscheinlichkeit p_{Zahl} beträgt $(1-p_{Kopf}) = 0{,}6075$. Daraus berechnen wir neue Erwartungswerte:

Anzahl „Kopf"	Beobachtete Häufigkeit	Erwartete Häufigkeit
0	125	136,2
1	365	352,0
2	355	341,1
3	145	146,9
4	10	23,7

Wir erhalten $\chi^2 = 9{,}91$. Für den kritischen Wert müssen wir jetzt 3 Freiheitsgrade verwenden, da wir einen Parameter (p_{Kopf}) aus unseren Daten berechnet haben. Er beträgt 7,815; wir verwerfen deshalb H_0. Die beobachteten Werte weichen signifikant von der spezifizierten Binomialverteilung ab. Falls wir absichtliches Verfälschen der Daten ausschließen können, ist die wahrscheinlichste Erklärung die, daß bei der Aufzeichnung der Resultate Irrtümer unterlaufen sind.

10.4.2.2. Poissonverteilung

Die untenstehende Tabelle gibt die Anzahl Todesfälle pro Heereseinheit und Jahr durch Tritt eines Pferdes in zehn preußischen Einheiten zwischen 1875–1894.

Todesfälle	Beobachtete Häufigkeit	Erwartete Häufigkeit
0	109	108,7
1	65	66,3
2	22	20,2
3	3	4,1
4	1	0,6

Da es sich um relativ seltene Ereignisse handelt, ist es sinnvoll, eine Poissonverteilung anzunehmen. Zuerst müssen wir den Parameter m der Poissongleichung (S. 41) bestimmen.

$$p(X) = \frac{e^{-m} \cdot m^X}{X!}$$

Dabei steht m für die mittlere Anzahl Ereignisse. Wir berechnen sie wie folgt:

m = (109*0 + 65*1 + 22*2 + 3*3 + 1*4)/200 = 0,61

Nun können wir die Wahrscheinlichkeiten für 0, 1, 2, 3 oder 4 Todesfälle (symbolisiert durch X) berechnen:

$$p(X) = \frac{e^{-0,61} \cdot 0,61 \cdot X}{X!}$$

Für die erwarteten Häufigkeiten multiplizieren wir diese Werte mit 200 (Gesamtzahl der Beobachtungen). Wir berechnen nun χ^2 und erhalten 0,75. Da wir den Parameter m aus den Daten geschätzt haben, bleiben uns (n–1–a) = (5–1–1) = 3 Freiheitsgrade. Der kritische Wert (α = 0,05, 3 FG) ist 7,815; wir behalten deshalb unsere Nullhypothese, daß die Todesfälle einer Poissonverteilung gehorchen.

In diesem Beispiel ist der Erwartungswert für vier Todesfälle kleiner als 2. Wir sollten deshalb die letzten beiden Gruppen (3 und 4 Todesfälle) vereinigen und erhalten dann ein χ_2 von 0,29.

Bei Verwerfung von H_0 würden wir uns als nächstes fragen, ob die Todesfälle gehäuft oder gleichmäßig verteilt waren. Im ersten Fall könnte das bedeuten, daß in einigen Einheiten die Sicherheitsmaßnahmen gegen solche Unfälle besonders nachlässig behandhabt werden; im zweiten Fall, daß jeweils nach einem Unfall besonders wirksame Maßnahmen getroffen werden.

10.4.2.3. Normalverteilung

Sowohl der χ^2- wie auch der G-Test wurden zur Untersuchung von ganzen Zahlen entwikkelt. Sie können jedoch zur Überprüfung von kontinuierlichen Verteilungen verwendet werden, wenn wir diese in Häufigkeitsklassen zusammenfassen. Damit läßt sich untersuchen, ob Daten einer Normalverteilung folgen. Allerdings wird dafür heute in der Regel der Kolmogorov-Smirnov-Test vorgezogen, der hier nicht besprochen wird.

Als Beispiel untersuchen wir die Verteilung der Körpergrößen (S. 13). Eine normal verteilte Population wird durch ihren Durchschnitt μ und die Standardabweichung σ charakterisiert (S. 33). Als Schätzwerte verwenden dafür verwenden wir unsere Probe: Durchschnitt = 164,7 cm, Standardabweichung = 4,88 cm. Als nächstes fassen wir die Daten in Klassen zusammen (Tabelle 10.2). Wir überlegen uns, wieviele Werte die Klassen enthalten sollten, falls wir Normalverteilung annehmen. Wir beginnen mit der oberen Grenze der größten Klasse und berechnen deren Abstand vom Durchschnitt, ausgedrückt in Standardabweichungen. Das entspricht einem Z-Wert. Im Beispiel beträgt er (175,5–164,7)/4,88 = 2,213. Einer Z-Tafel entnehmen wir, daß 0,0135 (1,35 %) aller Werte über dieser Grenze liegen würden. Von 40 Meßdaten wären das 0,54; das ist unser Erwartungswert für Mädchen, die größer als 175,5 cm sind.

Als nächstes bestimmen wir den erwarteten Prozentsatz der Körpergrößen zwischen 173,5 und 175,5 cm. Die untere Grenze, 173,5 cm, entspricht einem Z-Wert von 1,803. Einer Z-Tafel entnehmen wir, daß 3,57 % einer Normalpopulation diesen Wert übersteigen würde. Davon ziehen wir den Prozentsatz ab, der sich über der oberen Grenze befindet

(175,5 cm; wie oben gezeigt, sind das 1,35 %). Wir erwarten also, daß 3,57–1,35 = 2,22 % der Daten in diese zweite Klasse fallen. Das entspricht 0,888 Mädchen. Wir wiederholen diese Berechnungen für alle Klassen. Als Kontrolle bestimmen wir die Summe der erwarteten Häufigkeiten; sie muß natürlich ebenfalls 40 sein (Tabelle 10.1).

Tabelle 10.1. Beobachtete und erwartete Werte von 40 Körpergrößen (Daten von S. 13)

Klassenmitte	Klassengrenzen	Beobachtete Häufigkeit B	Erwartete Häufigkeit E	$\frac{(B-E)^2}{E}$
	<153,5	0	0,436	0,436
154,5	153,5–155,5	2	0,752	2,071
156,5	155,5–157,5	2	1,616	0,091
158,5	157,5–159,5	1	2,928	1,270
160,5	159,5–161,5	4	4,508	0,057
162,5	161,5–163,5	7	5,872	0,217
164,5	163,5–165,5	7	6,492	0,040
166,5	165,5–167,5	6	6,076	0,001
168,5	167,5–169,5	5	4,816	0,007
170,5	169,5–171,5	2	3,232	0,470
172,5	171,5–173,5	3	1,844	0,725
174,5	173,5–175,5	1	0,888	0,014
	>175,5	0	0,540	0,540
		40	40	5,940

Wie üblich berechnen wir χ^2 und erhalten 5,94. In diesem Beispiel haben wir zwei Parameter aus unseren Daten geschätzt (Durchschnitt und Standardabweichung); es bleiben uns deshalb (n–1–a) = (11–1–2) = 8 Freiheitsgrade. Der kritische Wert $\chi^2_{\alpha=0,05;8FG}$ beträgt 15,51. Wir schließen, daß die Abweichung von der Normalverteilung nicht signifikant ist.

Mehrere Erwartungswerte sind hier kleiner als 2. Wenn wir die entsprechenden Klassen zusammenfassen (also alle Größen ≤ 157,5 und alle ≥ 171,5) erhalten wir eine χ^2-Wert von 2,735. Der neue kritische Wert $\chi^2_{\alpha=0,05;6FG}$ ist 12,59. Wir behalten unsere Nullhypothese.

10.5. Kontingenztafeln

Wir vergleichen die Wirksamkeit einer neuen Schmerzpille mit der von Aspirin. Als geheilt bezeichnen wir Patienten, die nach 30 Minuten eine Linderung von Kopfwehs angeben. Wir erhalten die folgenden Daten:

	Geheilt	Nicht geheilt	Total
Aspirin	129	55	184
Neues Medikament	80	23	103
Total	209	78	287

Die Heilungsrate beträgt 77,7 % für das neue Medikament und 70,1 % für Aspirin. Sind diese Zahlen signifikant verschieden? Oder anders ausgedrückt, hängt dieHeilungsrate vom

Medikament ab? Unsere Nullhypothese ist, daß das nicht der Fall ist. Zur Prüfung bestimmen wir die erwartete Anzahl Individuen in den vier Zellen unter der Annahme, daß H_0 stimmt. Insgesamt ist die Heilrate 209/287 = 72,82 %. Wir behandelten 184 Patienten mit Aspirin; wir erwarten folglich 134,0 geheilte Fälle. Für das neue Medikament ist der entsprechende Wert 75,00. Unsere neue Tabelle sieht wie folgt aus (B steht für beobachtet, E für erwartet):

	Geheilt		Nicht geheilt		Total	
	B	E	B	E	B	E
Aspirin	129	134	55	50	184	184
Neues Medikament	80	75	23	28	103	103
Total	209	209	78	78	287	287

Wichtig ist dabei, daß die Gesamthäufigkeiten für Zeilen und Spalten für Erwartungs- und Beobachtungswerte erhalten bleiben. Diese Bedingung hat dem Verfahren seinen Namen geliefert: kontingent heißt abhängig von oder bedingt durch. Insgesamt sind die Werte in den einzelnen Zellen von den Randsummen abhängig.

Wir berechnen χ^2

$$\chi^2 = \sum_{i=1}^{n} \frac{(B_i - E_i)^2}{E_i}$$

Wir erhalten einen Wert von 1,91 (ohne Yates Korrektur; p = 0,1672) resp. 1,54 (mit Yates Korrektur; p = 0,2139). Wir behalten H_0: es besteht kein Grund zur Annahme, daß das neue Medikament wirksamer als Aspirin ist. Zum Vergleich: Fishers exakter Test (siehe 10.3) gibt einen p-Wert von 0,2130, was praktisch identisch ist mit dem korrigierten χ^2-Wert.

Als zweites Beispiel untersuchen wir die Verteilung von Haarfarben bei Frauen und Männern. Die folgenden Daten sammelte ich in einer Klasse an der Mount Allison University. Die Frage lautet: besteht eine Assoziation zwischen Haarfarbe und Geschlecht? Als erstes berechnen wir wieder die Erwartungswerte. Zum Beispiel haben insgesamt 73 von 193 (37,8 %) Personen schwarze Haare. Bei 91 männlichen Studenten erwarten wir deshalb 32,9 mit schwarzen Haaren. Wir berechnen unsere Erwartungswerte für alle Kombinationen von Geschlecht und Haarfarbe. Als Kontrolle überprüfen wir jeweils die Randsummen. Sie müssen für beobachtete und erwartete Werte identisch sein. Erwartungswerte sind in Klammern aufgeführt.

	Schwarz	Braun	Blond	Total
Männlich	41 (34,4)	35 (32,5)	15 (24,0)	91 (91)
Weiblich	32 (38,6)	34 (36,5)	36 (27,0)	102 (102)
Total	73 (73,0)	69 (69,0)	51 (51,0)	193 (193)

Für χ^2 erhalten wir 9,2 (p = 0,01). Wir schließen daraus, daß Haarfarbe und Geschlecht nicht unabhängig verteilt sind. Eine genauere Inspektion unserer Daten zeigt uns, daß die Diskrepanz vor allem von der Verteilung der blonden Haaren herrührt (bei Studentinnen sind sie häufiger und bei Studenten seltener als erwartet). Wir wiederholen deshalb unseren Test ohne die Klasse Blond und erhalten ein χ^2 von 0,42 (p = 0,52). Das heißt, die Assoziation zwischen Haarfarbe und Geschlecht ist jetzt nicht mehr signifikant. Natürlich ist es immer gefährlich, nach Sammlung der Daten diese selektiv zu unterteilen. Um sicher zu sein, daß die gefundenen Zusammenhänge real sind, müßte man eine zweite Probe sammeln und diese gezielt mit oder ohne blonde Haare untersuchen.

10.6. Powerberechnungen

Wir untersuchen die Güte der Anpassung an ein Modell und interessieren uns für die Power unseres Tests. Wir verteilen unsere Daten auf verschiedene Klassen. Nach unserer Nullhypothese H_0 betragen die Proportionen der Daten, die in Klasse 1, 2, 3, etc. fallen, $p_{(0)1}, p_{(0)2},\ldots$ Analog stehen $p_{(A)1}, p_{(A)2}$, etc. für die Proportionen der Daten, die gemäß H_A (Alternativhypothese) in die entsprechenden Klassen fallen. Die Effektgröße wird wie folgt definiert:

$$W = \sqrt{\sum_{i=1}^{m} \frac{(p_{(0)i} - p_{(A)i})^2}{p_{(0)i}}}$$

Ein Beispiel: Unsere Nullhypothese sei, daß die Daten gleichmäßig über vier Klassen verteilt seien, d.h., $p_{(0)1} = p_{(0)2} = p_{(0)3} = p_{(0)4} = 0{,}25$. Als Alternativhypothese postulieren wir die Proportionen 0,3, 0,3, 0,2 und 0,2. Die Effektgröße beträgt folglich 0,2 (eine Effektgröße von 0,1 wird als klein und eine solche von 0,5 als groß betrachtet). Wir haben drei Freiheitsgrade (unter der Annahme, daß wir die Parameter der Verteilung nicht aus den Daten geschätzt haben). Durch Einsetzen in das G*Power Programm ($\alpha = 0{,}05$, power $= 0{,}95$) erhalten wir $n = 430$. Wir müßten also 430 Daten sammeln, um bei einer Effektgröße von 0,2 eine falsche Nullhypothese mit einer Wahrscheinlichkeit von 95 % zu verwerfen.

10.7. Der exakte Test nach Fisher

Diese Methode wurde von R.A. Fisher an der Weihnachtssitzung der Royal Statistical Society in 1934 vorgeführt. Die Reaktion seiner Zuhörer war nicht ermutigend: der ihm folgende Sprecher nannte seinen Vortrag „the braying of the golden ass“ (das Schreien des goldenen Esels; Good 1994). Heute wird der Ansatz jedoch allgemein als gültig betrachtet und bei kleinen Datenmengen vorgezogen. Bei großen Proben nähert sich das Verfahren asymptotisch einem χ^2-Test mit einem Freiheitsgrad an.

Das Prinzip ist einfach und läßt sich am besten an einer 2x2-Kontingenztafel erklären (das Beispiel stammt von Bailey 1995; eine ausführliche Anleitung findet man in Zar 1998). Wir vergleichen die Wirksamkeit zweier Antibiotika; das Resultat ist entweder Sterben oder Überleben des Patienten. Wir erhalten die folgenden Daten:

	Sterben	Überleben	Total
Behandlung 1	4	1	5
Behandlung 2	0	4	4
Total	4	5	9

Es scheint klar zu sein, daß Medikament 2 wirksamer ist. Aber ist der Unterschied signifikant? Ein χ^2-Test ist hier wegen der geringen Datenzahl nicht angebracht. Fisher machte sich die folgenden Überlegungen: die Gesamtzahl der Patienten (9), sowie die Randsummen (Summe der Spalten und Zeilen) sind durch das Experiment gegeben und wir können sie nicht ändern. Unsere Nullhypothese sei, daß kein Zusammenhang zwischen Überleben und Behandlung bestehe. Wir variieren deshalb die Verteilung der Fälle auf die vier Zellen, stets unter der Voraussetzung, daß die Randsummen erhalten bleiben. Wie „extrem" ist dann die ursprüngliche Anordnung im Vergleich zu allen möglichen Permutationen? Falls sie in die „extremsten" 5 % (oder 1%) fällt, verwerfen wir die Nullhypothese.

Im Beispiel gibt es fünf mögliche Anordnungen, welche die Randsummen erhalten:

4	1
0	4

3	2
1	2

2	3
2	3

1	4
3	1

0	5
4	0

Als nächstes bestimmen wir die Anzahl Permutationen, welche zu den fünf Fällen führen. Dabei hilft es, die Daten wie folgt mit Buchstaben zu bezeichnen:

a	b	a+b
d	d	c+d
a+c	b+d	n

Wir bestimmen die möglichen Permutationen durch die folgende Formel (es handelt sich um eine hypergeometrische Verteilung):

$$\frac{(a+b)!(c+d)!(a+c)!(b+d)!}{n!a!b!c!d!}$$

Insgesamt erhalten wir 126 Permutationen. Sie verteilen sich wie folgt auf die fünf Fälle:

5/126 40/126 60/126 20/126 1/126

Die Originaldaten entsprechen folglich einer Wahrscheinlichkeit von 5/126 = 3,97 %. Das entspräche einem einseitigen Test; in der Regel berücksichtigen wir die Extremfälle auf beiden Seiten. Wir addieren deshalb (5+1)/126 und erhalten eine zweiseitige Wahrscheinlichkeit von 4,76 % (wir sehen, daß in diesem Test die zweiseitige Wahrscheinlichkeit nicht immer doppelt so groß ist wie die einseitige). Wir verwerfen deshalb die Nullhypothese, daß kein Zusammenhang zwischen Medikament und Heilerfolg besteht.

Es ist offensichtlich, daß der Rechenaufwand bei größeren Proben sehr schnell ansteigt und daß einem bei der Identifizierung von Extremfällen leicht Fehler unterlaufen können.

Eine leichter durchschaubare Alternative liefert auch hier Resampling Stats. Wir charakterisieren Patienten mit Behandlung 1 durch fünf Einser und Patienten mit Behandlung 2 durch vier Zweier (Erhaltung der beiden Zeilensummen). Wir mischen sie. Die ersten vier Zahlen, die wir ziehen, betrachten wir als Gestorbene, die anderen fünf als Überlebende (Erhaltung der beiden Spaltensummen). Wir bestimmen in beiden Gruppen, welches Medikament genommen worden war. Als Teststatistik können wir wie beim χ^2-Test die quadrierte Abweichung zwischen Beobachtungs- und Erwartungswert, geteilt durch Erwartungswert, nehmen. Für die ursprünglichen Daten war sie 5,761. Wie häufig wird durch Zufallsanordnungen der Daten dieser Betrag erreicht oder überschritten? Das Result von 50.000 Simulationen war 4,80 % (sehr nahe beim exakten Wert von 4,76).

```
URN 5#1 4#2 A
REPEAT 1000
   SHUFFLE A B
   TAKE B 1,4 TOT
   TAKE B 5,9 LEBEN
   COUNT TOT=1 ATOT
   COUNT TOT=2 BTOT
   COUNT LEBEN=1 ALEBEN
   COUNT LEBEN=2  BLEBEN
   SUBTRACT ATOT 2.222 DIF1
   SQUARE DIF1 SDIF1
   DIVIDE SDIF1 2.222 P1
   SUBTRACT BTOT 1.78 DIF2
   SQUARE DIF2 SDIF2
   DIVIDE SDIF2 1.78 P2
   SUBTRACT ALEBEN 2.778 DIF3
   SQUARE DIF3 SDIF3
   DIVIDE SDIF3 2.778 P3
   SUBTRACT BLEBEN 2.222 DIF4
   SQUARE DIF4 SDIF4
   DIVIDE SDIF4 2.222 P4
   CONCAT P1 P2 P3 P4 PARTS
   SUM PARTS SUMME
   SCORE SUMME SUMS
END
COUNT SUMS >=5.761 EXTREM
PRINT EXTREM
```

10.8. Gepaarte Daten: der Test von McNemar

In der medizinischen Forschung sind gepaarte Studien häufig: man findet eine Anzahl Patienten, die an einer bestimmten Krankheit leiden. Für jeden Fall sucht man eine gesunde Kontrolle, deren Umstände (Alter, Geschlecht, Beruf, Wohnort, usw.) soweit wie möglich mit denen des Patienten übereinstimmen. Zusätzlich berücksichtigt man einen vermuteten Risikofaktor. Wir erhalten so z.B. die folgende Tabelle:

		Krankheitsfälle	
		Mit Risiko	Ohne Risiko
Kontrollen	Mit Risiko	10	**5**
	Ohne Risiko	**30**	95

Jede Zahl steht für ein *Paar*, das jeweils einen kranken „Fall" und eine gesunde „Kontrolle" enthält. Wir könnten diese Werte in eine übliche Kontingenztabelle überführen (jeder Wert entspricht jetzt einer einzigen Person):

	Mit Risiko	Ohne Risiko	Total
Krank	40	100	140
Gesund	15	125	140
Total	55	225	280

Ein konventioneller χ^2-Test (mit Yates-Korrektur) gibt uns einen p-Wert von 0,0016. Dabei wird die Information aber nicht optimal ausgewertet. Statt dessen benutzen wir den McNemar-Test, der **diskordante** Paare verwendet. Das sind Paare, wo nur die Kontrolle (30 Paare) oder nur der kranke Fall den Risikofaktor aufweist (5). Falls keine Beziehung zwischen Risiko und Krankheit besteht (H_0), sollten beide Gruppen gleich groß sein. Der Erwartungswert beträgt deshalb (30+5)/2 = 17,5. Wir berechnen χ^2 (mit Stetigkeitskorrektur):

$$\chi^2 = \frac{(|30-17{,}5|-0{,}5)^2}{17{,}5} + \frac{(|5-17{,}5|-0{,}5)^2}{17{,}5} = 16{,}46$$

Mit einem Freiheitsgrad ergibt sich ein p-Wert von < 0,0001.

Eine andere typische Anwendung ist ein Vergleich zweier Medikamente beim selben Patienten (Eigenpaarung). Wir untersuchen z.B. die Wirksamkeit einer Salbe gegen Hautausschlag und behandeln einen Arm mit Salbe A und den zweiten Arm mit Salbe B. Wir finden das folgende Resultat (+ steht für Heilung):

		Salbe A	
		+	–
Salbe B	+	81	**48**
	–	**23**	21

Auch hier wäre es falsch, einen traditionellen χ^2-Test auszuführen. In einer Kontingenztabelle setzen wir Unabhängigkeit zwischen Spalten und Zeilen voraus. Das ist natürlich nicht der Fall, wenn wir am gleichen Patienten zwei Experimente durchführen. Wir beschränken uns wieder auf diskordante Resultate, d.h., Fälle, in denen nur eine der Salben zur Heilung führte (23 und 48). Falls beide Salben gleich wirksam sind (H_0), sollten die beiden Werte gleich sein, d.h., unsere Erfahrungswerte sind (23+48)/2 =35,5. Wir bestimmen χ^2 (mit Stetigkeitskorrektur):

$$\chi^2 = \frac{(|23-35{,}5|-0{,}5)^2}{35{,}5} + \frac{(|48-35{,}5|-0{,}5)^2}{35{,}5} = 8{,}113$$

Der errechnete Wert (8,113) ist größer als der kritische Wert (6,635) für 1 FG und α = 0,01. Wir verwerfen H_0, daß die beiden Salben gleich effektiv sind.

10.9. Berksons Trugschluß

Im Jahre 1929 untersuchte Pearl das Vorkommen von Tuberkulose und Krebs in Autopsien (Fleiss 1981). Er fand eine negative Korrelation: Tuberkulose war weniger häufig in Patienten mit Krebs. Er vermutete, daß Tuberkulose vor Krebs schützen könnte und begann Krebspatienten mit Tuberkulin (Extrakt von Tuberkulosebakterien) zu behandeln. Leider erwies sich die Behandlung als wirkungslos. Sein Fehlschluß beruhte darauf, daß seine Untersuchungsgruppe (Autopsien) kein getreues Abbild der Gesamtpopulation lieferte; sie war mit einem Bias (Verzerrung, systematischer Fehler) behaftet. In anderen Worten, die Chancen einer Autopsie waren nicht identisch für die vier Gruppen: Patienten mit TB, mit Krebs, mit Krebs und TB, ohne Krebs und ohne TB. Solche und ähnliche Irrtümer bezeichnet man heute als Berksons Trugschluß (engl.: Berkson's fallacy) nach dem Wissenschafter, der sie als erster systematisch untersuchte. Wir können das Prinzip mit einem einfachen Beispiel illustrieren. Nehmen wir an, in einer Population existierten zwei Viren. Der eine verursacht Fieber, der zweite Übelkeit. Beide sollen mit einer Häufigkeit von 5 % vorkommen, und werden unabhängig verbreitet. Wir finden dann z.B. die folgende Verbreitung (die Daten wurden durch einen Zufallsgenerator simuliert):

		Virus A		Total
		+	–	
Virus B	+	28	452	480
	–	526	8994	9520
	Total	554	9446	10000

Wie erwartet, zeigt ein χ^2-Test, daß das Vorkommen der beiden Viren voneinander unabhängig ist (χ^2 = 0,035, p = 0,8527).

Nun nehmen wir an, daß 5 % der Patienten, die nur mit Virus A (Fieber) oder nur mit Virus B (Übelkeit) infiziert wurden, den Arzt aufsuchen. Für Leute, die mit beiden Viren infiziert wurden (Fieber + Übelkeit), soll sich diese Rate auf 50 % erhöhen. Für den Rest der Bevölkerung sei die Wahrscheinlichkeit 2 %. Der Arzt erhält das folgende (verzerrte) Bild über das Vorkommen der beiden Krankheiten (die Zahlen sind wieder simuliert):

		Virus A		Total
		+	–	
Virus B	+	16	23	39
	–	26	180	206
	Total	42	203	245

Jetzt ist χ^2 16,7 ($p < 0{,}0001$), und die Schlußfolgerung lautet, daß die beiden Erkrankungen nicht unabhängig verteilt sind. Eine Untersuchung der Werte zeigt, daß gemeinsames Vorkommen häufiger als erwartet ist. Man könnte daraus (irrtümlicherweise) schließen, daß Virus A Infektion durch Virus B fördert (oder umgekehrt), oder daß ein übergeordneter Faktor gleichzeitig Infektionen durch A und B begünstigt.

Ähnliche Trugschlüsse können auftreten, wenn wir Daten von verschiedenen Quellen zusammenfassen. Für die korrekte Durchführung verwenden wir Mantel-Haenszel-Methoden, die unter 11.5 kurz besprochen werden.

10.10. Weitere Beispiele

1. Bei einigen Publikationen aus dem Labor des Nobelpreisgewinners David Baltimore wurde vermutet, daß sie auf gefälschten Daten beruhen. Als wichtiges Beweisstück wurde ein Protokoll von einem Radioimmunassay verwendet (Palca 1991). Die vom Instrument gedruckten Originaldaten waren nicht mehr vorhanden; statt dessen wurden handgeschriebene Kopien verwendet (die Vermutung war, daß diese gefälscht waren). Die Resultate umfaßten mehrere Ziffern; für die Untersuchung wurde angenommen, daß die letzte geltende Ziffer im wesentlichen zufällig verteilt sei (es ist unwahrscheinlich, daß Experimente mit derart hoher Präzision wiederholt werden können, daß die Resultate bis zur letzten Ziffer übereinstimmen). Die Verteilung auf die 10 Ziffern sah wie folgt aus:

Ziffer	Häufigkeit
0	14
1	71
2	7
3	65
4	23
5	19
6	12
7	45
8	53
9	6
	Total = 315

   Es traten auffallend wenig 6 und 7 auf; kann diese Verteilung durch Zufall entstanden sein?

2. Führen Sie das folgende Experiment durch: Schreiben Sie die erste geltende Ziffer aller Zahlen auf, die Sie auf der ersten Seite Ihrer lokalen Zeitung finden (ohne Seitenzahl). Machen Sie das so lange, bis Sie 200–300 Zahlen gesammelt haben. Testen Sie H_0, daß alle Zahlen von 0 bis 9 gleich häufig sind. Was finden Sie?

11. Epidemiologische Methoden

11.1. Definition und geschichtlicher Überblick

Das Ziel der Epidemiologie ist das Finden und Dokumentieren von Zusammenhängen zwischen Krankheitsfällen oder Todesraten und vermuteten Risikofaktoren oder neuen Behandlungsmethoden. In einer der ersten epidemiologischen Studien untersuchte Louis im Jahre 1836 die Wirksamkeit des Aderlasses bei Lungenentzündung (McNeil 1996). Er fand, daß die Mortalität bei verzögerter Durchführung geringer war. Die Popularität dieser Behandlung nahm darauf rapide ab. Ein paar Jahre später zeigte Snow während einer Choleraepidemie in London, daß die Infektionsrate mit der Quelle des Haushaltswasser verbunden war. Weitere Untersuchungen durch Robert Koch enthüllten die Beziehung zwischen dem Krankheitserreger *Vibrio cholerae* und seiner Verbreitung durch Fäkalien in unbehandelten Abwässern.

Das erste großangelegte klinische Experiment wurde vor etwa 50 Jahren durch das British Medical Research Council durchgeführt. Es ging um die Behandlung von Tuberkulose durch Streptomycin. Im Jahre 1964 wurde die Beziehung zwischen verkürzter Lebenserwartung und Rauchen entdeckt, und zwar in einer Untersuchung der Gewohnheiten britischer Ärzte.

Heutzutage werden neue Medikamente routinemäßig unter kontrollierten Bedingungen auf ihre Wirksamkeit geprüft, bevor sie zum Verkauf freigegeben werden. Allerdings trifft das für viele traditionelle Heilmittel nicht zu: es wird geschätzt, daß nur rund 20 % aller heute zugelassenen Medikamente jemals in einer klinischen Studie untersucht worden sind (Brown 1998).

11.2. Placebos

Eine Komplikation vieler klinischer Untersuchungen ist der sogenannte Placebo-Effekt (Brown 1998). Allein die Tatsache, daß ein Patient Behandlung sucht und erhält, kann zu seinem Wohlbefinden beitragen. In der Pharmakologie versteht man unter einem Placebo eine Präparation, die physiologisch gesehen inert ist, d.h., keinen meßbaren Einfluß auf grundlegende metabolische Vorgänge hat. Das Wort stammt aus dem Anfang der Totenmesse (Placebo = ich werde gefallen, befriedigen); später bezeichnete man damit professionelle Sänger, welche Totenmessen sangen, und schließlich Heuchler und Schmeichler.

11.3. Die Doppelblind-Methode

Im Idealfall sind klinische Studien doppelblind, das heißt, weder Patient noch Arzt wissen, wer ein Placebo und wer das neue Medikament erhält. Diese Zufallszuteilung ist wesentlich für die statistische Gültigkeit der Untersuchung. Leider ist diese „Blindheit" nicht immer gewährleistet; wenn ein Arzt von der Wirksamkeit des neuen Medikamentes überzeugt ist, wird er unter Umständen alles daran setzen, für „seine" Patienten das Medikament und nicht das Placebo zu erhalten. Das kann dazu führen, daß in das Büro des Projektleiters eingebrochen wird, um den Schlüssel für das Versuchsprotokoll zu erhalten (Schulz 1995). In Studien, bei denen die Doppelblindheit kompromittiert wurde (nach Schulz bis 50 %), ist die geschätzte Wirksamkeit des neuen Medikamentes im Durchschnitt 30 % höher, was natürlich ein Artefakt ist.

Das Problem liegt darin, daß sich viele Ärzte allzusehr auf ihre Intuition stützen. Sind sie einmal davon überzeugt, daß eine Behandlung wirksam ist, scheint es ihnen unethisch, diese ihren Patienten zu verweigern. Einerseits bleiben dadurch viele Methoden aus Tradition populär; andrerseits kann ein früher Erfolg bei einer kleinen Pilotstudie zur überstürzten Adoption einer nutzlosen Methode führen. Besonders groß ist diese Gefahr natürlich bei neuen oder schwer heilbaren Krankheiten, wo Interessengruppen z.T. enormen Druck auf die Genehmigung neuer Behandlungen ausüben.

11.4. Beurteilung des Risikos

Im typischen Fall schätzen wir, um wieviel die Wahrscheinlichkeit einer Krankheit bei Anwesenheit eines Faktors steigt oder sinkt. Dabei muß man sich im klaren sein, daß Risiko auf verschiedene Weise gemessen und ausgedrückt werden kann. Unter **absolutem Risiko** versteht man die Wahrscheinlichkeit eines Ereignisses, die für ein beliebiges Mitglied einer definierten Population besteht. Zum Beispiel finden wir, daß für Passagiere der Fluglinie A eine Wahrscheinlichkeit von 1:1 Mio. besteht, in einem Flugzeugabsturz ums Leben zu kommen. Für Fluglinie B sei die Wahrscheinlichkeit doppelt so groß (2:1 Mio). Das **relative Risiko** hat sich verdoppelt. Eine Steigerung der Todesrate um 200 % scheint uns dramatisch; wenn wir uns jedoch überlegen, daß die Benützung der Fluglinie B nur eine zusätzliche Chance von 1 in 1 Mio mit sich zieht, spielen andere Überlegungen, wie Preis, Service, etc. vermutlich eine wichtigere Rolle.

Aus verschiedenen Gründen (siehe 11.5) wird in der Epidemiologie häufig mit den sogenannten **Odds** gerechnet. Darunter versteht man das Verhältnis der Wahrscheinlichkeit, daß ein Ereignis eintrifft, geteilt durch die Gegenwahrscheinlichkeit, daß es nicht eintrifft. Für das Beispiel mit der Fluglinie A entsprechen die Odds also einem Wert von (1/1.000.000)/(999.999/1.000.000) = 1/999.999.

Wichtig ist, daß wir uns den Unterschied zwischen statistischer und praktischer Bedeutung vor Augen halten (Kapitel 6). Dazu kommt, daß die statistische Untersuchung von sehr kleinen Risiken oder Nutzen (was bei Epidemiologie häufig der Fall ist), ein komplexes Gebiet ist. Auch unter Experten sind deshalb Schlußfolgerungen solcher Studien häufig umstritten. Handelt es sich zusätzlich um ein Gebiet, wo wirtschaftliche und ökologische Interessen aufeinanderstoßen, wie bei der Beurteilung von Kernenergie, Pestiziden oder Gentechnologie, sind Konflikte geradezu vorprogrammiert, und die Diskussion wird häufig zu einem Tummelfeld von Demagogen und Scharlatanen (für aktuelle Beispiele, siehe Crossen 1996). Wie es Fritsch ausdrückt, sollte das Ziel sein, „der *Vernunft* Argumente zu liefern und jenen Bereich auszuleuchten, der zwischen der *Szylla* des Fundamentalismus und der *Charybdis* leichtsinniger Unbesorgtheit angesiedelt ist" (Fritsch 1990).

Wie werden im Alltag Risiken beurteilt? Wie als erster Daniel Bernoulli (S. 28) erkannte, genügt es nicht, Risiko als Produkt von Eintrittwahrscheinlichkeit und Schadenumfang zu definieren. Allgemein scheinen unsere Sicherheitsansprüche mit dem bereits erreichten Niveau zuzunehmen; andrerseits ist der zusätzliche Nutzen neuer Technologien oder Behandlungen in westlichen Ländern relativ gering. Dadurch ergibt sich zwangsläufig zunehmender Widerstand gegen technologische Weiterentwicklung.

Ein weiterer Aspekt, welche unsere Akzeptanz beeinflußt, betrifft Eigen- bzw. Fremdbestimmung von Risiken. Noch vor relativ kurzer Zeit hatten fremdbestimmte Risiken einen dominierenden Einfluß auf Krankheit und Tod: Infektionskrankheiten, Gefahren des Arbeitsplatzes, Krieg, usw. Heute spielen individuelle Entscheidungen eine viel größere Rolle: gesundheitsfördernde Ernährung, vernünftiges Betreiben eines Sportes und Verzicht auf Rauchen sind nur ein paar Möglichkeiten, wie wir unsere Lebenserwartung entscheidend verlängern können. Gleichzeitig hat aber unsere Sensitivität gegenüber fremdbestimmtem Risiko stark zugenommen. Das führt dazu, daß viele durch überhöhtes Tempo auf der Autobahn freiwillig ein erhebliches Risiko eingehen und gleichzeitig gegen verschwindend kleine Krebsgefahr wegen Pestizidrückständen in der Nahrung protestieren. Eine ausführliche Diskussion dieser Zusammenhänge findet man in Fritsch (1990).

Trotz subjektiver Bewertung von Risiken bleibt ein wichtiger erster Schritt natürlich eine objektive Abschätzung der Wahrscheinlichkeit ihres Eintretens. Aufschlußreich sind vor allem zwei Darstellungen: man schätzt entweder die Anzahl „verlorener" Lebenstage oder die Wahrscheinlichkeit, in einem gegebenen Jahr wegen des untersuchten Risikos zu sterben. Tabelle 11.1 zeigt ein paar Beispiele. Natürlich muß man sich dessen bewußt sein, daß die gegebenen Daten relative grobe Durchschnittswerte sind und z.B. vom Alter, Geschlecht und Ernährungszustand abhängen. Das Risiko, in einem Verkehrsunfall zu sterben, ist rund 100mal größer für einen 20–25jährigen Mann als für eine 40–50jährige Frau.

Tabelle 11.1. Verlorene Lebenstage resp. jährliche Todesrate für verschiedene Risikofaktoren (Daten von Fritsch 1990, Henderson 1987).

Risiko	Verlorene Tage	Risiko	Todesrate
Rauchen (1 Packung/Tag)	1600	10 Zigaretten/Tag	1:200
Armut	1400	Fischereiarbeiter (auf Meer)	1:360
15 kg Übergewicht	900	Natürliche Gründe bis 40 Jahre	1:850
Autounfälle	200	Gebären eines Kindes	1:10.000
Mord	90	Radioaktivität (Arbeiter in Atomkraftwerk)	1:57.000
Ertrinken	40	Mord	1:100.000
Feuer	27	1 Erdnußbutterbrot pro Tag (Krebs)	1:100.000
Schußwaffen	11	1 gegrilltes Steak pro Woche (Krebs)	1: 1 Mio
Kernkraftindustrie	0,03 – 1,5	Blitz	1:10 Mio

11.5. Methoden

In epidemiologischen Studien interessieren wir uns für das Auftreten einer Krankheit, eines Schadens oder eines Todesfalles. Das ist typischerweise eine binäre Variable, d.h., die möglichen Ereignisse (engl.: response) können mit zwei Symbolen (+, –) charakterisiert werden. Die Analyse solcher Daten erfordert spezialisierte statistische Methoden; anfänglich wurden dafür modifizierte χ^2-Methoden (**Mantel-Haenszel-Tests**) verwendet; als neuere Alternative wurde die **logistische Regression** (als Spezialfall **die Poisson-Regression**) entwickelt. Für klinische Studien spielt zusätzlich die **Überlebensanalyse** (engl.: survival analysis) eine wichtige Rolle. Diese Methoden sind relativ komplex und können hier nur skizzenhaft dargestellt werden. Eine ausgezeichnete Einführung findet man in McNeil (1996).

Wir versuchen, unser **Ereignis** mit einem oder mehreren unabhängigen Faktoren, die wir **Determinanten** nennen, zu verbinden. Ein Herzinfarkt wäre ein mögliches Ereignis, als Determinante könnten wir z. B. den Blutdruck untersuchen. Die Determinante kann ebenfalls binär sein (erhöhter und normaler Blutdruck); wir können jedoch auch kontinuierliche Variable verwenden. Als erstes stellen wir fest, ob eine statistisch gesicherte Beziehung besteht zwischen Ereignis und Determinante; der nächste Schritt ist eine Quantifizierung des Risikos.

In einer **experimentellen Studie** hat der Forscher eine gewisse Kontrolle über die Determinante (z.B. Medikament, Behandlung); in einer Beobachtungsstudie ist das nicht der Fall. Dort nehmen wir im wesentlichen eine Probe, messen die Häufigkeiten von Ereignis und Determinante und untersuchen, ob diese miteinander korreliert sind.

In einer **Querschnittstudie** (engl.: cross-sectional study) nehmen wir eine Zufallsprobe aus der uns interessierenden Gesamtpopulation. Wichtig ist dabei, daß die Determinante sich während der Studie nicht verändern sollte. Ein einfaches Beispiel: wir interessieren uns für die Beziehung zwischen Herzkrankheit und Joggen bei 50–60jährigen Männern. Wir finden, daß 2 % der Jogger und 10 % der Nichtjogger unter Herzkrankheit leiden. Können wir daraus folgern, daß Joggen vor Herzkrankeit schützt? Nicht unbedingt. Das Gegenteil könnte der Fall sein: Joggen könnte Herzkrankheiten auslösen; als Folge davon müssen betroffene Männer ihre Aktivität aufgeben. Wir wissen nicht, ob die Determinante konstant blieb.

Als Alternative können wir mit gleichaltrigen Männer, die anfänglich keine Symptome einer Herzkrankheit zeigen, beginnen. Wir unterteilen sie in Jogger und Nichtjogger und vergleichen ihren Gesundheitszustand nach z.B. fünf Jahren. Das nennt man eine **Kohortenstudie** (engl.: cohort study). Mögliche Fehlerquellen sind Faktoren, welche mit der untersuchten Determinante verknüpft sind: es könnte sein, daß Joggen bei Rauchern weniger häufig ist, und Rauchen ist ein bekannter Risikofaktor für Herzkrankheiten. Wenn die untersuchte Krankheit selten ist, können Kohortenstudien sehr teuer sein, da wegen geringer Sensitivität der statistischen Methode eine große Probenzahl untersucht werden muß.

Dann empfiehlt sich eine **Fall-Kontroll-Studie**: wir wählen **Fälle**, in denen das Ereignis (Krankheit) eingetreten ist. Zum Vergleich suchen wir **Kontrollen** ohne das Ereignis, die soweit wie möglich denselben Bedingungen ausgesetzt waren (Alter, Geschlecht, Beruf, etc.). Das ist nicht immer einfach: wir wollen Faktoren ausschalten, die möglicherweise die Beziehung zwischen Ereignis und Determinante verstärken oder verschleiern, aber nicht gleichzeitig die Risikofaktoren entfernen, deren Einfluß wir untersuchen wollen. Ein besonders eindrückliches Beispiel war die Untersuchung zwischen Thalidomid (Contergan) und Geburtsschäden: zwischen 1959 und 1960 wurden in Deutschland 46 Fälle identifiziert; in 41 davon hatte die Mutter Thalidomid eingenommen. Von 300 Kontrollmüttern mit gesunden Babys hatte keine einzige dieses Medikament genommen. Dieser Fall demonstriert, daß die Anzahl Kontrollen und Anzahl Fälle nicht identisch sein müssen; ein Nachteil davon ist, daß wir in der Regel das relative Risiko nicht berechnen können.

In **experimentellen Studien** kontrolliert der Forscher eine mögliche Determinante. In diese Gruppe fallen Untersuchungen von Medikamenten, chirurgischen Verfahren und Vorbeugungsmethoden wie gesunde Nahrung, aktiver Lebensstil usw. Häufig vergleicht man ein neues Medikament mit einem Placebo oder mit einem traditionellen Medikament, dessen Wirkung bekannt ist. Die überzeugendsten Resultate liefern Doppelblindversuche (siehe 11.3); im Idealfall sind die Resultate so eindeutig, daß ein Versuch vorzeitig abgebrochen werden kann. Das war der Fall, als die Rolle von Aspirin bei der Vermeidung von Herzinfarkten untersucht wurde: von 10.933 Patienten mit Aspirin erlitten 104 einen Infarkt; von 10.845 ohne Aspirin waren es 189 (Rosenthal 1990).

11.5.1. Der Vorteil des Odds-Quotienten

Wir beginnen mit der folgenden Darstellung (R = Risiko; K = Krankheit; K+ entspricht unseren Fällen und K– unseren Kontrollen):

	R+	R–
K+	a	b
K–	c	d

Falls die Daten von einer Querschnittstudie stammen, ist die Wahrscheinlichkeit einer Krankheit bei Anwesenheit des Risikofaktors a/(a+c). Die Wahrscheinlichkeit in der nicht exponierten Bevölkerung beträgt b/(b+d). Das relative Risiko ist a(b+d)/b(a+c).

Handelt es sich bei den Daten um eine Fall-Kontroll-Studie, können wir nicht ohne weiteres absolutes und relatives Risiko berechnen. Dazu müßten wir wissen, welche Proportion der Fälle (p_1) und Kontrollen (p_2) wir in unserer Probe erfaßt haben. Wenn wir z.B. 10 % aller Krankheitsfälle erfaßt haben ($p_1 = 0{,}1$), müßten wir a und b je mit 10 multiplizieren (oder durch 0,1 teilen), um von einer Fallstudie zur Querschnittsstudie zu gelangen. Um die Gesamtheit der Kontrollen zu erhalten, teilen wir durch p_2. Wir erhalten:

	R+	R–
K+	a/p_1	b/p_1
K–	c/p_2	d/p_2

Das relative Risiko ist folglich

$$\frac{(a/p_1)\cdot[(b/p_1)+(d/p_2)]}{[(a/p_1)+(c/p_2)]\cdot(b/p_1)}$$

Ohne p_1 und p_2 können wir das relative Risiko nicht berechnen. Diese Einschränkung gilt nicht, wenn wir statt dessen Odds-Quotienten verwenden.

Die Odds sind definiert als die Wahrscheinlichkeit p, daß ein bestimmtes Ereignis eintrifft, geteilt durch die Wahrscheinlichkeit (1–p), daß es nicht eintrifft. Im Beispiel wären die Odds, daß beim Vorhandensein des Risikofaktors die Krankheit eintritt, folglich

$(a/p_1)/(c/p_2)$. Analog sind die Odds, daß die Krankheit ohne Risikofaktor eintritt, $(b/p_1)/(d/p_2)$. Der Quotient der Odds beträgt

$$\frac{\frac{a}{p_1} \cdot \frac{d}{p_2}}{\frac{c}{p_2} \cdot \frac{b}{p_1}} = \frac{a \cdot d}{b \cdot c}$$

Wir sehen, daß p_1 und p_2 aus der Gleichung fallen; in anderen Worten, der Wert des Odds-Quotienten hängt nur von a, b, c und d ab und ist deshalb für Fall-Kontroll-, Querschnitt- und Kohortenstudien identisch.

Ein Nachteil des Odds-Quotienten ist natürlich, daß er nur eine relative Messung des Risikos darstellt. Das zeigt der folgende Vergleich der Mortalitätsraten von Rauchern und Nichtrauchern, die auf Lungenkrebs und Herzerkrankungen zurückzuführen sind (nach Fleiss 1981):

	Raucher	Nichtraucher	Odds	Absolute Zunahme
Lungenkrebs	48,33	4,49	10,8	43,84
Herzkrankheiten	294,67	169,54	1,7	125,13

Die ersten beiden Spalten sind durchschnittliche Todesfälle pro Jahr pro 100.000 Personen. Die Odds für Lungenkrebs erhöhen sich für Raucher um einen Faktor von mehr als 10 (48,33/4,49); die absolute Zunahme beträgt jedoch nur 43,84 (48,33 – 4,49). Die Odds für Herzkrankheiten wegen Rauchen sind 1,7; die absolute Zunahme ist jedoch 125 mehr Todesfälle pro 100.000 Personen.

11.5. Mantel-Haenszel-Methoden

Im einfachsten Fall untersuchen wir in einer Querschnittstudie eine Beziehung zwischen einem Ereignis und einer Determinante. Dafür eignet sich im Prinzip ein konventioneller χ^2-Test. Probleme können auftreten, wenn eine zweite Determinante diese Beziehung beeinflußt. Dann sprechen wir von einer **„confounding variable“** (to confound heißt vermengen, verwechseln, verwirren). Ein Beispiel: wir untersuchen eine Beziehung zwischen einer Krankheit und einem Risikofaktor. Unsere Untersuchung umfaßt mehrere Städte oder Bezirke. Wir könnten die Daten einfach zusammenfassen; damit riskieren wir, daß wir einen Einfluß der zweiten Determinanten (geographische Lage) übersehen oder daß ein solcher fälschlicherweise vorgespiegelt wird. Der korrekte Ansatz, wie wir mehrere Kontingenztabellen kombinieren, wurde von Mantel & Haenszel (1959) ausgearbeitet. Wie erwähnt, ist eine Anwendung das Zusammenfassen einer großen Studie, die auf mehrere Orte verteilt wurde; eine andere wichtige Aufgabe besteht in der Zusammenfassung von mehreren unabhängigen Studien, d.h., einer Meta-Analyse (vgl. Kapitel 12). Als Teststatistik verwenden wir χ^2_{MH} (χ^2 nach Mantel-Haenszel):

$$\chi^2_{MH} = \frac{(n-1)(ad-bc)^2}{(a+c)(b+d)(a+b)(c+d)}$$

Wenn wir n anstatt (n–1) wählen, erhalten wir den traditionellen χ^2-Wert (n entspricht der Gesamtprobenzahl, also (a+b+c+c). Wir testen die Nullhypothese, daß der Odds-Quotient einen Wert von 1 hat.

Als Alternative können wir ein Konfidenzintervall für den natürlichen Logarithmus des Odds-Quotienten (OQ) bestimmen. Wir benützen die folgende asymptotische Formel für den Standardfehler:

$$SF_{(\ln OQ)} = \sqrt{\frac{1}{a} + \frac{1}{b} + \frac{1}{c} + \frac{1}{d}}$$

Falls einer der Werte (a, b, c oder d) nahe bei Null ist, addieren wir in der Regel 0,25 oder 0,5.

Um den Vorteil der Odds-Quotienten zu zeigen, schauen wir uns eine Kohorten-Untersuchung an (McNeil 1996). In Evans County, Georgia, wurden 609 Männer zwischen 40 und 76 Jahren während sieben Jahren beobachtet. Als Risiko wurde ein Cholesteringehalt über 260 mg/100 mL definiert; das Ereignis war Herzkrankheit (am Anfang waren alle Männer gesund). Das folgende Resultat wurde gefunden:

	R+	R–
K+	14	57
K–	91	447

Daraus schätzen wir ln (OQ) = ln(14*447)(57*91) = 0,187 mit einem Standardfehler von 0,32. Das Konfidenzintervall (95 %) erstreckt sich folglich von 0,64–2,30. Der Wert von χ^2_{MH} ist 0,345 (p = 0,56); aus beiden Tests schließen wir, daß keine signifikante Beziehung zwischem Risikofaktor und Auftreten der Krankheit besteht.

Zur Illustration verwenden wir dieselben Zahlen und nehmen an, wir würden nach sieben Jahren eine Fall-Kontroll-Studie durchführen. Als Ausgangspunkt dienen uns die 71 Fälle mit Herzkrankheit (14+57). Von der gesunden Bevölkerung waren 91/(91+447) = 17 % nicht dem Risiko ausgesetzt. Von 71 Kontrollpersonen wären das 12; der Rest (71–12) = 59 waren dem Risiko ausgesetzt.

Kohortenstudie

	R+	R–
K+	14	57
K–	91	447

Fallstudie

	R+	R–
K+	14	57
K–	12	59

Die Kohortenstudie liefert uns korrekte Schätzungen des Risikos, eine Herzkrankheit zu entwickeln. Mit dem Risikofaktor beträgt es 14/(14+91) = 0,133; ohne Risikofaktor beträgt es 57/(57+447) = 0,113. Die Fallstudie würde uns völlig falsche Werte liefern: 0,56 und 0,49. Der Odds-Quotient liegt jedoch in der Fallstudie richtig: (14*59)(57*12) = 1,21, mit einem Konfidenzintervall von 0,51 – 2,88 (95 %).

Es bleibt jedoch das Problem, wie wir verschiedene Kontingenztafeln miteinander vereinigen können. Dazu wieder zwei einfache Beispiele von McNeil (1996). Im ersten Fall finden wir keine Assoziation, wenn wir die zwei Fälle separat untersuchen (OQ jeweils 1). Wenn wir die Daten addieren, finden wir eine signifikanten OQ von 2.1.

Studie 1

	R+	R–
K+	80	20
K–	80	20

OQ = 1

Studie 2

	R+	R–
K+	10	30
K–	40	120

OQ = 1

Zusammen

	R+	R–
K+	90	50
K–	120	140

OQ = 2,1

Inspektion der Daten zeigt, daß das Risiko, eine Krankheit aufzulesen (K+) viel größer in Studie 1 ist (50 vs. 20 %). Das könnte mit der geographischen Lage der beiden Studien verknüpft sein; jedenfalls ist diese verborgene Variable dafür verantwortlich, daß in den vereinigten Daten eine *scheinbare* Assoziation zwischen Risiko und Ereignis auftritt.

Im zweiten Fall geschieht das Umgekehrte: eine Assoziation verschwindet, wenn wir die Daten zweier Studien zusammenfassen.

Studie 1

	R+	R–
K+	120	10
K–	160	30

OQ = 2,25

Studie 2

	R+	R–
K+	80	190
K–	40	170

OQ = 1,79

Zusammen

	R+	R–
K+	200	200
K–	200	200

OQ = 1

Separat betrachet, ist in beiden Studien OQ signifikant von 1 verschieden; durch die Zusammenfassung wird der Effekt maskiert.

Durch einfache Addition mehrerer Kontingenztafeln laufen wir also Gefahr, wegen einer verstecken zweiten Variablen verzerrte Werte für den Odds-Quotienten zu erhalten. Trotzdem sind wir natürlich daran interessiert, die Schätzungen der einzelnen Studien miteinander zu kombinieren. Die Verfahren nach Mantel-Haenszel erlauben uns das unter Berücksichtigung möglicher Kovarianten. Die Berechnungen sind relativ aufwendig und setzen die Homogenität der Einzelwerte von den verschiedenen Studien voraus. Eine ausführliche Beschreibung findet man in McNeil (1996).

11.5. Logistische Regression

Mantel-Haenszel-Methoden werden problematisch, wenn die Daten zu „dünn" über die verschiedenen Unterstudien verteilt sind. Dafür sind logistische Regressionen geeigneter. Wie bei der linearen Regression erstellen wir ein Modell und untersuchen, wie gut unsere Daten damit übereinstimmen. Der wichtigste Unterschied besteht darin, daß bei der logistischen Regression die abhängige Variable binär oder dichotom ist (nimmt nur zwei Werte an). Für eine einzige Variable erhalten wir:

$$\ln\left(\frac{p}{1-p}\right) = a + b \cdot X$$

Dabei steht p für dieWahrscheinlichkeit, daß das uns interessierende Ereignis (z.B. Tod, Krankheit, Heilung) eintrifft. Mit X bezeichnen wir den Wert für die Determinante (z.B. ein Risikofaktor, verschiedene Stufen einer Behandlung), der binär oder kontinuierlich sein kann.

Die Gleichung kann umgeformt werden:

$$p(K) = \frac{1}{1 + \exp(-a - b \cdot X)}$$

und wir erhalten eine logistische Funktion, wobei die Wahrscheinlichkeit zwischen 0 und 1 variieren kann.

Anstatt mit Wahrscheinlichkeiten zu rechnen, werden auch hier wieder Odds vorgezogen. Einer der Vorteile der logistischen Regression ist die Möglichkeit, Kovariable mit einzubeziehen. Die entsprechende Formel sieht wie folgt aus (die beiden Formeln sind identisch; in der Regel wird die zweite mit OQ = Odds-Quotient vorgezogen):

$$\ln(odds) = \ln(p/(1-p) = a + b_1 \cdot X_1 + b_2 \cdot X_2 \ldots$$
$$\ln(OQ) = X_1 \cdot \ln(OQ_1) + X_2 \cdot \ln(OQ_2) \ldots$$

Basierend auf der Maximum-Likelihood-Methode (S. 113) sucht ein Computerprogramm die beste Anpassung der Daten an das Modell. Wir erhalten Odds-Quotienten für jede Variable. Zum Beispiel könnten wir mit X_1 das Geschlecht bezeichnen (binäre Variable mit Stufen 1 und 2). Der Odds-Quotient OQ_1 ist dann definiert als die Odds des untersuchten Ereignisses (z.B. Krankheit) in Stufe 1, geteilt durch Odds des Ereignisses in Stufe 2, unter der Annahme, daß alle anderen Variablen konstant gehalten wurden. Falls X eine kontinuierliche Variable ist, mißt der Odds-Quotient die Zunahme der Odds, wenn X um einen Wert von 1,0 erhöht wird.

Wenn wir es mit sehr kleinen Wahrscheinlichkeiten zu tun haben, ist häufig eine Poisson-Regression angebracht.

Logistische Regression ist ein relativ komplexes Gebiet, und es empfiehlt sich unbedingt die Heranziehung eines Experten und zusätzlicher Literatur. Aber ein paar einfache Regeln erlauben auch dem Anfänger, mögliche Fallgruben zu erkennen und zu vermeiden:

1. Ist die Probenzahl genügend groß? In der Regel sollten für jede X-Variable mindestens 5 – 10 Ereignisse vorkommen.

2. Ist das verwendete Modell vernünftig? Die logistische Regression beruht auf der Annahme, daß die verschiedenen X-Variablen voneinander unabhängig zur Wahrscheinlichkeit des Ereignisses beitragen.

3. Stimmen die Resultate mit unserem biologischen oder medizinischen Wissen überein? Wenn wir genügend viele Variable untersuchen, besteht immer die Gefahr, daß durch Zufall signifikante Beziehungen produziert werden (siehe S. 141). Deshalb sollten wir neue Hypothesen, die wir aufgrund einer relativ ziellosen Untersuchung finden (engl.: fishing expedition), stets mit neuen Daten überprüfen.

11.5. Überlebensanalysen

Freireich et al. (1963) untersuchten den Einfluß von 6-Mercaptopurin auf die Remissionsdauer bei akuter Leukämie. Gemessen wurden die Anzahl symptomfreier Tage. Sie erhielten die folgenden Daten von insgesamt 42 Patienten (Kontrolle = Placebo):

Behandlung	Kontrolle
6, 6, 6, 7, 10, 13, 16, 22, 23, 6+, 9+, 10+, 11+, 17+, 19+, 20+, 25+, 32+, 32+, 34+, 35+	1, 1, 2, 2, 3, 4, 4, 5, 5, 8, 8, 8, 8, 11, 11, 12, 12, 15, 17, 22, 23

Zahlen mit einem + sind sogenannte zensierte Daten. Das sind Resultate von Patienten, die aus irgendeinem Grunde vor Abschluß der Studie ausschieden. Im Beispiel könnte das auftreten, wenn die Studie sich über 35 Wochen erstreckt, aber nicht für alle Patienten am gleichen Datum beginnt. Wenn ein Patient erst in der dritten Woche der Untersuchung erfaßt wird und nach 35 Wochen noch symptomfrei ist, wissen wir mit Bestimmtheit, daß er 32 Wochen lang symptomfrei war. Für Berechnungen über diesen Zeitpunkt hinaus haben wir keine Information. Das Resultat dieses Patienten wird deshalb zensiert, d.h., nach 32 Wochen aus der Auswertung entfernt. Zeit 0 ist nicht ein Kalenderdatum, sondern der Zeitpunkt, in dem ein Patient in die Untersuchung aufgenommen wird. In der Regel ist er nicht für alle Patienten identisch.

Wir interessieren uns nun für die durchschnittliche symptomfreie Periode der beiden Gruppen und dafür, ob sie durch die Behandlung signifikant erhöht wurde. Die statistische Auswertung ist komplex, da wir selten Normalverteilung voraussetzen können. Zusätzlich können wir Durchschnittswerte nur dann bestimmen, wenn alle Individuen während des Experimentes sterben. Wir könnten die Daten in Gruppen zusammenfassen und dann logistische Regression verwenden. In der Regel wird jedoch ein fallweiser Ansatz vorgezogen, den wir **Überlebensanalyse** nennen (engl.: survival analysis). Dabei muß wie im Beispiel Überleben nicht wörtlich gemeint sein.

Der erste Schritt ist im allgemeinen eine graphische Darstellung. Für große Populationen erhalten wir eine annähernd kontinuierliche Kurve und für kleine Gruppen wie im Beispiel eine Stufen- oder Treppenfunktion. Ihre Konstruktion ist einfach (wenn auch etwas aufwendig): wir teilen die Anzahl überlebender Patienten am Ende einer Periode durch die Anzahl überlebender Patienten am Anfang einer Periode. Im Beispiel wissen wir, daß nach sechs Tagen die ersten drei Patienten Symptome zeigen. Zu diesem Zeitpunkt sinkt deshalb die Überlebensrate auf (21–3)/21 = 0,857. Nach sechs Tagen tritt das erste zensierte Datum auf. Wir können es deshalb nicht mehr für die Periode zwischen Tagen 6 und 7 verwenden; es verschwindet aus Nenner und Zähler. Die Überlebensrate für diese Periode beträgt deshalb (20–1)/20 = 0,95; für die kumulierte Überlebensrate von Tag 0 bis 7 multiplizieren wir 0,857 und 0,95 und erhalten 0,81.

Diese Zusammenfassung der Daten nennt man Kaplan-Meier-Methode. In der Regel werden wir sie durch Computerprogramme ausführen lassen (z.B. StatView); wir erhalten eine Darstellung wie in Abb. 11.1.

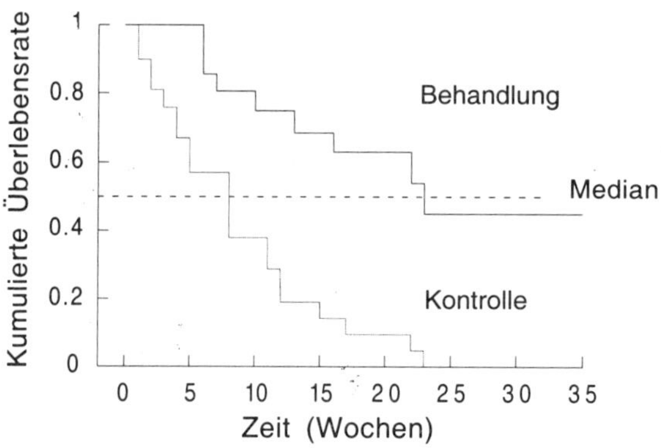

Abb. 11.1. Kaplan-Meier-Graphik der Daten von Freireich et al. (1963).

Aus der Darstellung können wir die Medianzeiten ablesen. Sie betragen 8 Wochen für die Kontrolle und 23 Wochen für die Behandlung.

Die beiden Kurven sehen deutlich verschieden aus. Zur Überprüfung von H_0, daß sie identisch sind, stehen uns mehrere Tests zur Verfügung (z.B. Mantel-Cox, Breslow-Gehan-Wilcoxon, Tarone-Ware). Im Beispiel war $p \leq 0{,}0002$. Wir schließen deshalb, daß die Behandlung die symptomfreie Periode signifikant erhöht hat.

Überlebensanalysen können uns die folgenden wichtigen Fragen beantworten: um wieviel erhöht sich die mittlere Überlebenszeit mit einer neuen Behandlung? Wie groß sind die Proportionen der Patienten, welche mit oder ohne Behandlung für mindestens fünf Jahre überleben? Voraussetzungen sind wie immer Zufallsproben und Unabhängigkeit der einzelnen Beobachtungen. Außerdem müssen die Kriterien während der Studie konstant bleiben. Es kann sein, daß sich während einer langjährigen Untersuchung die Diagnostik zur Entdeckung der Symptome verbessert; Umsteigen auf diese bessere Methode in der Mitte einer Studie würde das Resultat verfälschen.

11.6. Weitere Beispiele

1. In zwei Spitälern wurde gleichzeitig der gleiche Risikofaktor untersucht. Bestimmen Sie die Odds-Quotienten für die separaten Studien und für die kombinierten Daten. Schlußfolgerung?

Studie 1

	R+	R–
K+	50	30
K–	40	60

Studie 2

	R+	R–
K+	30	20
K–	90	130

2. Im Tagesanzeiger (10. Dezember 1998) stand die folgende Schlagzeile: „Im Kanton Solothurn erkranken zu viele Kinder an Leukämie. Wegen der Dreckluft, vermuten Ärzte“. In Zahlen: jährlich erkrankten 9,3 von 100.000 Kindern an akuter Leukämie.

Der schweizerische Gesamtdurchschnitt war 5,37. Für den Arzt NN scheinen die Gründe der Häufung klar: „am Jurasüdfuß ist die industrielle Tätigkeit besonders stark". Beim Kanton Solothurn handle es sich um eine der am stärksten durch den Industriesektor geprägten Regionen der Schweiz. Es war zwar bekannt, daß das Rauchen von Zigaretten in derselben Region ebenfalls überdurchschnittlich verbreitet war, aber „es muß noch mehr dahinterstecken". Die Zahlen seien „beunruhigend", ein Aktionsplan müsse vorbereitet werden. Wie würden Sie diesen Artikel beurteilen?

12. Beurteilung von mehreren unabhängigen Studien

Von Zeit zu Zeit werden Studien ausgeführt und beschrieben, die praktisch schlagartig neue Gebiete unseres Wissens schaffen oder radikal verändern. Ein solcher Durchbruch gelang im Jahre 1877 dem deutschen Arzt Robert Koch. Er zeigte zum ersten Mal, daß eine spezifische Krankheit, Anthrax, stets durch Infektion mit einer reinen Kultur eines Bakterium, *Bacillus anthracis*, verursacht wird. Diese Arbeit trug entscheidend zur Annahme der Keimtheorie von Krankheiten bei.

Leider ist wissenschaftlicher Fortschritt selten so klar und eindeutig. Das trifft besonders dort zu, wo die Hintergrundvariabilität im Vergleich zu den untersuchten Faktoren groß ist, was für viele Studien in Ökologie, Ökonomie, Psychologie und medizinischer Forschung zutrifft. Als Folge davon sammeln sich Resultate mehrerer Studien an, die einander widersprechen: in einigen Arbeiten finden wir einen klaren, positiven Effekt, in andern keinen signifikanten Effekt, in einer dritten Gruppe beobachten wir eine negative Beziehung. Die Tagespresse (und häufig der Forscher, der soeben eine Studie veröffentlicht hat) neigen leider dazu, der neuesten Studie am meisten Gewicht zu geben (klassische Statistik behandelt im wesentlichen jedes Experiment als Neuanfang). Das ist z.T. berechtigt: man kann von den Fehlern früherer Studien lernen, eventuell die Hypothese klarer formulieren, neue Methoden verwenden und Störfaktoren entfernen. In klinischen Studien folgen einer relativ kleinen Pilotstudie häufig gründlichere, umfangreichere Studien, wodurch sich natürlich das Konfidenzintervall verringert.

Allerdings ist es überheblich, einfach alle früheren Studien zu ignorieren. Und die me i-sten Forscher neigen dazu, die Allgemeingültigkeit ihrer Resultate zu überschätzen. Die Frage stellt sich deshalb: wie können wir die Resultate mehrerer Studien zusammenfassen und daraus objektive, zuverläßige Schlußfolgerungen ziehen? Das ist ein komplexes, aber sehr wichtiges Gebiet. Es empfiehlt sich unbedingt, sich hier weiter einzulesen und mit erfahrenen Kollegen zu diskutieren. Auch hier gilt wieder, daß Statistik allein das Problem nicht lösen kann. Am fruchtbarsten ist in der Regel eine enge Zusammenarbeit zwischen Fachspezialisten und erfahrenen Statistikern.

Eine scharfe Kritik der klassischen Statistik wurde kürzlich von Schmidt (1996) veröffentlicht. Seiner Meinung nach verhindert die Betonung von Hypothesentests (Signifikanzuntersuchungen durch t-Test, ANOVA, χ^2-Test, usw.) die Ansammlung von gesichertem, quantitativem Wissen. Für isolierte Studien empfiehlt er statt dessen Bestimmung der Konfidenzintervalle; zur Beurteilung mehrerer verwandter Studien findet er Meta-Analyse am geeignetsten (12.4). Als eines der schwerwiegendsten Probleme der klassischen Statistik (im Sinne Fishers) bezeichnet er die Vernachläßigung von möglichen Fehlern 2. Art. In den Publikationen einer psychologischen Fachzeitschrift sank die durchschnittliche Wahrscheinlichkeit, eine falsche Nullhypothese bei mittlerer Effektgröße korrekt zu verwerfen, während einer Periode von 22 Jahren von 46 auf 37 % (Sedlmeier & Gigerenzer 1989). Die Aussagekraft eines Hypothesentests in der einzelnen Arbeit wird dadurch praktisch bedeutungslos. Natürlich ließe sich durch Erhöhung der Probenzahl die Sensitivität eines beliebigen statistischen Tests erhöhen; aus praktischen und finanziellen Gründen stößt man dabei aber bald an obere Grenzen. Trotzdem sind diese „kleinen" Studien nicht wertlos. Sie liefern eine erste Schätzung des wahrscheinlichen Effektes mit Konfidenzintervallen; in einer Meta-Analyse trägt jeder dieser Studien einen Datenpunkt bei.

12.1. Traditionelle Zusammenfassung der Literatur

Hier geht es im wesentlichen um eine kritische Sichtung und Beurteilung der vorhandenen Studien. Die Qualität solcher Reviews hängt in hohem Maße vom Fachwissen des Autoren ab. Sie sind häufig interessant und können neue Perspektiven eröffnen. Auch für den bestinformierten Wissenschafter ist es jedoch heute unmöglich, die gesamte Literatur zu kennen. Verschiedene Autoren kommen deshalb oft zu entgegengesetzten Schlußfolgerungen, wenn sie Fortschritte und Probleme im selben Gebiet beurteilen.

Der Stil solcher Übersichten ähnelt häufig dem eines Lehrbuches: „typische" Fälle werden zur Illustration hervorgehoben. Unter Umständen kann das den Fortschritt der Forschung hemmen: was nicht mit diesem Standard übereinstimmt, wird oft mit Mißtrauen behandelt.

Am wenigsten eignet sich diese „erzählerische" Zusammenfassung dort, wo wir eine Anzahl relativ homogener Studien vergleichen, die klar dasselbe Thema untersuchen.

12.2. Stimmenzählen

Ein anderer Ansatz besteht darin, daß wir die Studien in drei Gruppen unterteilen: a) Studien, bei denen zwischen Kontrolle und Behandlung ein signifikant positiver Unterschied gefunden wurden; b) Studien ohne signifikanten Unterschied zwischen Kontrolle und Behandlung; c) Studien mit signifikant negativem Unterschied. Als Gewinner betrachten wir die Gruppe mit den meisten oder jene mit mindestens 50 % der Studien. Hedges & Olkin (1980) zeigten, daß dieser Ansatz nicht sehr effizient ist: die Wahrscheinlichkeit, eine falsche Nullhypothese *nicht* zu verwerfen (Fehler 2. Art), ist unter Umständen sehr hoch. Dazu ein einfaches Beispiel: wir nehmen an, daß wir zwei Populationen mit den folgenden Durchschnitten und Standardabweichungen haben: $\mu_1 = 18$, $\sigma_1 = 3$; $\mu_2 = 20$, $\sigma_2 = 3$. Die Populationen sind also verschieden; die richtige Entscheidung wäre Verwerfung von H_0. Wir entnehmen jeweils beiden Populationen eine Probe von 10 und vergleichen sie mit einem t-Test. Mit G*Power berechnen wir Effektgröße (0,67) und Power (0,29). Die Wahrscheinlichkeit, H_0 zu verwerfen, ist also rund 30 %. Wir wiederholen die Probenahme 15-mal (mit Resampling Stats simuliert) und erhalten die folgenden Werte für t:

1,3	1,5	2,2	0,4	-0,1	1,3	1,2	2,3	1,9	0,5	0,4	3,0	1,6	1,3	1,5

Der kritische Wert für t (18 FG, $\alpha = 0{,}05$) ist 2,101 (Tabelle 2, S. 200). In 15 Versuchen wurde er nur dreimal erreicht oder überschritten. Unsere (falsche) Schlussfolgerung basierend auf Stimmenzählen wäre, daß kein signifikanter Unterschied zwischen Kontrolle und Behandlung besteht.

Allerdings zeigen uns die simulierten Daten, daß in 14 von 15 Vergleichen der Unterschied zwischen Kontrolle und Behandlung positiv war. Wir können die folgende Überlegung machen: falls Kontrolle und Behandlung identisch sind, sollten negative und positive Unterschiede zwischen zwei Stichproben gleich wahrscheinlich sein (je 0,5). Wie „extrem" ist dann unser Resultat von mindestens 14 Unterschieden mit demselben Vorzeichen (zweiseitige Wahrscheinlichkeit; Binomialverteilung)? Wir erhalten einen p-Wert von 0,001 und verwerfen die Nullhypothese. Dieses modifizierte Stimmenzählen erlaubt aber immer noch keine Aussage über die Größe des Unterschiedes, da wir nicht alle verfügbare Information auswerten.

12.3. Ansatz nach Bayes

Ausgangspunkt ist eine häufig subjektive Wahrscheinlichkeit, daß eine bestimmte Hypothese richtig ist (S. 53). Dann führen wir einen Versuch durch. Aufgrund des Ergebnisses modifizieren wir die Wahrscheinlichkeit. Für viele Wissenschafter ist die Subjektivität, welche diesem Ansatz zugrunde liegt, nicht akzeptierbar. Andrerseits entspricht das natürlich dem Verhalten der meisten praktizierenden Forscher. Wenn ein Resultat unserer Intuition oder unseren Fachkenntnissen widerspricht, werden wir es es auch bei hochsignifikantem p-Wert sehr skeptisch beurteilen. Auch unser Eindruck von der Sorgfalt des Labors oder des Autors spielt dabei eine wesentliche Rolle. Der Ansatz nach Bayes hat den Vorteil, daß er uns zwingt, unsere Intuition (unser Vorurteil?) quantitativ auszudrücken, und klarmacht, daß Erweiterung des Wissens in der Regel ein gradueller Vorgang ist. Eine leicht verständliche Einführung in dieses Gebiet findet man in Berry (1996).

12.4. Meta-Analyse

Die statistische Synthese der Resultate mehrerer unabhängiger Studien bezeichnet man als Meta-Analyse. Diese Methode ist in Medizin und Sozialwissenschaften weitverbreitet und wird in den letzten paar Jahren auch vermehrt in Ökologie eingesetzt (Gurevitch et al. 1992). Die grundsätzlichen Fragen, die wir mit einer Meta-Analyse zu beantworten suchen, sind die folgenden: hat die Behandlung insgesamt einen positiven oder negativen Effekt? Ist dieser Effekt signifikant von 0 verschieden? Ist er groß oder klein? Können wir zwischen den Studien signifikante Unterschiede entdecken, indem wir sie in verschiedene Klassen unterteilen?

Meinungen über den Wert von Meta-Analysen gehen scharf auseinander: einige Anhänger bewerten sie als revolutionären Durchbruch vergleichbar mit Newtons Physik; Gegner bezeichnen sie als „mega-silliness“ und als Werkzeug, das zur Waffe geworden ist (Egger & Smith 1998). Ihre Komplexität beruht nicht so sehr auf der rechnerischen Manipulation der Daten: es geht im wesentlichen um die Berechnung eines gewichteten Durchschnittes mehrerer Studien. Dafür stehen heute mehrere Computerprogramme zur Verfügung. Umstrittener ist vielmehr die Entscheidung, wie wir die Daten sammeln und welche wir für die Analyse verwenden. Eine gründliche Diskussion aller Aspekte findet man in Cooper & Hedges (1994) und Hedges & Olkin (1985).

12.4.1. Sammlung der Studien

Der erste Schritt ist eine gründliche Durchsuchung der Literatur nach Studien, welche über ein bestimmtes Thema veröffentlicht worden sind. Hier begegnen wir bereits dem ersten Problem: die Wahrscheinlichkeit, veröffentlicht zu werden, ist nicht für alle ausgeführten Untersuchungen gleich (engl.: publication bias). Studien mit positiven Resultaten (d.h. mit statistisch signifikantem Unterschied zwischen Kontrolle und Behandlung) werden in der Regel schneller, häufiger und in bekannteren Fachzeitschriften veröffentlicht (Egger & Smith 1998). Zum Teil läßt sich das auf „Selbstzensur" der Forscher zurückführen; daneben gibt es auch Zeitschriften, welche negative Resultate ausdrücklich ablehnen. So schreibt die Zeitschrift Diabetologia unter Anleitungen für Autoren: „Mere confirmation of known facts will be accepted only in exceptional cases; the same applies to reports of experiments and observations having no positive outcome". Besonders groß ist die Gefahr solcher selektiver Publikation von positiven Resultaten, wenn es um klinische Erforschung neuer Medikamente geht (Marshall 1997). Das kann natürlich dazu führen, daß deren Wirksamkeit überschätzt wird. Das Problem wird als so ernst betrachtet, daß in einem Editorial des British Medical Journal (1997, Vol. 315) eine Amnestie für unveröffentlichte Studien verkündet wurde. Forscher wurden eingeladen, ihre Untersuchungen zu registrieren und auch negative Resultate verfügbar zu machen.

Egger et al. (1997) entwickelten eine einfache graphische Methode, um solche Verzerrungen zu entdecken. Sie beruht darauf, daß die Präzision einer Messung (z.B. Unterschied zwischen Kontrolle und Behandlung) mit zunehmender Probengröße zunimmt (S. 12). Bei einer graphischen Darstellung von Effekt gegen Probengröße erwarten wir deshalb eine symmetrische, trichterförmige Punktwolke mit einer Spitze bei sehr hohen Zahlen. Als Illustration nehmen wir eine Effektgröße von 10 und Standardabweichung von 3 an. Insgesamt wurden 70 Proben „gesammelt" (Simulation durch Resampling Stats), deren Größe zwischen 10 und 200 variierte. Jedesmal wurde der Durchschnitt berechnet. Wie erwartet, nimmt die Variabilität der Daten mit Probengröße ab (Abb. 12.1).

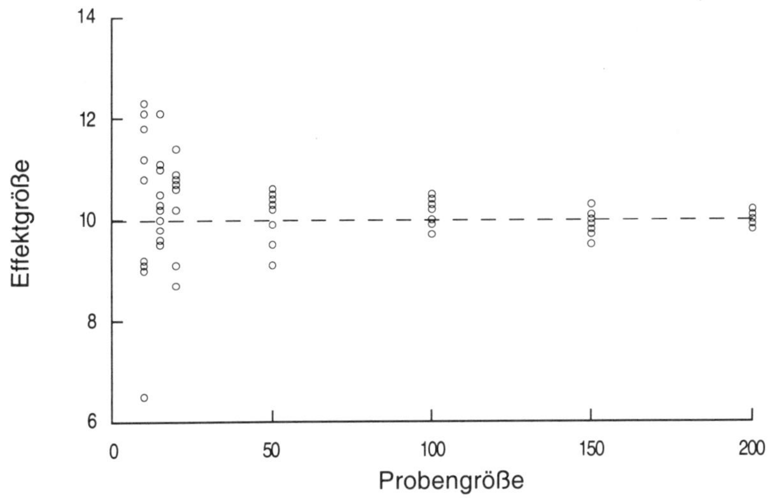

Abb. 12.1. Simulierte Proben von einer Population mit $\mu = 10$, $\sigma = 3$. Die Variabilität ist bei kleinen Proben am größten, und die Werte sind symmetrisch um 10 verteilt.

Die Symmetrie dieses Trichters kann auch mathematisch untersucht werden (Egger et al. 1997). Voraussetzung ist, daß genügend Studien mit unterschiedlichen Probengrößen vorhanden sind.

In einer ersten Analyse zeigten Egger et al. (1997), daß in 38 % der meta-analytischen Arbeiten in führenden medizinischen Zeitschriften der Trichter asymmetrisch war, was auf Verzerrungen bei der Publikation von positiven und negativen Resultaten schließen läßt. Es empfiehlt sich deshalb, wo immer möglich vor jeder Meta-Analyse eine solche Untersuchung der Symmetrie durchzuführen.

12.4.2. Auswahl der Studien

Nicht alle Studien, die wir in einer gründlichen Durchsuchung der Literatur gefunden haben, eignen sich für Einschluß in eine Meta-Analyse. Diese setzt voraus, daß unterschiedliche Resultate der einzelnen Studien auf Zufallsfaktoren beruhen. Das ist nicht unbedingt der Fall: genetische Unterschiede in Populationen, unterschiedliche Studienplanung und -ausführung, Qualität der Studie, etc. können alle ihren Ausgang beeinflussen. Eine wichtige und häufig kontroverse Entscheidung ist deshalb, welche Daten überhaupt berücksichtigt werden sollen. Sie ist relativ einfach bei einem engen Thema, wie z.B. der Einfluß eines bestimmten Medikamentes auf den Blutdruck. Ökologische Untersuchungen sind häufig weniger homogen. Gurevitch et al. (1992) führten eine Meta-Analyse von Studien durch, welche den Einfluß von Konkurrenz auf verschiedene Arten untersuchten. Gemessen wurden z.B. Wachstum, maximale Biomasse, Samenproduktion, etc. Ist es gerechtfertigt, diese verschiedenen Resultate in einer Analyse gleichzusetzen? Die Antwort setzt solides Fachwissen voraus, bleibt aber stets bis zu einem gewissen Grad subjektiv und führt deshalb häufig zu Kontroversen.

12.4.3. Rechnerische Auswertung

Für jedes Experiment berechnen wir eine Effektgröße d. Im typischen Fall ist das der Unterschied zwischen zwei Stichproben (einer Kontrolle und einer Behandlung), geteilt durch ihre gemeinsame (pooled) Standardabweichung (dadurch verringern wir den Einfluß von der Probengröße, die natürlich in verschiedenen Studien variieren kann). Cohen (1988) schlug die folgende Konvention vor: ein d von 0,2 entspricht einem geringen Effekt, 0,5 einem mittleren und 0,8 einem großen Effekt. Um eine Meta-Analyse durchzuführen, brauchen wir also von jedem Experiment die folgende Information: Durchschnitt der beiden Gruppen (Kontrolle und Behandlung), Standardabweichungen der beiden Gruppen und Stichprobengrößen.

Die meisten Meta-Analysen beruhen auf einem Modell I. Darunter versteht man die Annahme, daß in allen untersuchten Studien die Effektgröße gleich ist. Unterschiede werden einem Restfehler zugeschrieben. In einem gemischten Modell nehmen wir an, daß zusätzliche Variabilität zwischen den verschiedenen Studien vorhanden ist. Der gemessene Effekt besteht dann aus einem festen Bestandteil (kommt in allen Studien vor), einem Bestandteil, der zwischen Studien variiert und einem Restfehler. Dieses gemischte Modell ist vermutlich realistischer für die meisten ökologischen Studien; in der Mehrzahl der publizierten Untersuchungen wurde aber bisher das Modell I angewendet.

Eine Voraussetzung für Meta-Analysen ist wieder, daß die Daten normal verteilt sind. Trifft das nicht zu, können wir als Alternative auch hier Permutationstests verwenden (Rosenberg et al. 1997).

Als einfaches Beispiel schauen wir uns fünf fiktive Studien an, wo Pflanzenwachstum mit (Behandlung) und ohne (Kontrolle) Düngung gemessen wurde Die Daten sind in Tabelle 12.1. zusammengefaßt. Mit Ausnahme von Studie 5 war das Wachstum der Behandlungsgruppe höher, individuelle t-Tests ergaben aber nur in Studie 3 einen signifikanten Unterschied.

Tabelle 12.1. Daten von fünf Studien. Gemessen sei das Wachstum mit oder ohne Düngung. n = Probengröße, S = Standardabweichung. Für jede Studie wurden Kontrolle und Behandlung mit einem t-Test verglichen.

Studie		Durchschnitt	n	S	t	p
1	Kontrolle	14,8	5	1,9	1,35	0,22
	Behandlung	16,2	5	1,3		
2	Kontrolle	21,3	7	2,9	1,89	0,08
	Behandlung	24,6	7	3,6		
3	Kontrolle	14,8	10	2,1	2,86	0,01
	Behandlung	18,2	10	3,1		
4	Kontrolle	13,6	5	2,0	2,02	0,08
	Behandlung	16,4	5	2,4		
5	Kontrolle	15,4	5	1,7	1,51	0,17
	Behandlung	13,6	5	2,1		

Eine Meta-Analyse wurde mit MetaWin (ein kommerzielles Programm für PC; Rosenberg et al. 1997) und mit dem Meta-Analysis Calculator (Shareware für Macintosh, von L.C. Lyons www.mnsinc.com/solomon/larry.html) durchgeführt. Das Resultat in d (Effektgröße, gewichteter Unterschied zwischen Kontrolle und Behandlung) war 0,74, mit einem Konfidenzintervall von 0,22 bis 1,26. Wir können deshalb einen statistisch signifikanten, positiven Effekt annehmen. Die Streuung ist allerdings relativ groß, vor allem wegen Studie 5 (negativer Effekt; ohne Studie 5 wäre d = 1,05, mit einem Konfidenzintervall von 0,48 bis 1,62). Man könnte sich überlegen, worin sich diese Studie von den anderen unterscheidet.

13. Statistik im Zeitalter der Mikrocomputer und des Internets

13.1. Computer und Statistikprogramme

In den letzten 20 Jahren haben Mikrocomputer eine enorme Entwicklung durchgemacht. Das mühsame Ausrechnen von Hand oder mit Rechenmaschinen ist praktisch vollkommen verschwunden, und auch komplexe Methoden können problemlos durch den Anfänger ausgeführt werden. Allerdings bringt das Nachteile mit sich: auch mit schlechten Daten oder falsch angewendeten statistischen Methoden (Fehler 3. Art, Schlaifer 1959) lassen sich mühelos beeindruckende Graphiken herstellen und eine überwältigende Anzahl von komplexen, aber häufig bedeutungslosen Statistiken produzieren. Wie ein Ausschuß der American Psychological Society feststellte, hat die weite Verbreitung von hochentwickelten Programmen dazu geführt, daß viele Forscher das „Gefühl" für die Richtigkeit oder Bedeutung ihrer Zahlen verloren haben (APA, Task Force on Statistical Inference, Newark Airport 14.–15. Dezember, 1996). Falsche Resultate, die auf einen Irrtum bei der Dateneingabe zurückgehen, werden deshalb häufig übersehen.

Das Angebot an statistischen Programmen, sowohl für PC wie für Macintosh Computer, ist heute enorm. Einerseits gibt es „große" Programme wie SYSTAT, StatView, JMP, Statistica, die eingebaute Algorithmen für ein sehr weites Spektrum von Anwendungsgebieten haben. Andere Programme wie Mathematica oder Maple erlauben das selbständige Programmieren von statistischen Modellen. Für viele Zwecke genügen kleinere Programme wie InStat (sehr gebraucherfreundlich) oder Schoolstat (freies Programm). Auch Spreadsheets (Tabellenkalkulationsprogramme wie Excel oder QuattroPro) enthalten in der Regel die wichtigsten Tests wie t-Test, ANOVA, Regression, usw. Die meisten kommerziellen Programme haben ihre eigene Website (siehe 13.2), wo z.T. Demoversionen frei erhältlich sind.

Der erste Schritt ist stets die Eingabe der Daten. In der englischen Fachliteratur und in den meisten Computerprogrammen für Statistik wird das Dezimalzeichen durch einen Punkt und nicht wie auf Deutsch durch ein Komma symbolisert (vgl. Abb. 2.5, S. 15).

In Excel und InStat sieht Dateneingabe bei einem Vergleich von drei Gruppen wie folgt aus:

Gruppe 1	Gruppe 2	Gruppe 3
14	22	23
12	17	31
15	17	25
16	19	23

In den meisten Statistikprogrammen schreiben wir jedoch die gemessenen Daten in eine einzige Spalte. Eine zweite Spalte wird zur Kodierung verwendet: für Gruppe 1 verwenden wir die Zahl 1, für Gruppe 2 die Zahl 2, usw. Diese Zahlen nennt man **Dummy Variablen**. In einigen Statistikprogrammen können wir dafür auch Namen verwenden.

Gruppe	Wachstum
1	14
1	12
1	15
1	16
2	22
2	17
2	17
2	19
3	23
3	31
3	25
3	23

Den Vorteil dieser Darstellungsweise sehen wir, wenn wir ein komplexeres Experiment auswerten: z.B. die Wirkung von Stickstoff und Phosphor auf das Wachstum einer Pflanze. Beide Faktoren sollen zwei Stufen haben, und jede Kombination wurde zweimal verwendet. Die Daten lassen sich dann wie folgt zusammenfassen:

Phosphor	Stickstoff	Wachstum
1	1	14
1	1	15
1	2	16
1	2	15
2	1	17
2	1	18
2	2	21
2	2	18

Für Regressions- und χ^2-Analyse wird in der Regel ein anderes Format verwendet. Häufig müssen wir auch angeben, welche Datentypen in den verschiedenen Spalten vorhanden sind. So enthalten in SYSTAT Titel von Spalten mit nominalen Daten ein Dollarzeichen nach dem Variablennamen. Wenn wir im obigen Beispiel in einer zusätzlichen Spalte den Düngertyp in Worten festhalten möchten (also Phosphor oder Stickstoff), müßten wir sie mit Dünger$ betiteln.

13.2. Resampling Stats

Leute, die nicht lesen können, nennt man Analphabeten. Die Schwierigkeit, Zahlen und Wahrscheinlichkeiten richtig zu interpretieren, bezeichnet man auf Englisch als **Innumeracy** (es gibt leider keinen geläufigen deutschen Ausdruck, Zahlenblindheit?). Viele amüsante Beispiele dafür findet man in Paulos (1988, 1995). Ein Fernsehsprecher sagt, daß die Wahrscheinlichkeit für Regen am Samstag 50 % und für den folgenden Sonntag ebenfalls 50 % sei. Er schließt daraus, daß die Wahrscheinlichkeit, daß es während des Wochenendes regnen wird, 100 % ist. Oder eine Tageszeitung berichtet, daß wegen ungenügender Finanzierung des Gesundheitswesens die Wartefrist für eine Abtreibung schon bald 10 Monate betragen wird.

Diese Unfähigkeit, Zahlen zu verstehen, kann gefährlich sein. Sie wird häufig mit Erfolg durch Scharlatane und Demagogen ausgenützt. Ein einfacher, aber genialer Ansatz, wie man diese Gefahr zumindest vermindern kann, wurde durch Julian Simon in den 60er Jahren entwickelt (Simon 1992). Im wesentlichen beruht er darauf, daß theoretisch errechnete Zahlen oder Wahrscheinlichkeiten empirisch überprüft werden. Man nimmt die Daten eines Experimentes (oder einer theoretischen Situation) und übersetzt sie in Symbole. Im Computer werden diese Symbole manipuliert (gemäß Regeln, die jenen der tatsächlichen Situation entsprechen). Man schaut sich die möglichen Resultate an und schließt darauf zurück, was in der wirklichen Welt möglich ist. Eine Demoversion des Programms ist an http://www.statistics.com erhältlich, wo auch viele Anwendungsbeispiele aufgeführt sind. Unter anderem wird erklärt, wie man die z.T. sehr anspruchsvollen Probleme in Wahscheinlichkeit von Mosteller (1965) empirisch lösen kann.

Die Programmiersprache von Resampling Stats ist sehr einfach. In der Regel beginnen wir mit der Eingabe von Zahlen (`COPY`). Diese Zahlen werden in einem Vektor gespeichert, dem wir einen Namen geben müssen. Dann manipulieren wir die Zahlen, z.B. durch zufälliges Mischen (`SHUFFLE`), und erhalten einen neuen Vektor. Wir können auch verschiedene arithmetische oder statistische Funktionen ausführen (`ADD`, `SUM`, `PERCENTILE`, `SUBTRACT`, `STDEV`). Ein paar Beispiele:

`COPY (12 12 3 3 5) A`: produziert einen Vektor A, der die Zahlen 12, 12, 3, 3 und 5 enthält

`SHUFFLE A B`: mischt den Inhalt von Vektor A und setzt Resultat in Vektor B

`GENERATE 6 1,10 A`: produziert 6 Zufallszahlen zwischen den Werten 1 und 10

`PRINT A`: zeigt den Inhalt des Vektors A auf dem Bildschirm

`PERCENTILE A 2.5 97.5 B`: bestimmt Grenzwerte, zwischen denen wir 95 % aller Werte in Vektor A finden, setzt Resultat in Vektor B

`STDEV A B`: bestimmt Standardabweichung der Werte in Vektor A

13.3. Interessante Websites

Die meisten nationalen Statistikervereinigungen, Produzenten von Software und sehr viele Statistikinstitute verfügen über ihre eigene Websites, wo sowohl Anfänger wie Experten nützliche Informationen finden können. Ich möchte mich hier auf ein paar wenige Beispiele beschränken, um so mehr, als die Adressen häufig wechseln. Durch Search Engines (Yahoo, Excite, Hotbot, etc.) lassen sich jedoch problemlos veraltete Links ersetzen.

http://www.stat.ucla.edu/papers/preprints/201/html/textbook.html enthält ein frei zugängliches elektronisches Lehrbuch über das Gesamtgebiet der Statistik.

http://www.stat.ncsu.edu/info/jse The Journal of Statistics Education, das viermal im Jahr erscheint, enthält vor allem Artikel über den Unterricht von Statistik.

http://www-prophet.bbn.com/statguide/sghome.html Prophet Stat Guide liefert eine Übersicht über sehr viele Teilaspekte der Statistik. Sowohl Voraussetzungen wie Durchführung der Methoden werden diskutiert.

http://www.dartmouth.edu/~chance/chance news/news.html CHANCE erscheint monatlich, referiert Zeitungsberichte mit statistisch interessanten oder fragwürdigen Aussagen.

http://www.junkscience.com Junk Science, enthält sehr kritische (z.T. zu kritische) Diskussionen neuer Forschungsergebnisse.

http://www.okstate.edu/artsci/botany/ordinate/ diskutiert Ordination, eine statistische Methode zur Aufdeckung der Beziehungen zwischen ökologischen Gemeinschaften; umfaßt multivariable Methoden wie Principal Components Analysis, Correspondence Analysis, Multiple Regression.

http://www.stat.sc.edu/~west/webstat/#10 Sammlung verschiedener Java Applets für statistische Analysen

http://www.mnsinc.com/solomon/MetaAnalysis.html Einführung in Meta-Analyse, mit freiem Meta-Analysen-Rechner für Macintosh

http://www.psychologie.uni-trier.de:8000/projects/gpower.html Einführung in Powerberechnungen, mit freiem Rechner (PC und MAC)

http://students.gsm.uci.edu/~joelwest/MacStats Übersicht über statistische Programme für Macintosh

http://www.stat.sc.edu/rsrch/gasp verschiedene statistische Routinen und Tabellen kritischer Werte sind hier frei verfügbar.

http://www.execpc.com/~helberg/statistics.html Übersicht über statistische Sites auf dem Internet: Berufsorganisationen, Besprechung von Software, Publikationen.

http://forrest.psych.unc.edu/research/vista.html2 Visual Statistics System ViSta, ein freies Programm, das graphische Darstellung und visuelle Auswertung von Daten betont.

http://pbil.univ-lyon.fr/ADE-4/Downloaed3.html freie Software für multivariable Methoden (Cluster Analysis, Principal Components, etc.)

http://www.execpc.com/~helberg/statistics.html Statistics on the web; eine Übersicht von Software, Instituten, Zeitschriften.

14. Lösungen

Kapitel 2

1. Nehmen wir an, wir untersuchen die durchschnittliche Überlebenszeit von Patienten mit einer Art Krebs. Patienten mit oder ohne Metastasen (Tochtertumoren) werden separat zusammengefaßt. Wie erwartet, verringern Metastasen die Lebenserwartung. Nun entwickeln Sie eine neue Methode, mit der Sie kleinere Metastasen entdecken können. Was passiert mit den Überlebenszeiten der beiden Gruppen?
   Die Gruppe der Patienten ohne Metastasen schrumpft, da wir Patienten mit sehr kleinen Metastasen entfernen, die wir vorher nicht entdecken konnten. Obwohl die Metastasen klein sind, verringerten sie vermutlich die Lebenserwartung; die durchschnittliche Überlebenszeit der Patienten ohne Metastasen wird deshalb zunehmen.
   Was passiert mit der zweiten Gruppe? Sie nimmt zu; allerdings haben die neuen Mitglieder sehr kleine Metastasen und deshalb relativ gute Überlebenschancen. Das bedeutet, daß die durchschnittliche Überlebenszeit dieser Gruppe ebenfalls zunehmen wird. Obwohl wir keine neue Behandlungsmethode entwickelt haben, verbessern sich die Chancen für beide Gruppen!
   Feinstein et al. (1985) nannten diesen Effekt das Will Rogers Phänomen nach dem Beispiel von den Okies, die zurück nach Kalifornien wanderten. Es stimmt, wenn wir annehmen, daß die Okies in Kalifornien gescheiter als ihre Landsleute in Oklahoma, aber weniger gescheit als die Kalifornier sind. Der globale Durchschnitt bleibt natürlich konstant.
   Wenn Sie dieser Logik nicht folgen können, experimentieren Sie mit willkürlich gewählten Zahlen, die Sie in zwei Gruppen unterteilen.

2. Spital A ist natürlich vorzuziehen. Die schlechtere globale Erfolgsrate ist darauf zurückzuführen, daß mehr komplexe Operationen angenommen und ausgeführt werden, wie z.B. die folgenden Zahlen illustrieren:

	Spital A			Spital B		
	total	erfolgreich	Erfolgsrate	total	erfolgreich	Erfolgsrate
einfach	500	450	0,9	900	720	0,8
komplex	500	250	0,5	100	30	0,3
Total	1000	700	0,7	1000	750	0,75

3. Die meisten von uns haben Schwierigkeiten, eine wirklich zufällige Verteilung zu simulieren oder zu erkennen (Tversky & Gilovich 1989). In Beispiel mit der Münze tritt bei 200 Würfen mit hoher Wahrscheinlichkeit (p = 96,5) mindestens eine Serie von sechs aufeinanderfolgenden Köpfen oder Zahlen auf. Den meisten Leuten erscheint eine solche Serie zu regelmäßig. Außerdem neigen sie dazu, zuviele „Runs“ (S. 119) niederzuschreiben. Sie können mit Resampling Stats leicht untersuchen, ob Ihre 200 Zahlen mit einer Zufallsverteilung übereinstimmen.

Kapitel 3

1. Am einfachsten ist dieses Problem mit einem Baumdiagramm zu lösen. Für Ihre erste Wahl beträgt die Wahrscheinlichkeit, die Schachtel mit dem Preis zu wählen, 0,333. Für diesen Fall sollten Sie bei der ursprünglichen Wahl bleiben. Falls Sie zuerst eine leere Schachtel gewählt haben (Wahrscheinlichkeit von 0,667), sollten Sie das zweite Mal wechseln, da der Showmaster die zweite leere Schachtel zeigt. Ihre beste Strategie ist deshalb, das zweite Mal immer zu wechseln. Insgesamt beträgt Ihre Gewinnchance dann 0,667.

2. Die Überlegung ist natürlich falsch. Der technische Ausdruck dafür ist, daß der Ereignisraum ungenügend dargestellt wurde. Von der Gefängnisverwaltung gesehen, gibt es drei Ereignisse: A+B, A+C oder B+C werden entlassen (je mit einer Wahrscheinlichkeit von 1/3). A fügt ein neues Ereignis bei: die Antwort des Wärters. Wir können die Ereignisse wie folgt zusammenfassen:
   1: A+B freigelassen, Wärter sagt B, p = $^1/_3$
   2: A+C freigelassen, Wärter sagt C, p = $^1/_3$
   3: B+C freigleassen, Wärter sagt B, p = $^1/_6$
   4: B+C freigelassen, Wärter sagt C, p = $^1/_6$
   Sagt nun z.B. der Wärter, daß B freigelassen wird, ist die Wahrscheinlichkeit für die Freiheit von A = p(Fall 1)/[p(Fall(1)+p(Fall3)] = $^1/_3/[^1/_3+^1/_6] = ^2/_3$.

3. Die beste Chance haben Sie, wenn Sie eine rote Kugel in die erste und alle andern (49 rote und 50 schwarze) in die zweite Urne legen. Ihre Gewinnchance beträgt dann 0,5*(1/1)+0,5*(49/99) = 0,747.

4. Der Vorschlag Ihres Freundes ist fair. Nehmen wir an, p(Kopf) sei 0,6 und p(Zahl) sei 0,4. Die Wahrscheinlichkeit, zuerst Kopf und dann Zahl zu werfen, beträgt folglich 0,6*0,4 = 0,24. Die Wahrscheinlichkeit, zuerst Zahl und dann Kopf zu werfen, beträgt 0,4*0,6 = 0,24, ist also identisch.

5. Der Erwartungswert für den ersten Fall ist 1 Million. Für den zweiten Fall beträgt er 0,5*1.000.000 + 0,5*50.000, also 1.025.000. Im Durchschnitt gewinnen Sie mehr mit der zweiten Wahl. Allerdings würden aus psychologischen Gründen die wenigsten Leute so wählen. Sie sind risikoscheu; die Möglichkeit, eine zweite Million zu gewinnen wiegt das Risiko nicht auf, die erste Million zu verlieren und einen Trostpreis von 50.000 zu erhalten. Eine wichtige Rolle spielt bei solchen Gedankenexperimenten häufig die Form, in der die Frage gestellt wird (Tversky & Kahenman 1981).

6. Das einmotorige Flugzeug wäre sicherer. Die Wahrscheinlichkeit, daß ein Motor ausfällt, sei z.B. 10 %. Für das einmotorige Flugzeug entspricht das der Wahrscheinlichkeit eines Absturzes. Für das zweimotorige Flugzeug ist die Wahrscheinlichkeit, daß beide Motoren funktionieren, 0,9*0,9 = 0,81. Die Gegenwahrscheinlichkeit (mindestens ein Motor fällt aus) ist folglich (1–0,81) = 0,19 (das gilt unter der Annahme, daß das Funktionieren der beiden Motoren voneinander unabhängig ist).

7. Ein ähnliches Problem wurde von Pascal in einem Brief an Fermat diskutiert. Seine Lösung: Ihr Freund muß dreimal das richtige Symbol werfen, sonst gewinnen Sie. Die

Wahrscheinlichkeit dafür ist mit einer fairen Münze $(0,5)^3 = {}^1/_8$. Die Gegenwahrscheinlichkeit, daß ihm das nicht gelingt (und Sie gewinnen), ist $(1-{}^1/_8) = {}^7/_8$. Von den 500 sollten Sie folglich 437,5 und Ihr Freund 62,5 erhalten.

Kapitel 4

1. Wir können wie Gott (1993) vorgehen: wir nehmen an, daß wir zufällig in diesem speziellen Zeitpunkt unserer Geschichte gelandet sind. Falls wir mit einer Wahrscheinlichkeit von 95 % arbeiten, bedeutet das, daß unsere Art noch zwischen 200.000*1/39 = 5.100 und 200.000*39 = 7,8 Mio. Jahren überleben wird. Zum Vergleich: der Durchschnitt für Säugetierarten ist 2 Mio. Jahre; *Homo erectus* existierte für 1,6 Mio. und *H. neanderthalensis* für 300.000 Jahre.

2. Nicht unbedingt. Vermutlich mußte im Test ein Minimalwert erreicht werden. Die Verteilung von Schule A ist flacher, d.h., Extremwerte sind häufiger als in Schule B. Von beiden Schulen würde eine gleich große Proportion einen Testwert von 70 erreichen (jeweils 2 Standardabweichungen vom Durchschnitt entfernt). Eine größere Proportion der Absolventen von A würde einen Wert von 80 erreichen (3 Standardabweichungen; für B wären das bereits 4 Standardabweichungen). Für gewisse Aspekte der Intelligenztests scheint die Variabilität geschlechtsspezifisch zu sein (Hedges & Nowell 1995).

3. Der Protest der kleineren Schulen ist berechtigt: bei Stichproben nimmt die Variabilität eines Durchschnitts (Standardfehler) mit dem Faktor $\sqrt{n}$ ab. Es besteht deshalb die Gefahr, daß in einem Jahr die Durchschnittsnote der Absolventen einer kleinen Schule sehr tief und im nächsten Jahr sehr hoch ist. Bei großen Schulen sind solche Schwankungen weniger wahrscheinlich; es kann deshalb der falsche Eindruck entstehen, daß solche Schulen bessere Kontrolle über die Qualität ihrer Ausbildung haben.

4. Nein. Mit dem Standardfehler machen wir eine Aussage über die Variabilität eines Durchschnitts. Hier interessieren wir uns jedoch dafür, ob wir einzelne Messungen der beiden Gruppen voneinander unterscheiden können. Dafür stützen wir uns auf die Variabilität der Daten, d.h. auf die Standardabweichung. Wir erhalten sie, indem wir den Standardfehler mit $\sqrt{n}$ multiplizieren. Sie beträgt $1,5*\sqrt{100} = 15$ für schwangere und $2,3*\sqrt{100} = 23$ für nichtschwangere Frauen. Wir wissen, daß 95 % der schwangeren Frauen einen Hormonspiegel von $93\pm2*15$ (63 bis 123) haben. Für nichtschwangere Frauen beträgt das Voraussageintervall = $110\pm2*23$ (64 bis 153). Weil die beiden Verteilungen stark überlappen, läßt sich aus einer einzigen Messung nicht bestimmen, zu welcher Gruppe sie gehört.

5. Bei einer Wahl handelt es sich nicht um eine Stichprobe, wie z.B. bei einer Meinungsumfrage, sondern sämtliche Stimmen werden gewählt. Es wäre deshalb sinnlos, ein Konfidenzintervall für das Resultat zu berechnen.

6. Es handelt sich hier um ein Konfidenzintervall einer Proportion (15/200 = 0,075). Wir können die Gleichung von S. 43 verwenden: das Intervall umfaßt 0,075±

1,96*√[(0,075*(1–0.075)/200]; d.h., die wahre Proportion ist zwischen 0,056 und 0,094.

7. Obwohl das Resultat ähnlich wie in Beispiel 6 aussieht (ein Effekt von 7,5 %), handelt es sich hier nicht um eine Proportion. Wir können nicht die dieselbe Gleichung benützen. Um das Konfidenzintervall zu bestimmen, müßten wir Zugang zu den Originalmessungen haben. Außerdem müssen wir bei Rechnungen mit Prozentzahlen aufpassen: sie sind häufig nicht normal verteilt und sollten zuerst transformiert werden (S. 102).

8. Der Standardfehler beträgt 10/√100 = 1. Mit der zweiten, größeren Probe wird sich der Probendurchschnitt dem Populationsdurchschnitt annähern. Wir wissen jedoch nicht, ob dieser tiefer oder höher als der Durchschnitt der ersten Probe liegt. Dasselbe gilt für die Standardabweichung, welche die Variabilität zwischen den einzelnen Daten charakterisiert. Der Standardfehler sinkt jedoch mit steigender Probenzahl, und zwar um den Faktor √n. Er wird also auf etwa 10 % des Fehlers der kleineren Probe sinken (erste Probe: $SD_1/\sqrt{100}$; zweite Probe; $SD_2/\sqrt{10.000}$.

Kapitel 5

1. Wir müßten zuerst wissen, welcher Verteilung die erzielten Tore gehorchen. Da es sich um relativ seltene Ereignisse handelt, ist eine Poissonverteilung wahrscheinlich (in Kapitel 11 wird gezeigt, wie wir diese Annahme überprüfen können). Handelt es sich tatsächlich um eine Poisson-Verteilung, berechnen wir die Wahrscheinlichkeit für 0 Tore in einem Spiel. Sie beträgt 0,367. Wir nehmen an, daß die Leistungen in aufeinanderfolgenden Spielen unabhängig sind (das scheint in der Regel der Fall zu sein, trotz entgegengesetzter Überzeugung der meisten Sportfans). Dann wäre die Wahrscheinlichkeit für zwei torlose Spiele 0,367*0,367 = 0,135 und für drei torlose Spiele $0{,}367^3$ = 0,049. Dieser Wert wird in klassischer Statistik als signifikant betrachtet (Kapitel 6), und wir würden die Annahme, daß der Sportler in Normalform ist, verwerfen.

2. Die Frage lautet wieder: wie wahrscheinlich ist das beobachtete Resultat unter der Annahme, daß sich die Leistung von Larry Bird *nicht* verschlechtert hat? Jeder Schuß kann als binomiales Experiment betrachtet werden mit zwei möglichen Ereignissen: Erfolg (p = 0,48) und Mißerfolg (p = 0,52). Das Experiment wurde 57mal ausgeführt (57 Schüsse) mit 58 möglichen Kombinationen von Erfolg und Nichterfolg (beginnend mit 57 Erfolgen, 56 Erfolgen + 1 Mißerfolg, etc.). Jede einzelne dieser Kombinationen allein betrachtet ist relativ unwahrscheinlich; wir fragen deshalb nach der Wahrscheinlichkeit eines Bereiches. Wie oft würde ein Athlet mit einer durchschnittlichen Treffgenauigkeit von 48 % in *nicht mehr* als 20 von 57 Versuchen erfolgreich sein? Durch die Formel der Binomialverteilung oder durch Resampling Stats erhalten wir einen Wert von 0,58. Aus Konvention (Kapitel 6) wird $p > 0{,}05$ als nicht signifikant betrachtet, d.h., wir bleiben bei der Annahme, daß sich die Leistung von Bird nicht verändert hat.

3. Man könnte die Wahrscheinlichkeit berechnen, daß die Firma aus Zufall sechsmal die richtige Voraussage macht. Falls wir keine zusätzliche Information haben, nehmen wir an, daß das Steigen oder Sinken eines Aktienpreises während eines Monats gleich wahrscheinlich sind (je 0,5). Dann hätte eine Serie von sechs richtigen Voraussagen eine Wahrscheinlichkeit von $0{,}5^6 = 0{,}016$. Dieser Wert ist sehr gering ($< 0{,}05$) und das könnte uns dazu veranlassen, der Firma zu vertrauen. Paulos (1988) beschreibt jedoch eine Möglichkeit, wie sich eine gewissenlose Firma diese Überlegung zunutze machen könnte. Im ersten Monat schickt sie Briefe an 32.000 potentielle Kunden. In 16.000 Briefen prophezeit sie Steigen und in 16.000 Sinken des Aktienpreises. Im zweiten Monat schickt sie Briefe an jene 16.000 Kunden, die zufällig die richtige Voraussage erhalten haben. Wieder wird in einer Hälfte der Briefe ein Steigen und in der andern Hälfte ein Fallen des Preises angekündigt. Das wird sechsmal wiederholt; es bleiben 500 potentielle Kunden, die jedesmal die richtige Voraussage erhielten. Natürlich ist dieses Schema illegal; bei der Vielfalt der Finanzberater ist es jedoch wahrscheinlich, daß zumindest einige von ihnen über mehrere Perioden hinweg die Entwicklung des Marktes korrekt voraussagen, auch wenn Steigen und Fallen der Aktienpreise im wesentlichen dem Zufall unterliegen. In insgesamt 43 Perioden wurde die Entwicklung des Aktienmarktes durch eine Gruppe von Wall-Street-Experten vorausgesagt. Ihr Ratschlag wurde mit dem eines Zufallszahlengeneratoren verglichen. Die Experten gewannen in 25 und der Zufallszahlengenerator in 18 Perioden. In 22 Perioden hätte der Ratschlag der Experten zu einem besseren Ergebnis geführt als ein Aktienpaket beruhend auf dem Dow Jones Index; in 21 Fällen wäre das Resultat schlechter gewesen.

Kapitel 6

1. Ohne Kenntnis der klassischen Methoden, die in späteren Kapiteln behandelt werden, können wir Fishers Permutationstest verwenden. Von insgesamt 3157 Versuchspersonen wurden 76 krank. Wie „extrem" ist die Unterteilung dieser 76 Personen in 42 (Olestra) und 34 (konventionell)? Als einfaches Maß (Teststatistik) dafür können wir den Unterschied bestimmen (42–34 = 8). Die Frage lautet jetzt: falls Krankheitsfälle unabhängig auf die beiden Versuchsgruppen verteilt sind, wie häufig wird der beobachtete Wert von 8 erreicht oder überschritten? Falls er häufiger als in 5 % (oder 1 %, entspricht α) aller möglichen Permutationen vorkommt, behalten wir unsere Nullhypothese: es besteht keine Beziehung zwischen Olestra und Verdauungsstörungen. Wir können unser Modell durch Resampling Stats simulieren: die ersten 76 der 3157 Personen bezeichnen wir willkürlich als krank. Wir mischen alle Fälle und teilen sie anschließend in zwei Gruppen mit 1578 (Olestrachips) und 1579 (konventionelle Chips). Dann zählen wir die Krankheitsfälle in den beiden Gruppen (Zahlen zwischen 1 und 76) und bestimmen schließlich den Unterschied. Wie oft beträgt er mindestens 8? Wir erhalten eine Wahrscheinlichkeit von 42 %; wir schließen, daß Olestra Verdauungsstörungen nicht signifikant erhöht.

```
REPEAT 10000
SHUFFLE 1,3157 A
TAKE A 1,1578 Ole
TAKE A 1579,3157 Kon
```

```
COUNT Ole <=76 Olsick
COUNT Kon <=76 Konsick
SUBTRACT Olsick Konsick Dif
ABS Dif Abdif
SCORE Abdif abdifs
END
COUNT abdifs >=8 sigdifs
PRINT sigdifs
```

2. Das war eine rhetorische Frage.

Kapitel 7

1. Mit α charakterisieren wir die Wahrscheinlichkeit, einen Fehler 1. Art zu machen, d. h., irrtümlicherweise eine richtige Nullhypothese zu verwerfen. Sie beträgt hier 5 %. Falls Aceton keinen Effekt auf Enzymaktivität hat, erwarten wir in 250 Experimenten im Durchschnitt 12,5mal einen „falschen Alarm". Die Autoren behaupten, daß keine der 250 Kontrollexperimente signifikant war. Wir schließen daraus, daß die Kontrolle nicht 250mal ausgeführt wurde, oder daß die Autoren signifikante Beobachtungen unterschlagen. Die Wahrscheinlichkeit, daß sie 250mal ein nichtsignifikantes Resultat erhielten, beträgt $0{,}95^{250} = 0{,}000003$ (Multiplikationsregel, S. 21).

2. Der t-Wert des gepaarten Tests ist zwar höher (2,60 anstatt 2,40); allerdings verlieren wir durch die Paarung Freiheitsgrade (4 für gepaarten und 8 für ungepaarten Test). Der errechnete Wert ist deshalb geringer als der kritische Wert für den gepaarten Test (2,60 und 2,776, Tabelle 2, S. 201); für den nicht gepaarten Test tritt das Gegenteil ein (2,40 und 2,306). Paarung lohnt sich nur, wenn wir den Verlust von Freiheitsgraden durch Senkung der Variabilität kompensieren können.

Kapitel 8

1. Mit dem traditionellen Bonferroni-Ansatz wäre nur einer der Vergleiche signifikant: wir teilen α durch 5 (Anzahl Vergleiche) und erhalten 0,05/5 = 0,01. Mit dem sequentiellen Test teilen wir α für den zweiten Vergleich (umfaßt vier Mittelwerte) durch 4 und erhalten einen p-Wert von 0,0125. Der errechnete Wert (0,012) liegt darunter; wir verwerfen deshalb die Annahme, daß diese Mittelwerte identisch sind. Für den Vergleich von drei Mittelwerten verwenden wir 0,05/3 = 0,0167; auch dieser Wert ist höher als der berechnete Wert (0,015); auch dieser Unterschied wird als signifikant akzeptiert. Dasselbe gilt für den nächsten Vergleich: $p = 0{,}05/2 = 0{,}025 > 0{,}02$.

2. Als erstes berechnen wir die Freiheitsgrade für die Wechselwirkung A*B (3*2 = 6). Die Freiheitsgrade für das Total ist die Summe aller Freiheitsgrade, also 35. Dasselbe gilt für die Quadratsumme; wir bestimmen deshalb SQ_{A*B} als (224–120–20–48) = 36. Für MQ teilen wir die SQ-Werte jeweils durch die entsprechenden Freiheitsgrade.

Schließlich bestimmen wir F, indem wir M_{QA}, M_{QB}, usw., durch $M_{QFehler}$ teilen. Die p-Werte können wir aus Tabelle 3 (S. 201) abschätzen, oder durch ein Computerprogramm genau bestimmen.
Wir haben insgesamt 4 Stufen für Faktor A (FG + 1) und 3 Stufen für Faktor B. Die Gesamtzahl Freiheitsgrade ist gegeben durch
($Stufen_A$*$Stufen_B$*Wiederholungen) – 1 = (4*3*X)–1 = 35; folglich ist X (Anzahl Wiederholungen) = 3.

Variationsquelle	FG	SQ	MQ	F	p
Faktor A	3	120	40	20	< 0,01
Faktor B	2	20	10	5	< 0,05
A*B	6	36	6	3	< 0,01
Restfehler	24	48	2		
Total	35	224			

3. Die Gesamtzahl Freiheitsgrade ist gegeben durch ($Stufen_A$*$Stufen_B$*Wiederholungen) – 1 = 5. Das bedeutet, daß nur eine Wiederholung durchgeführt wurde. Natürlich läßt sich die Wechselwirkung nicht untersuchen, da uns keine Fehlergrade für den Restfehler bleiben: ($5 - FG_A - FG_B - FB_{A*B}$) = 0.

Kapitel 9

1. Die wahrscheinlichste Erklärung beruht auf einer dritten Variablen, welche gleichzeitig die Genauigkeit der Bomber und die Bedingungen für feindliche Flugzeuge verbesserte. Als ausschlaggebend stellten sich die Wetterbedingungen heraus (klare, wolkenlose Nächte erhöhten die Treffgenauigkeit auf beiden Seiten).

2. Auch hier geht es um eine versteckte Variable. Der Ratschlag des Statistikers: jene Stellen, die unversehrt blieben, sollten verstärkt werden. Wir können annehmen, daß alle Teile des Flugzeuges mit derselben Wahrscheinlichkeit getroffen werden. Wenn eine bestimmte Stelle in keinem zurückkehrenden Flugzeug beschädigt ist, bedeutet das wahrscheinlich, daß ein Treffer an dieser Stelle stets zum Absturz führt.

3. Wie die Werte der darauf folgenden Periode zeigen (untenstehende Tabelle, nach Bernstein 1996), handelt es sich hier um ein Paradebeispiel der Regression zum Mittelwert. Dieses Phänomen spielt eine große Rolle bei der Börse, wie aus den folgenden Wall-Street-„Weisheiten" hervorgeht: „Buy low and sell high"; „You never get poor taking profits"; „The bulls get something and the bears get something but the hogs get nothing". Trotzdem ist es für viele Investoren außerordentlich schwer, diese Prinzipien in die Tat umzusetzen. Wenn eine Aktie während einer längeren Periode gestiegen ist, scheint sie uns eine bessere Anlage zu sein als jene, die während derselben Periode gesunken ist. *Im Durchschnitt* ist das Gegenteil der Fall. Das Problem besteht darin, daß wir nicht wissen, wann sich der Trend umkehren wird. So fielen in den Dreissiger Jahren die Börsenwerte zuerst um 50 %. Ein Investor hätte auf eine Erholung spekulieren können; die Preise fielen jedoch um weitere 80 %, bevor sie sich erholten. Zwischen

1949 und 1955 verdreifachten sich die Börsenwerte; Zeit, zu verkaufen und den Profit einzustreichen? In den nächsten 9 Jahren verdoppelten sich die Werte nochmals.

Schwergewicht	Wertgewinn 1984–1989	Wertgewinn 1989–1994
Internationale Investitionen	20,6 %	9,4 %
Dividenden	14,3 %	11,2 %
Dividenden + Wachstum	14,2 %	11,9 %
Wachstum	13,3 %	13,9 %
Kleine Firmen	10,3 %	15,9 %
Aggressives Wachstum	8,9 %	16,1 %
Durchschnitt	13,6 %	13,1 %

Kapitel 10

1. Wir können unsere Nullhypothese durch einen einfachen χ^2-Test überprüfen (Güte der Anpassung, 9 FG). Die erwartete Häufigkeit für alle zehn Zahlen ist 315/10 = 31,5. Wir erhalten ein χ^2 von 174,4 ($p < 0{,}0001$). Wir verwerfen H_0, daß die Verteilung der letzten Ziffern auf die 10 möglichen Werte zufällig ist. Die Untersuchungskommission schloß, daß die Werte gefälscht waren (Palca 1991). Wir können auch durch Resampling Stats abschätzen, wie extrem die Verteilung ist, indem wir die 315 Werte zufälllig in zehn Kategorien unterteilen. Für jede neue Anordnung bestimmen wir eine Teststatistik (dafür können wir die quadrierte Abweichung vom Erwartungswert wählen). Wie extrem war der Wert für die Originaldaten in bezug auf die Gesamtverteilung? Wir finden im wesentlichen dasselbe Resultat wie mit dem traditionellen χ^2-Test.

2. Wenn Sie das Experiment gewissenhaft durchgeführt haben, sollten Sie H_0 verwerfen können. In der Regel finden Sie, daß die Zahl 1 am häufigsten vorkommt (30,1 %), gefolgt von 2 (17,6 %), 3 (12,5 %) usw. Sie gehorchen der sogenannten Benford-Verteilung, die auch für finanzielle Daten zutrifft. Aus diesem Grunde eignet sich diese zur Aufdeckung von Steuernbetrug beruhend auf fiktiven Zahlen (Hill 1998); wie früher erwähnt, ist es ausserordentlich schwierig, bewußt Zufallsdaten zu produzieren.

Kapitel 11

1.

Studie 1

	R+	R–
K+	50	30
K–	40	60

OQ = 2,5

Studie 2

	R+	R–
K+	30	20
K–	90	130

OQ = 2,17

Zusammen

	R+	R–
K+	80	50
K–	130	190

OQ = 2,34

Die Odds-Quotienten sind sowohl für die separaten wie auch für die vereinigten Daten signifikant von 1 verschieden. Es besteht kein Hinweis auf eine versteckte Variable, die in den beiden Studien verschieden ist.

2. Leukämie ist sehr selten; ihr Vorkommen gehorcht sehr wahrscheinlich einer Poisson-Verteilung. Wir können deshalb die Wahrscheinlichkeit für 0, 1, 2 etc. Fälle pro 100.000 Einwohner berechnen.

Krebsfälle pro 100.000	$p_{(X)}$ in %	Kumulierte Häufigkeit
0	0,50	0,50
1	2,64	3,14
2	7,00	10,14
3	12,38	22,52
4	16,41	38,93
5	17,39	56,32
6	15,36	71,68
7	11,63	83,31
8	7,71	91,02
9	4,54	95,56
10	2,40	97,96
11	1,16	99,12
12	0,51	99,63

Die Wahrscheinlichkeit, in einer Probe mindestens einen Wert von 9 zu erhalten, beträgt 8,98 %; für einen Mindestwert von 10 ist sie 4,44 % (der gefundene Wert von 9,3 liegt dazwischen). Die Schweiz hat 26 Kantone. Wir interessieren uns für die Wahrscheinlichkeit, in 26 Proben mindestens einmal 9 (oder 10) zu erhalten. Am einfachsten läßt sich das durch den Unterschied zur Gegenwahrscheinlichkeit bestimmen (Wahrscheinlichkeit, stets ≤ 9 oder 10 Fälle zu finden): $1 - (0{,}9102)^{26}$ oder $1 - (0{,}9556)^{26}$. Wir erhalten 91,3 bzw. 69,3 %. Allerdings ist unsere Schätzung nur annähernd genau: wir müßten z.B. die Bevölkerungszahlen der verschiedenen Kantone berücksichtigen. Trotzdem stimmen uns diese Zahlen vermutlich etwas skeptisch gegenüber den Schlußfolgerungen des Artikels. Falls unsere Hypothese stimmt (Fälle sind zufällig auf Kantone verteilt), erwarten wir für die nächste Untersuchungsperiode eine deutliche Senkung der Fälle in Solothurn. Schlagzeile vom Tages-Anzeiger (18. April, 1988): „Hohes Krebsrisiko: nur Zufall? Am Freitag kam die Entwarnung“. Es gebe „keine ungewöhnliche Häufung“ von Leukämie im Kanton Solothurn. Die Rate sank in der folgenden Periode um rund 68 %.

Literatur

Anscombe, F.J. 1973. Graphs in statistical analysis. American Statistician 27: 17-21.

Bach, G. 1989. Mathematik für Biowissenschafter. UTB Gustav Fischer, Stuttgart.

Bailey, N.T.J. 1995. Statistical methods in biology. Cambridge University Press.

Bakan, D. 1966. The test of significance in psychological research. Psychological Bulletin 66: 423-437.

Bayes, T. 1763. An essay towards solving a problem in the doctrine of chances. Phil. Trans. Roy. Soc. 53: 370-418.

Bennington, C.C. & W.V. Thayne. 1994. Use and misuse of mixed model analysis of variance in ecological studies. Ecology 75: 717-722.

Berges, J.A. 1997. Ratios, regression statistics, and "spurious" correlations. Limnol. Oceanogr. 42: 1006-1007.

Bernstein, P.L. 1996. Against the gods. Wiley, New York.

Berry, D.A. 1996. Statistics: a Bayesian perspective. Duxbury Press, Belmont, California.

Beyer, O., Hackel, H., Piper, V., Tiedge, J. 1995. Wahrscheinlichkeitsrechnung und mathematische Statistik. Teubner Verlagsgesellschaft, Stuttgart & Leipzig.

Box, G.E.P. 1953. Non-linearity and tests on variances. Biometrika 40: 318-335.

Brennan, P. & P. Croft. 1994. Interpreting the results of observational research: chance is not such a fine thing. British Medical Journal 309: 727-730.

Brophy, J.M. & L. Joseph. 1995. Placing trials in context using Bayesian analysis. Journal of the American Medical Association 273: 871-875.

Brown, W.A. 1998. The placebo effect. Scientific American, January, pp. 90.

Campion, E.W. 1997. Power lines, cancer and fear. New England Journal of Medicine 337: 44-46.

Cochran, W.G. 1947. Some consequences when the assumptions for the analysis of variance are not satisfied. Biometrics 3: 22-38.

Cohen, J. 1988. Statistical power analysis for the behavioral sciences. Lawrence Erlbaum, Hillsdale, N.J.

Cooper, H.M. & L.V. Hedges (eds). 1994. Handbook of research synthesis. Russell Sage Foundation, New York.

Cowles, M. & C. Davis. 1982. On the origins of the .05 level of statistical significance. Amer. Psychol. 37: 553-558.

Crossen, C. 1994. Tainted truth. Simon & Schuster, New York.

Crouse, D.T., Crowder, L.B., Caswell, H. 1987. A stage-based population model for loggerhead sea turtles and implications for conservation. Ecology 68: 1412-1423.

Deming, W.E. 1986. Out of the crisis. Center for Advanced Engineering Study, MIT Press, Cambridge, MA.

Edginton, E.S. 1987: Randomization tests. Marcel Dekker, New York & Basel..

Efron, E.S. 1982. The jackknife, the bootstrap and other resampling plans. CBMS-NSF Conference Series in Applied Mathematics, Philadelphia, Pennsylvania.

Efron, B., Tibshirani, R. 1993. Introduction to the bootstrap. Chapman & Hall, New York.

Egger, M. & G.D. Smith. 1998. Bias in location and selection of studies. British Medical Journal 316: 61-66.

Egger, M., G.D. Smith, M. Schneider & C. Minder. 1997. Bias in meta-analysis detected by a simple, graphical test. British Medical Journal 315: 629-634.

Eisenhart, C. 1947. The assumptions underlying the analysis of variance. Biometrics 3: 1-21.

Elliott, J.M. 1971. Some methods for the statistical analysis of benthic invertebrates. Freshwater Biological Association, Ambleside, England.

Erdfelder, E., F.,Faul, & A. Buchner. 1996. GPOWER: A general power analysis program. Behavior Research Methods, Instruments, & Computers 28: 1-11.

Feinstein, A.R., D.A. Sosin, C.K. Wells. 1985. Will Rogers phenomenon. Stage migration and new diagnostic techniques as a source of misleading statistics for survival in cancer. New Engl. J. Med. 312: 1604-1608.

Fisher, R.A. 1935. The design of experiments. Olicer & Boyd, Edinburgh & London.

Fleiss, J.L. 1981. Statistical methods for rates and proportions. Wiley & Sons, New York.

Freireich, E.J. et al. 1963. The effect of 6-mercaptopurine on the duration of steroid-induced remissions in acute leukema. Blood 21: 699-716.

Friedman, M. 1937. The use of ranks to avoid the assumption of normality implicit in the analysis of variance. J. Amer. Statist. Ass. 32: 675-701.

Fritsch, B. 1990. Mensch-Umwelt-Wissen. B.G. Teubner, Stuttgart.

Gardner, M. 1961. Entertaining mathematical puzzles. Dover Books, New York.

Gigerenzer, G., Swijtink, Z., Porter, T., Daston, L., Beatty, J., Krüger, L. 1989. The empire of chance. Cambridge University Press.

Glass, G.V., P.D. Peckham & J.R. Sanders. 1972. Consequences of failure to meet assumptions underlying the fixed effects analyses of variance and covariance. Review of Educational Research 42: 237-288.

Good, I.J. 1995. When batterer turns murderer. Nature 375: 541.

Good, P. 1994. Permutation tests: a practical guide to resampling methods for testing hypotheses. Springer-Verlag, New York.

Gotelli, N.J. & G.R. Graves. 1996. Null models in ecology. Smithsonian Institution Press, Washington, D.C.

Gott, J.R.III. 1993. Implications of the Copernican principle for our future prospects. Nature 363: 315-319.

Gurevitch, J., L.L. Morrow, A. Wallace & J.S. Walsh. 1992. A meta-analysis of competition in field experiments. American Naturalist 140: 539-572.

Hedges, L.V. & A. Nowell. 1995. Sex differences in mental test scores, variability and numbers of high-scoring individual.s Science 269: 41-45.

Hedges, L.V. & I. Olkin. 1980. Vote-counting in research synthesis. Psychol. Bull. 88: 359-369.

Hedges, L.V. & I. Olkin. 1985. Statistical methods for meta-analysis. Academic Press, Orlando, Florida.

Henderson, M. 1987. Living with risk. British Medical Association. John Wiley & Sons, Chicester, New York.

Hill, T.P. 1998. The first digit phenomenon. American Scientist 86: 358-363.

Holm, S. 1979. A simple sequentially rejective multiple test procedure. Scand. J. Stat. 6: 65-70.

Howson, C. & P. Urbach. 1993. Scientific reasoning. The Bayesian approach. Open Court, Chicago, Illinois.

Huff, D. 1954. How to lie with statistics. Penguin Books, London.

Hurlbert, S.H. 1984. Pseudoreplication and the design of ecological field experiments. Ecol. Monogr. 54: 187-211.

Kirby, K.N. 1993. Advanced data analysis with SYSTAT. Van Nostrand, New York.

Krambeck, H.-J. 1995. Application and abuse of statistical methods in mathematical modelling in limnology. Ecol. Model. 78: 7-15.

Linder, A., Berchtold, W. 1976: Statistische Auswertung von Prozentzahlen. UTB, Birkhäuser, Basel..

Linton, L.R., E.S. Edginton & R.W. Davies. 1989. A view of niche overlap amendable to statistical analysis. Can. J. Zool. 67: 55-60.

Lorenz, K. 1983. Die Rückseite des Spiegels. Piper, München & Zürich.

Manly, B.F.J. 1997. Randomization, bootstrap and Monte Carlo methods in biology. Chapman & Hall, London.

Mantel, N. & W. Haenszel. 1959. Statistical aspects of the analysis of data from retrospective studies of disease. Journal of the National Cancer Institute 22: 719-748.

Marshall, E. 1997. Publishing sensitive data: who calls the shots? Science 276: 523-524.

Matthews, R. 1997. How right can you be? New Scientist, 8 March, pp. 28.

Meehl, P.E. 1978: Theoretical risks and tabular risks: Sir Karl, Sir Ronald, and the slow progress of soft psychology. Journal of Consulting and Clinical Psychology 46: 806-834.

McNeil, D. 1996. Epidemiological research methods. Wiley, New York.

Mosteller, F. 1965. Fifty challenging problems in probability with solutions. Dover Publications, Mineola, N.Y.

Motulsky, H. 1995. Intuitive biostatistics. Oxford University Press, Oxford, England.

Motulsky, H. & L.A. Ransnas. 1987. Fitting curves to data using nonlinear regression: a practical and nonmathematical review. J. Fed. Am. Soc. Exp. Biol. 1: 365-374.

Neyman, J. & E.S. Pearson. 1933. On the problem of the most efficient tests of statistical hypotheses. Phil. Trans. R. Soc. London, Ser. A, 289-337.

Noreen, E. 1989. Computer intensive methods for testing hypotheses. Wiley, New York.

Packard, G.C. & T.J. Boardman. 1988. The misuse of ratios, indices, and percentages in ecophysiological research. Physiol. Zool. 61: 1-9.

Palca, J. 1991. Verdict in sight in the "Baltimore Case". Science 251: 1168-1172.

Paulos, J.A. 1988. Innumeracy. Mathematical illiteracy and its consequences. Vintage Books, New York.

Paulos, J.A. 1995. A mathematician reads the newspaper. Doubleday, New York.

Pörksen, U. 1992. Plastikwörter: die Sprache einer internationalen Diktatur. Klett-Cotta, Stuttgart.

Popper, K. 1995. Lesebuch. UTB Mohr, Tübingen.

Porter, T.M. 1995. Trust in numbers: the pursuit of objectivity in science and public life. Princeton University Press, Princeton, N.J.

Rao, C.R. 1989. Statistics and truth. International Co-operative Publishing House, Fairland, Maryland.

Rosenberg, M.S., D.C. Adams & J. Gurevitch. 1997. MetaWin: Statistical software for meta-analysis with resampling tests. Sinauer Associates, Sunderland, Massachusetts.

Rosenthal, R. 1990. How are we doing in soft psychology? American Psychologist 45: 775-777.

Roush, W. 1997. Publishing sensitive data: who calls the shots? Science 276: 523-524.

Schlaifer, R. 1959. Probability and statistics for business decisions. McGraw-Hill, New York.

Schmidt, F.L. 1996. Statistical significance testing and cumulative knowledge in psychology: implications for training of researchers. Psychological Methods 1: 115-119.

Schulz, K.F. 1995. Subverting randomization in controlled trials. J. Am. Med. Association 274: 1456-1458.

Sedlmeier, P. & G. Gigerenzer. 1989. Do studies of statistical power have an effect on the power of studies? Psychol. Bull. 105: 309-316.

Shewhart, W. 1931. The economic control of quality of manufactured product. Van Nostrand, New York.

Siegel, S. 1956. Nonparametric statistics for the behavioral sciences. McGraw-Hill, New York.

Simon, J.L. 1992. Reampling: the new statistics. Resampling Stats, Arlington, Virginia.

Smith, R. 1990. Extreme value theory. In: Handbook of Applicable Mathematics. Wiley, New York.

Snedecor, G.W. & W.G. Cochran. Statistical methods. University of Iowa Press, Ames, Iowa.

Sokal, R.R. & F.J. Rohlf. 1981. Biometry. Freeman & Co, San Franciso.

Stelfox, H.T., Chua, G., O'Rourke, K. 1998. Conflicts of interest in the debate over calcium-channel antagonists. New Engl. J. Medicine 338: 101-106.

Student. 1908. The probable error of a mean. Biometrika 6: 1- 25.

Tukey, J.W. 1977. Exploratory data analysis. Addison-Wesley, Menlo Park, California.

Tversky, A. & T.Gilovich. 1989. The cold facts about the "hot hand" in basketball. Chance 2: 16-21.

Tversky, A. & D. Kahneman. 1981. The framing of decisions and the psychology of choice. Science 211: 453-458.

Tversky, A. & D. Kahneman. 1982. Judgment under uncertainty: heuristics and biases. Cambridge University Press, Cambridge.

Underwood, A.J. 1981. Techniques of analysis of variance in experimental marine biology and ecology. Oceanogr. Mar. Biol. Ann. Rev. 19: 513-605.

Westfall, P.H. & S. S. Young. 1993. Resampling-based multiple testing. Wiley & Sons, New York.

Zar, J.H. 1998. Biostatistical analysis. Prentice-Hall, Upper Saddle River, New Jersey.

Anhang: Statistische Tabellen

Zur Beurteilung konventioneller statistischer Tests sind Tabellen kritischer Werte nötig. Dadurch kann sich der Umfang eines Lehrbuchs um fast 50 % erhöhen. Bei der weiten Verbreitung von Statistikprogrammen mit eingebauten Tabellen und der freien Verfügbarkeit solcher Tabellen auf dem Internet ist ihr vollständiger Abdruck in einer Einführung kaum mehr gerechtfertigt. Sie wurden deshalb hier nur in dem Maße beigefügt, als sie das Verständnis der Beispiele erleichtern. Alle Werte wurden durch Microsoft Excel berechnet. Dort findet man unter „Tools: analysis tools“ verschiedene statistische Funktionen. Andere Programme wie Quattro Pro bieten ähnliche Möglichkeiten.

Tabelle 1. Z-Verteilung. Kumulative Fläche (entspricht Wahrscheinlichkeit) unter Normalkurve von 0 bis Z. Ein Z-Wert von 1 entspricht einem p-Wert von 0,3413; d.h., 34,13 % der Werte befinden sich im Bereich zwischen Durchschnitt und einer Standardabweichung. Wegen Symmetrie befinden sich doppelt so viele Werte (68,26 %) zwischen ($\mu-\sigma$) und ($\mu+\sigma$).

	0,00	**0,02**	**0,04**	**0,06**	**0,08**
0,0	0,0000	0,0080	0,0160	0,0239	0,0319
0,1	0,0398	0,0478	0,0557	0,0636	0,0174
0,2	0,0793	0,0871	0,0948	0,1026	0,1103
0,3	0,1179	0,1255	0,1331	0,1406	0,1480
0,4	0,1554	0,1628	0,1700	0,1772	0,1844
0,5	0,1915	0,1985	0,2054	0,2123	0,2190
0,6	0,2257	0,2324	0,2389	0,2454	0,2517
0,7	0,2580	0,2642	0,2704	0,2764	0,2823
0,8	0,2881	0,2939	0,2995	0,3051	0,3106
0,9	0,3159	0,3212	0,3264	0,3315	0,3365
1,0	0,3413	0,3461	0,3508	0,3554	0,3599
1,1	0,3643	0,3686	0,3729	0,3770	0,3810
1,2	0,3849	0,3888	0,3925	0,3962	0,3997
1,3	0,4032	0,4066	0,4099	0,4131	0,4162
1,4	0,4192	0,4222	0,4251	0,4279	0,4306
1,5	0,4332	0,4357	0,4382	0,4406	0,4429
1,6	0,4452	0,4474	0,4495	0,4515	0,4535
1,7	0,4554	0,4573	0,4591	0,4608	0,4625
1,8	0,4641	0,4656	0,4671	0,4686	0,4699
1,9	0,4713	0,4726	0,4738	0,4750	0,4761
2,0	0,4772	0,4783	0,4793	0,4803	0,4812
2,1	0,4821	0,4830	0,4838	0,4846	0,4854
2,2	0,4861	0,4868	0,4875	0,4881	0,4887
2,3	0,4893	0,4898	0,4904	0,4909	0,4913
2,4	0,4918	0,4922	0,4927	0,4931	0,4934
2,5	0,4938	0,4941	0,4945	0,4948	0,4951
2,6	0,4953	0,4956	0,4959	0,4961	0,4963
2,7	0,4965	0,4967	0,4969	0,4971	0,4973
2,8	0,4974	0,4976	0,4977	0,4979	0,4980
2,9	0,4981	0,4982	0,4984	0,4985	0,4986
3,0	0,4987	0,4987	0,4988	0,4989	0,4990

Tabelle 2. Die t-Verteilung nach Student (zweiseitig). Beispiel: die Wahrscheinlichkeit, bei 5 Freiheitsgraden einen t-Wert zu finden, dessen absoluter Betrag größer als 2,571 ist, beträgt 5 %.

FG	p			
	0,1	**0,05**	**0,01**	**0,001**
1	6,314	12,710	63,660	636,6
2	2,920	4,303	9,925	31,600
3	2,353	3,182	5,841	12,920
4	2,132	2,776	4,604	8,610
5	2,015	2,571	4,032	6,869
6	1,943	2,447	3,707	5,959
7	1,895	2,365	3,499	5,408
8	1,860	2,306	3,355	5,041
9	1,833	2,262	3,250	4,781
10	1,812	2,228	3,169	4,587
11	1,796	2,201	3,106	4,437
12	1,782	2,179	3,055	4,318
13	1,771	2,160	3,012	4,221
14	1,761	2,145	2,977	4,140
15	1,753	2,131	2,947	4,073
16	1,746	2,120	2,921	4,015
17	1,740	2,110	2,898	3,965
18	1,734	2,101	2,878	3,922
19	1,729	2,093	2,861	3,883
20	1,725	2,086	2,845	3,850
21	1,721	2,080	2,831	3,819
22	1,717	2,074	2,819	3,792
23	1,714	2,069	2,807	3,767
24	1,711	2,064	2,797	3,745
25	1,708	2,060	2,787	3,725
26	1,706	2,056	2,779	3,707
27	1,703	2,052	2,771	3,690
28	1,701	2,048	2,763	3,674
29	1,699	2,045	2,756	3,659
30	1,697	2,042	2,750	3,646
100	1,660	1,984	2,626	3,390
1000	1,646	1,962	2,581	3,300

Tabelle 3. Kritische F-Werte, für p = 0,05 und 0,01 (in Klammern). Werte für einseitigen Test. Beispiel: ein F-Wert mit 3,21 Freiheitsgraden muss ≥3,07 sein, um bei einem α von 0,05 signifikant zu sein.

		Freiheitsgrade des Zählers				
		1	**2**	**3**	**4**	**5**
Freiheitsgrade des Nenners	**1**	161 (4052)	200 (4999)	216 (5403)	225 (5625)	230 (5764)
	2	18,51 (98,49)	19,00 (99,00)	19,16 (99,17)	19,25 (99,25)	19,30 (99,30)
	3	10,13 (34,12)	9,55 (30,82)	9,28 (29,46)	9,12 (28,71)	9,01 (28,24)
	4	7,71 (21,20)	6,94 (18,00)	6,59 (16,69)	6,39 (15,98)	6,26 (15,52)
	5	6,61 (16,26)	5,79 (13,27)	5,41 (12,06)	5,19 (11,39)	5,05 (10,97)
	6	5,99 (13,74)	5,14 (10,92)	4,76 (9,78)	4,53 (9,15)	4,39 (8,75)
	7	5,59 (12,25)	4,74 (9,55)	4,35 (8,45)	4,12 (7,85)	3,97 (7,46)
	8	5,32 (11,26)	4,46 (8,65)	4,07 (7,59)	3,84 (7,01)	3,69 (6,63)
	9	5,12 (10,56)	4,26 (8,02)	3,86 (6,99)	3,63 (6,42)	3,48 (6,06)
	10	4,96 (10,04)	4,10 (7,56)	3,71 (6,55)	3,48 (5,99)	3,33 (5,64)
	11	4,84 (9,65)	3,98 (7,20)	3,59 (6,22)	3,36 (5,67)	3,20 (5,32)
	12	4,75 (9,33)	3,88 (6,93)	3,49 (5,95)	3,26 (5,41)	3,11 (5,06)
	13	4,67 (9,07)	3,80 (6,70)	3,41 (5,74)	3,18 (5,20)	3,02 (4,86)
	14	4,60 (8,86)	3,74 (6,51)	3,34 (5,56)	3,11 (5,03)	2,96 (4,69)
	15	4,54 (8,68)	3,68 (6,36)	3,29 (5,42)	3,06 (4,89)	2,90 (4,56)
	16	4,49 (8,53)	3,63 (6,23)	3,24 (5,29)	3,01 (4,77)	2,85 (4,44)
	17	4,45 (8,40)	3,59 (6,11)	3,20 (5,18)	2,96 (4,67)	2,81 (4,34)
	18	4,41 (8,28)	3,55 (6,01)	3,16 (5,09)	2,93 (4,58)	2,77 (4,25)
	19	4,38 (8,18)	3,52 (5,93)	3,13 (5,01)	2,90 (4,50)	2,74 (4,17)
	20	4,35 (8,10)	3,49 (5,85)	3,10 (4,94)	2,87 (4,43)	2,71 (4,10)
	21	4,32 (8,02)	3,47 (5,78)	3,07 (4,87)	2,84 (4,37)	2,68 (4,04)
	22	4,30 (7,94)	3,44 (5,72)	3,05 (4,82)	2,82 (4,31)	2,66 (3,99)
	23	4,28 (7,88)	3,42 (5,66)	3,03 (4,76	2,80 (4,26)	2,64 (3,94)
	24	4,26 (7,82)	3,40 (5,61)	3,01 (4,72)	2,78 (4,22)	2,62 (3,90)
	25	4,24 (7,77)	3,38 (5,57)	2,99 (4,68)	2,76 (4,18)	2,60 (3,86)
	26	4,22 (7,72)	3,37 (5,53)	2,98 (4,64)	2,74 (4,14)	2,59 (3,82)
	27	4,21 (7,68)	3,35 (5,49)	2,96 (4,60)	2,73 (4,11)	2,57 (3,79)
	28	4,20 (7,64)	3,34 (5,45)	2,95 (4,57)	2,71 (4,07)	2,56 (3,76)
	29	4,18 (7,60)	3,33 (5,42)	2,93 (4,54)	2,70 (4,04)	2,54 (3,73)
	30	4,17 (7,56)	3,32 (5,39)	2,92 (4,51)	2,69 (4,02)	2,53 (3,70)

Tabelle 4. Korrelationskoeffizient r. Wichtig: Anzahl FG = (Punktepaare – 2). Beispiel: eine Korrelation zwischen 10 XY-Paaren muss mindestens einen r-Wert von 0,632 erreichen, um bei α = 0,05 signifikant zu sein.

FG	p			
	0,1	**0,05**	**0,01**	**0,001**
1	0,9877	0,9969	0,9999	0,999999
2	0,9000	0,9500	0,9900	0,9990
3	0,805	0,878	0,9587	0,9911
4	0,729	0,811	0,9172	0,9741
5	0,669	0,754	0,875	0,9509
6	0,621	0,707	0,834	0,9249
7	0,582	0,666	0,798	0,898
8	0,549	0,632	0,765	0,872
9	0,521	0,602	0,735	0,847
10	0,497	0,576	0,708	0,823
11	0,476	0,553	0,684	0,801
12	0,457	0,532	0,661	0,780
13	0,441	0,514	0,641	0,760
14	0,426	0,497	0,623	0,742
15	0,412	0,482	0,606	0,725
16	0,400	0,468	0,590	0,708
17	0,389	0,456	0,575	0,693
18	0,378	0,444	0,561	0,679
19	0,369	0,433	0,549	0,665
20	0,360	0,423	0,537	0,652
21	0,323	0,381	0,487	0,597
22	0,296	0,349	0,449	0,554
23	0,275	0,325	0,418	0,519
24	0,257	0,304	0,393	0,490
25	0,243	0,288	0,372	0,465
26	0,231	0,273	0,354	0,443
27	0,211	0,250	0,325	0,408
28	0,195	0,232	0,302	0,380
29	0,183	0,217	0,283	0,357
30	0,173	0,205	0,267	0,338
100	0,164	0,195	0,254	0,321

Tabelle 5. Kritische Werte der χ^2-Verteilung. Beispiel: bei 2 FG und α = 0,01 muss χ^2 mindestens 9,21 sein, um H_0 zu verwerfen (H_0: keine Assoziation zwischen der Verteilung der untersuchten Kategorien oder keine Abweichung von einer definierten Verteilung).

FG	p			
	0,1	**0,05**	**0,01**	**0,001**
1	2,706	3,841	6,635	10,83
2	4,605	5,991	9,210	13,82
3	6,251	7,815	11,34	16,27
4	7,779	9,488	13,28	18,47
5	9,236	11,07	15,09	20,51
6	10,64	12,59	16,81	22,46
7	12,02	14,07	18,48	24,32
8	13,36	15,51	20,09	26,13
9	14,68	16,92	21,67	27,88
10	15,99	18,31	23,21	29,59
11	17,27	19,68	24,72	31,26
12	18,55	21,03	26,22	32,91
13	19,81	22,36	27,69	34,53
14	21,06	23,68	29,14	36,12
15	22,31	25,00	30,58	37,70
16	23,54	26,30	32,00	39,25
17	24,77	27,59	33,41	40,79
18	25,99	28,87	34,81	42,31
19	27,20	30,14	36,19	43,82
20	28,41	31,41	37,57	45,31
21	29,62	32,67	38,93	46,80
22	30,81	33,92	40,29	48,27
23	32,01	35,17	41,64	49,73
24	33,20	36,42	42,98	51,18
25	34,38	37,65	44,31	52,62
26	35,56	38,89	45,64	54,05
27	36,74	40,11	46,96	55,48
28	37,92	41,34	48,28	56,89
29	39,09	42,56	49,59	58,30
30	40,26	43,77	50,89	59,70

Sachverzeichnis

A

B

C

D

E

F

G

H